中国地质调查成果 CGS 2020－041
“中国大地构造演化和国际亚洲大地构造图编制”项目资助
“内蒙古1∶5万前他克吐、万宝镇、保安屯、突泉县、陈家屯幅区域地质调查”项目资助
“内蒙古1∶5万孟恩陶勒盖、马家窑、敖兰敖日格、科尔沁右翼中旗、哈日道布幅区域地质调查”项目资助

大兴安岭南部突泉地区晚三叠世—早白垩世岩浆演化与成矿作用

Magmatic Evolution and Mineralization of Late Triassic－Early Cretaceous in Tuquan Area in Southern Da Hinggan Mountains

宋维民　庞雪娇　杨佳林　付俊彧　杜继宇
那福超　刘英才　杨雅军　刘宝山　陶　楠
汪　岩　钱　程　施　璐　钟　辉　杨晓平
葛锦涛　马永非　孙　巍　赵雪娟
编著

中国地质大学出版社
CHINA UNIVERSITY OF GEOSCIENCES PRESS

图书在版编目(CIP)数据

大兴安岭南部突泉地区晚三叠世—早白垩世岩浆演化与成矿作用/宋维民等编著. —武汉:中国地质大学出版社,2020.12

ISBN 978-7-5625-4915-4

Ⅰ.①大…

Ⅱ.①宋…

Ⅲ.①大兴安岭地区-岩浆发育-成矿作用-研究-晚三叠世—早白垩世

Ⅳ.①P588.11

中国版本图书馆 CIP 数据核字(2020)第 224221 号

大兴安岭南部突泉地区晚三叠世—早白垩世岩浆演化与成矿作用 宋维民 **等编著**

责任编辑:唐然坤 选题策划:唐然坤 责任校对:周 旭

出版发行:中国地质大学出版社(武汉市洪山区鲁磨路 388 号) 邮编:430074

电 话:(027)67883511 传 真:(027)67883580 E-mail:cbb@cug.edu.cn

经 销:全国新华书店 http://cugp.cug.edu.cn

开本:880 毫米×1230 毫米 1/16 字数:325 千字 印张:10.25

版次:2020 年 12 月第 1 版 印次:2020 年 12 月第 1 次印刷

印刷:武汉市籍缘印刷厂

ISBN 978-7-5625-4915-4 定价:128.00 元

前言 QIANYAN

为了贯彻落实《国务院关于加强地质工作的决定》中提出的"重点成矿区带、重大地质问题地区，提高基础地质调查程度，突出能源矿产是重要的战略资源"的要求和精神，近10年来自然资源部中国地质调查局在全国部署了大面积1∶5万区域地质调查项目及大区域综合编图研究项目。其中，大兴安岭南部突泉地区晚三叠世—早白垩世岩浆岩比较发育，岩石类型多样，演化阶段复杂，与之有关的金属矿产丰富，但大兴安岭南部岩浆岩的成因及构造演化阶段划分存在着较大的争议，不同单位的学者看法不一。这严重制约了东北地区岩浆岩、构造演化及成矿规律等研究工作。因此，从2009年至今，中国地质调查局沈阳地质调查中心在大兴安岭南部突泉地区开展了多项区域地质调查及综合研究项目，包括"内蒙古1∶5万孟恩陶勒盖、马家窑、敖兰敖日格、科尔沁右翼中旗、哈日道布幅区域地质调查"项目（编号：1212011120646），"内蒙古1∶5万前他克吐、万宝镇、保安屯、突泉县、陈家屯幅区域地质调查"项目（编号：1212011220425），"中国及邻区海陆大地构造研究和相关图件编制"项目（编号：DD20179402）和"中国大地构造演化和国际亚洲大地构造图编制"项目（编号：DD20190360）。沈阳地质调查中心通过将多年的野外调查与科学研究充分结合，发挥在中生代基础地质调查研究方面的业务积累和人才优势，完成了项目的总体目标任务，取得了可喜的进展和成果，最终完成《大兴安岭南部突泉地区晚三叠世—早白垩世岩浆演化与成矿作用》一书。

本书较系统总结阐述了大兴安岭南部突泉地区晚三叠世—早白垩世岩浆岩地质特征，根据岩浆岩接触关系、岩石组合特征及研究区的高精度同位素年代学等资料，将突泉地区晚三叠世—早白垩世岩浆作用划分为晚三叠世（220～202Ma）、中侏罗世（166～163.3Ma）、晚侏罗世（160～146Ma）和早白垩世（141～127Ma）4期。根据区域构造演化及研究区晚三叠世—早白垩世岩浆岩地球化学综合研究，该区主要划分为三大构造-岩浆成矿演化阶段：①晚三叠世—中侏罗世早期（220～163.3Ma）为与前造山期伸展、裂解作用有关的构造岩浆作用与成矿事件，形成热液型铜锡铅锌矿；②中侏罗世晚期—晚侏罗世（160～146Ma）为与蒙古-鄂霍茨克洋盆消亡、闭合、碰撞造山作用有关的构造岩浆作用与成矿事件，形成斑岩型钼矿和热液型铜银矿；③早白垩世（135～130Ma）为造山期后与大陆地壳伸展有关的构造岩浆作用与成矿事件，形成矽卡岩型和热液型铜钼银铅锌矿。这一结论为进一步开展大兴安岭地区构造-岩浆-成矿规律等研究工作奠定了基础。

本书共分为6章，其中前言由宋维民、付俊彧执笔；第一章区域地质概况由那福超、杜继宇、宋维民、杨佳林、刘英才、付俊彧、杨雅军、钱程、汪岩、杨晓平、陶楠、马永非执笔；第二章晚三叠世—早白垩世岩浆岩地质特征由宋维民、杨佳林、杜继宇、庞雪娇执笔；第三章晚三叠世—早白垩世岩浆岩同位素年代学及地球化学特征由宋维民、杨佳林、庞雪娇、孙巍执笔；第四章岩浆岩活动期次及构造背景由宋维民、那福超、施璐执笔；第五章成矿作用与多金属成矿规律由庞雪娇、刘宝山、宋维民执笔；第六章结论由宋维民、庞雪娇、付俊彧执笔；刘英才、钱程、葛锦涛、赵雪娟等参与了地质图、大地构造位置图及地球化学等图件的编制工作；钟辉完成了岩矿鉴定工作。全书最终统稿由宋维民、付俊彧、庞雪娇完成。

项目的研究和本书的出版是在中国地质科学院任纪舜（院士），中国地质调查局基础部副主任王建桥（教授级高工）、处长邱士东（教授级高工），中国地质科学院资源所所长陈仁义（研究员），中国地质科学院地质所所长肖桂义（教授级高工）、王涛（研究员）、李锦轶（研究员），中国地质科学院力学所胡健民（研究员），北京大学徐备（教授），中国地质大学（北京）邓晋福（教授），中国地质大学（武汉）张克信（教授），吉林大学周建波（教授），东北大学原研究生院院长巩恩普（教授），河北地质大学李英杰（教授），西安地质调查中心主任李志忠（研究员），南京地质调查中心副主任毛晓长（教授级高工），天津地质调查中心副主任朱群（研究员），武汉地质调查中心副主任邢光福（研究员），成都地质调查中心基础研究室主任王保弟（研究员），沈阳地质调查中心负责人张大权（教授级高工）、党委书记贾伟光（教授级高工）、原副所长张允平（研究员）、副总工程师沙德铭（研究员）、张立东（研究员）、原项目办专职副主任刘世伟（教授级高工）、科技处副处长邢德和（教授级高工）、杨中柱（教授级高工）等各级领导和专家的指导与支持完成的，在此一并表示感谢。

由于时间仓促，加之笔者水平有限，书中不足或错漏之处在所难免，敬请读者批评指正。

编著者

2020 年 6 月

目录 MULU

第一章 区域地质概况

第一节 研究区地理位置

一、研究区范围

大兴安岭南部突泉地区位于内蒙古自治区东部。行政区划主要隶属于内蒙古自治区兴安盟突泉县、吉林省白城市，与吉林省洮南市接壤。区内交通条件较为便利，省际交通要道(突泉县-乌兰浩特)贯穿其中，旗、县与各乡、镇之间有简易公路相通(图1-1)。

二、自然地理概况

研究区位于内蒙古高原东部，大兴安岭中南段东坡与松辽平原接壤地带，地势较低，海拔一般在260～600m之间，为中低山区，相对高差不大，总的地势为北西高、南东低。由于地势的这一特点，西北部基岩出露较好，东南部则多为第四系风成沙掩盖。

区内水系欠发育，且多为季节性河流，属洮儿河水系，主要河流有蛟流河、那金河和小额木特河，湖泊有五大泡子、孟家泡子和南泡子等。

研究区属半干旱大陆性气候，四季变化明显。春、秋季干燥多大风，最大风力达8级以上，平均风速为4.5m/s，年大风日期为30～40天。年平均气温为4.7℃，夏季最高温度达39.9℃，冬季最低气温达－30℃以下。全区年降水量多在450mm以下，多集中在七、八、九月份，年总蒸发量大于1700mm。因此，研究区具干燥、寒冷、多风沙、温差大的特点。尤其是近10余年来，持续的干旱造成地下水位下降、季节性河流长期断流、沙尘暴频发。

三、自然资源概况

大兴安岭地区中南部交通较发达，以铁路、省际公路、高速公路和航空构成了现代的交通网。铁路以草原专线连接研究区内外。主干公路有溪满、丹锡、长深、新鲁、大广、长深、边防公路等连接省、市、县、乡公路。航空港有黑河、漠河、齐齐哈尔、海拉尔、乌兰浩特、通辽等。口岸有黑河、满洲里、室韦、阿日哈沙特等。研究区的自然条件为振兴东北经济发展及东北自然资源开发利用与环境保护提供了有利条件。

由于受特殊的自然地理条件影响，研究区为传统的半农半牧区，居民分散，以汉族为主，有少数蒙古族，居民主要从事农、牧业生产。农业以种植玉米、高粱为主，还有少量的豆类，农业是本区居民赖以生

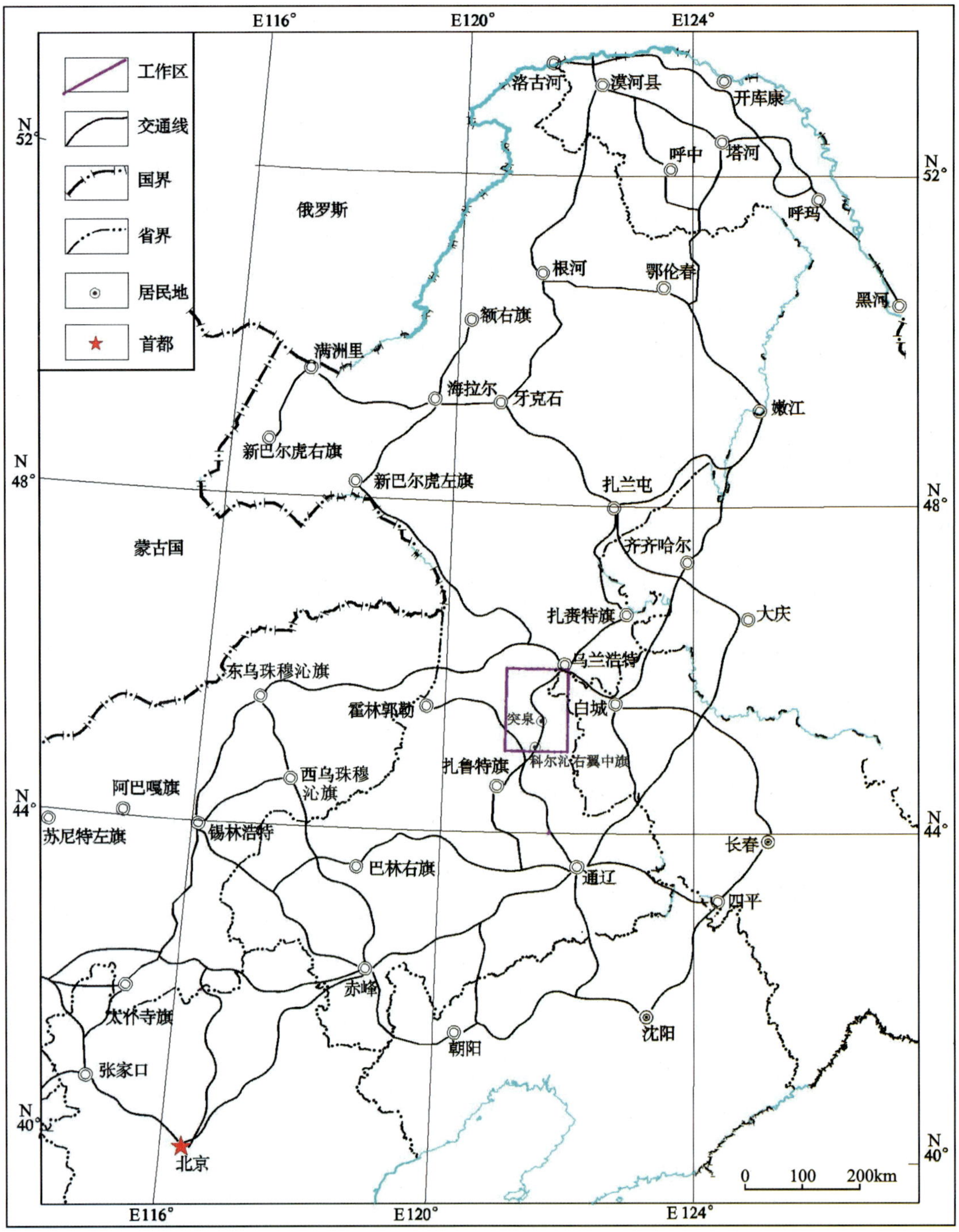

图 1-1　研究区交通位置图

存的主业；牲畜以羊为主，牛、马少量，植被以草本植物为主，各种针茎属是主要牧草；林业主要为山体阴坡的次生林。

大兴安岭地区矿产资源丰富，开发历史悠久，其中贵金属主要有金、银，有色金属主要有铜、铅、锌、钼等，此外还有黑色金属、石油、天然气、煤炭等矿产。大兴安岭成矿带一直是东北地区重要的矿产资源基地，由于工作程度低，矿产资源潜力巨大，有望成为国家的重要矿产资源后备基地。

第二节 研究区大地构造位置

突泉地区(N45°00′00″—45°50′00″,E121°00′00″—122°00′00″)位于大兴安岭南段。在区域构造上,在古生代研究区处于华北板块与西伯利亚板块之间的缝合-造山带内,西邻二连-贺根山断裂带,南侧为西拉木伦河断裂带(图1-2)。区域上中生代、新生代构造-岩浆活动较强,在上述两大断裂带之间发育有北东东向展布的锡林浩特-西乌珠穆沁旗-科尔沁右翼中旗晚古生代—中生代构造岩浆岩带,研究区位于该构造岩浆岩带的东部。

研究区最显著的特点是大规模分布中生代岩浆岩,北北东向展布的岩浆岩尤为发育,另一特征是发育东西—北东向古生代构造岩浆活动,前者叠加在后者之上,构成了现在的地质构造-岩浆格局,形成了多金属等诸多矿产资源,并引起地质工作者的广泛关注(陈义贤和陈文寄,1997;宋维民等,2019)。

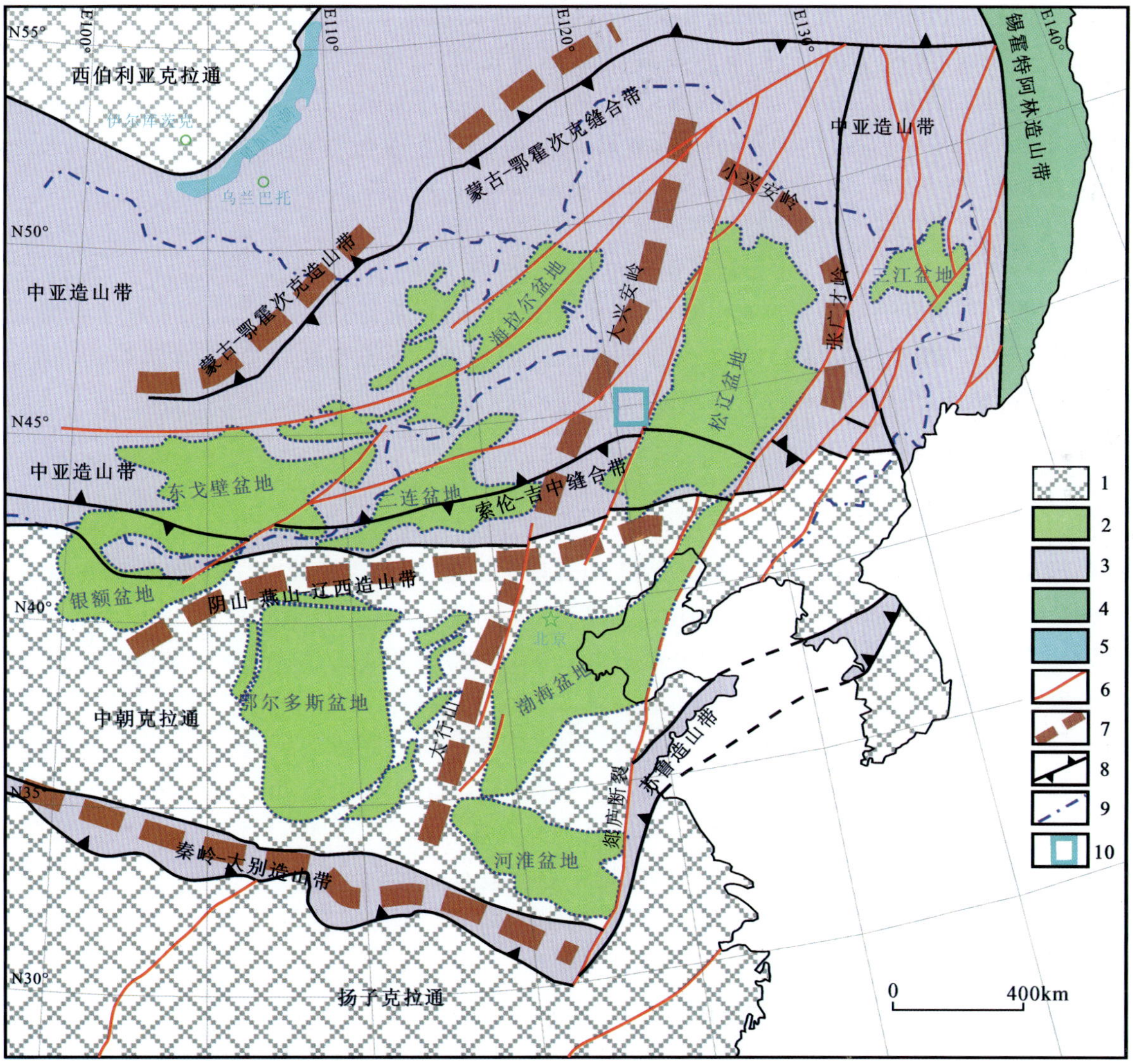

图1-2 研究区大地构造位置示意图(据Meng,2003;Darby et al.,2004;Wu et al.,2005,2007;Zhang et al.,2008;Wang et al.,2012修改)

1.克拉通;2.盆地;3.前中生代造山带;4.中生代造山带;5.湖泊;6.断裂;7.造山带;8.缝合带;9.国界线;10.研究区

第三节 区域地层

一、大兴安岭地层

1. 古元古界

该区古元古界零星出露(图1-3),且在不同地区岩石组合及变质变形特征的差异较大。在莫尔道嘎—呼玛以北地区,古元古界由黑云斜长片麻岩、斜长角闪岩、片岩、变粒岩、浅粒岩、大理岩等组成,变质程度为高绿片岩相—角闪岩相;在乌兰浩特地区,古元古界是以斜长角闪片岩、含绿帘阳起石片岩、黑云斜长片岩、角闪斜长片岩、黑云角闪斜长片岩、黑云斜长变粒岩等为主的高绿片岩相—低角闪岩相组合;在锡林浩特地区,古元古界为一套绿片岩相—角闪岩相的变质岩,由黑云斜长片麻岩、黑云角闪斜长片麻岩、细粒斜长片麻岩、黑云片岩、二云片岩、黑云石英片岩、阳起绿泥石英片岩、斜长角闪岩、角闪斜长片麻岩及大理岩组成;在大坂西拉木伦河两岸,古元古界主要为斜长二云石英片岩、绢云石英片岩、含绿帘斜长白云石英片岩、二云斜长变粒岩、含绿帘黑云斜长片岩、含石榴绿帘(斜长)二云片岩夹绿帘角闪片岩、大理岩、角闪石岩、黑云斜长变粒岩、斜长角闪石岩。

2. 中元古界

中元古界仅在嫩江—孙吴一带有出露,主要为一套角闪岩相中深变质岩系,由含石榴子石黑云斜长片麻岩、含石榴子石黑云角闪斜长片麻岩、含石榴子石黑云角闪斜长变粒岩、长英质浅粒岩、斜长角闪岩、斜长角闪片麻岩、黑云(二云)片岩等组成。

3. 新元古界

新元古界主要分布在阿尔山—扎兰屯以北地区(图1-3);在新巴尔虎右旗—额尔古纳一带,新元古界为一套浅变质岩系,下部为砾岩、变质砂岩、绢云母千枚岩、粉砂质板岩、变质粉细砂岩等,上部绢云母千枚岩、绢云母板岩、碳质板岩夹变安山岩、结晶灰岩,局部见少量的枕状玄武岩,其中碎屑锆石资料显示沉积岩沉积时代为790~738Ma(Zhao et al.,2016)。此外,新元古界还见有一套白云质大理岩、大理岩、白云岩、结晶灰岩夹少量变质碎屑岩组合,两者为构造接触,Zhang等(2014)通过变质碎屑岩中碎屑锆石年龄学研究,限定其沉积时限为738~712Ma。在阿尔山—呼玛一带,新元古界由以灰色、绿灰色、黄褐色、黄灰色红柱石(二)云母片岩、红柱石黑云片岩、二云石英片岩、角闪斜长片岩为主夹灰色黑云长英质角岩组成。在黑河—呼玛一带,新元古界主要为由灰色含十字石、石榴子石二云石英片岩、绢云片岩、二云片岩、变粒岩等组成的一套中浅变质的细碎屑岩。在扎兰屯—阿荣旗一带,新元古界由以绿泥片岩、绿泥石英片岩和黑云角闪片岩、千枚岩、变酸性岩、变安山岩、变凝灰岩等为主的变质火山-陆源碎屑岩构成。

4. 下古生界

下古生界寒武系极少,仅见于阿尔山地区(图1-3),为一套浅海相碳酸盐岩夹细碎屑岩沉积,为灰白色、灰色蜂窝状结晶灰岩,青灰色、深灰色厚层结晶灰岩夹黑色页岩组合,含丰富的古杯化石(段吉业和安素兰,2001)。

奥陶系为一套弧盆系沉积,下奥陶统下部为弧火山岩夹少量的碎屑岩沉积,Li等(2017)在大兴安

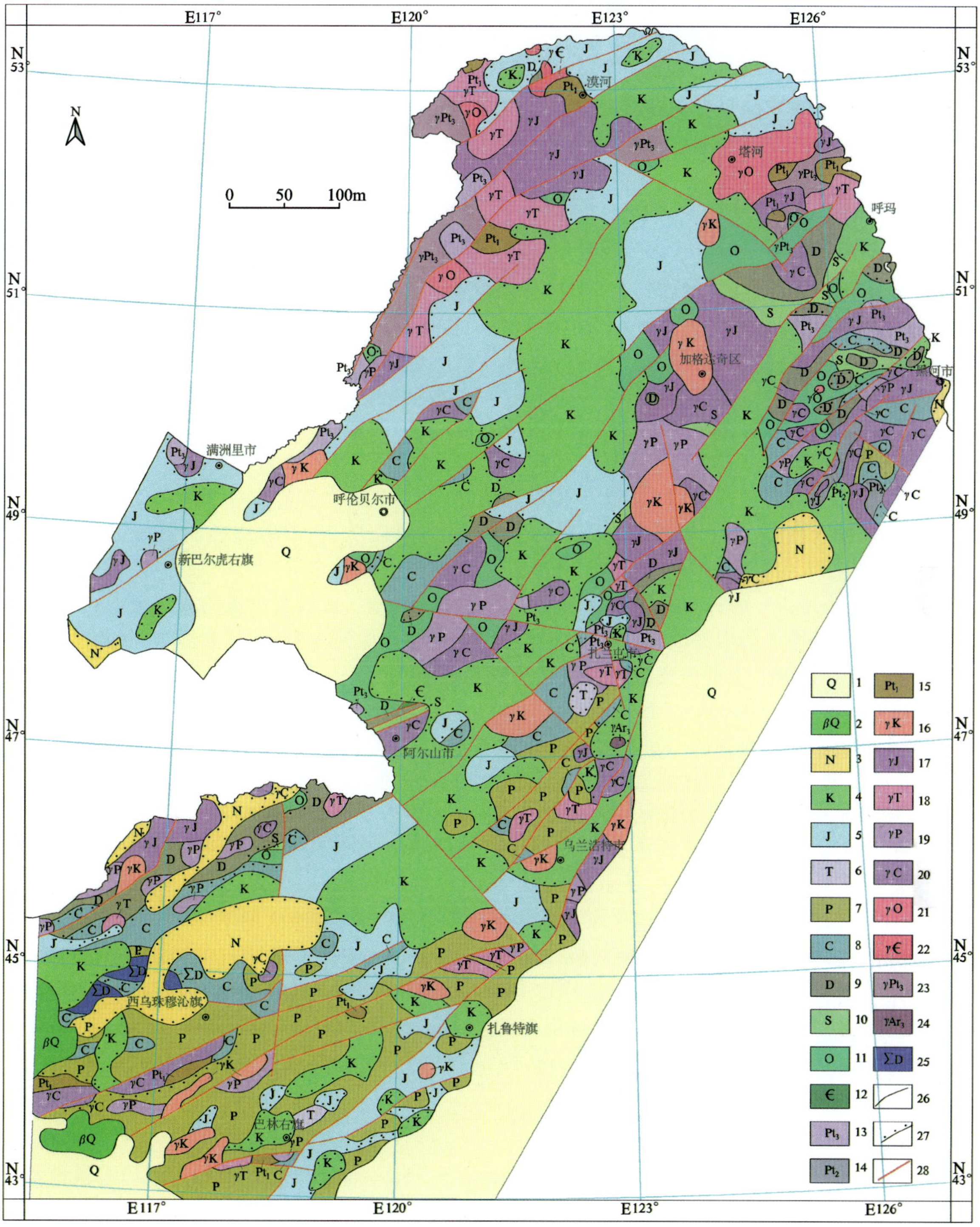

图 1-3　大兴安岭区域地质图

1.第四系；2.第四纪玄武岩；3.新近系；4.白垩系；5.侏罗系；6.三叠系；7.二叠系；8.石炭系；9.泥盆系；10.志留系；11.奥陶系；12.寒武系；13.新元古界；14.中元古界；15.古元古界；16.白垩纪侵入岩；17.侏罗纪侵入岩；18.三叠纪侵入岩；19.二叠纪侵入岩；20.石炭纪侵入岩；21.奥陶纪侵入岩；22.寒武纪侵入岩；23.元古宙侵入岩；24.太古宙侵入岩；25.泥盆纪超基性岩；26.地质界线；27.不整合界线；28.断裂

岭中北段蘑菇气—多宝山地区获得火山岩年龄为473～463Ma；上部为弧前及弧后盆地砂岩、粉砂岩、含砾砂岩、凝灰质砾岩、凝灰岩，夹少量的灰岩沉积；上奥陶统为弧间盆地碎屑岩沉积，含丰富的腕足、笔石、珊瑚等化石。

志留系为弧间盆地-前陆盆地的浅海相碎屑岩组合，下志留统岩石自下而上由细变粗，为一套板岩-粉砂岩-细砂岩组合；中志留统为杂砂岩夹粉砂岩、板岩，含腕足类化石；上—顶志留统下部为灰绿色、粉砂质板岩、粉砂岩、凝灰质板岩，上部为黄色细粒、中细粒杂砂质石英砂岩、厚层状石英砂岩、黄绿色粉砂质板岩夹薄层砂砾岩，产腕足类化石 *Tuvaella*（李宇和王成文，2017）。

5. 上古生界

上古生界泥盆系为一套海相碎屑岩、碳酸盐岩沉积夹火山岩组合。下泥盆统下部为灰绿色、黄绿色、灰黑色长石石英砂岩、粉砂岩、泥质粉砂岩、凝灰质粉砂岩，夹生物碎屑灰岩、珊瑚礁灰岩透镜体，偶夹火山岩，含丰富的腕足类、珊瑚等化石；上部为一套变中基性火山岩夹酸性凝灰岩、粉砂岩及板岩，局部见硅质岩，含腕足类化石，其中内蒙古自治区莫力达瓦地区变酸性火山岩年龄约为414Ma（那福超等，2014）。中泥盆统下部为一套变中基性火山岩夹酸性凝灰岩、粉砂岩及板岩，局部见硅质岩，含腕足类化石；上部为黑灰色杂砂岩、长石砂岩、绿泥板岩、凝灰砂岩及凝灰岩等，产腕足类化石。上泥盆统为滨海相和陆相沉积碎屑岩沉积，在嫩江—黑河一带为一套砾岩、杂砂岩、板岩及粉砂岩夹碳质板岩组合，产丰富的植物化石，下部亦产海相腕足类化石；在东乌珠穆沁旗一带为砂板岩沉积组合，以泥质粉砂岩、板岩、细砂岩、砂岩为主，夹粉砂岩、泥岩，产丰富的动植物化石；在大兴安岭吉峰—阿尔山—扎兰屯一带为海相中基性、酸性火山岩、火山碎屑岩及碎屑岩、碳酸盐岩及硅质岩、放射虫硅质岩等组合（张渝金等，2016），其中中基性火山岩年龄为373～362Ma（赵芝等，2010a；张渝金等，2016；钱程等，2019）。

下石炭统在头道桥—海拉尔—额尔古纳一带，下部由粉砂岩、板岩及少量的灰岩组成，含腕足、珊瑚等化石，上部为中基性火山岩夹板岩、灰岩及硅质岩；在嫩江—黑河一带，下部为砾岩、凝灰质砂岩、砂岩及板岩组合，含植物化石，上部为变酸性火山岩夹板岩、泥质粉砂岩等，赵芝等（2010b）在嫩江地区获得酸性火山岩年龄为353～352Ma。上石炭统以中酸性火山岩为主，夹板岩、砂岩、粉砂岩，含安格拉植物群，其中酸性火山岩年龄为307～306Ma（赵芝等，2010b）。

下二叠统下部为一套海相碎屑岩组合，岩石类型有深灰色、浅灰色、褐灰色变质粉砂岩、细砂岩、长石杂砂岩、粉砂质板岩、板岩及少量的结晶灰岩，局部夹火山岩及火山碎屑岩，上部为弧火山岩夹少量的碎屑岩沉积，主要岩性有流纹岩、安山岩、英安岩及安山质火山碎屑岩夹板岩、变质砂岩及少量的灰岩，含腕足类等动物化石，其中中酸性火山岩年龄集中在294～283Ma（Yu et al.，2017；Zhou et al.，2018）。值得一提的是，在内蒙古自治区东乌珠穆沁旗满都胡宝拉格地区的下—中二叠统沉积地层中，发现 *Cladophlebis* sp. 1（枝脉蕨未定种）、*Emplectopteris triangularis Halle*（三角织羊齿）等华夏植物群化石（周志广等，2010）；中二叠统主要为一套浅海相砂岩、板岩和灰岩透镜体的岩石组合，偶见凝灰岩及凝灰质砂岩，富含腕足类、珊瑚、蜓等门类化石；上二叠统主要为一套湖相、潟湖相以黑灰为主色调的砂岩、板岩组合，含 *Palaeanodonta* 和 *Palaeomutela* 动物群及植物化石，在扎兰屯—黑河一带见有凝灰岩。

6. 中生界

中生界三叠系出露较少，下三叠统为紫色、褐黄色、黄绿色粉砂质泥质板岩夹粉砂岩、细砂岩、砂岩、绢云板岩及酸性凝灰熔岩，含 *Palaeanodonta* 和 *Palaeomutela* 动物群；中三叠统为灰黑色、暗紫色安山岩夹黄褐色砾岩、暗紫色流纹斑岩及火山角砾岩，同位素年龄在240～229Ma之间；上三叠统由深灰—灰色气孔杏仁状安山玄武岩、安山玄武岩、安山岩等组成，同位素年龄为225±2Ma，出露零星。

下侏罗统出露零星，在大兴安岭地区南部的断陷盆地内发育有砂砾岩夹煤沉积，在北部中生代火山盆地北缘有少量的基性及酸性火山岩出露；中侏罗统下部以断陷盆地砂砾岩夹煤沉积为主，上部在大兴安岭北部地区以中基性火山岩为主，夹少量的碎屑岩，在南部地区以酸性火山岩为主，夹砂砾岩及煤层；上侏罗统分布广泛，下部以流纹岩及流纹质火山碎屑为主，夹少量的沉积岩，上部以安山岩、英安岩、安山质火山碎屑岩为主，夹少量的砂岩、砂砾岩及粉砂岩。

白垩系分布面积最大，下统下部为一套双峰式火山岩建造，夹少量的安山岩、砂岩、粉砂岩，底部通常见有砂岩、含砾砂岩、砾岩及粉砂岩，含 *Nestoria* 叶肢介群，中部为中酸性火山岩建造，夹少量的砂岩、粉砂岩、凝灰质页岩及砂砾岩，含 *Eosestheria* - *Cypridea* - *Lycoptera* 热河生物群，上部以基性火山岩与含煤碎屑沉积岩为主，顶部见少量的酸性火山岩，与侏罗系一起构成大兴安岭中生代火山岩-沉积建造的主体。

7. 新生界

新生界主要为河流相砂砾石、风成黄土、冰水沉积、冰碛及少量的基性火山岩等。

二、突泉地区地层

突泉地区地层中古生界隶属于华北地层大区内蒙古草原地层区的锡林浩特-磐石地层分区，中生界—新生界为滨太平洋地层区大兴安岭-燕山地层分区的乌兰浩特-赤峰地层小区。根据岩性组合、生物化石、变质变形特征及区域地层对比，区内岩石地层划分有上泥盆统—下石炭统色日巴彦敖包组、中二叠统大石寨组、中二叠统哲斯组、上二叠统林西组、下侏罗统红旗组、中侏罗统万宝组和塔木兰沟组、上侏罗统满克头鄂博组、上侏罗统玛尼吐组、下白垩统白音高老组和梅勒图组、新近系上新统五岔沟组、第四系更新统及全新统（表 1 - 1）。

（一）古生界

区内前中生代地层为古生界地层，分布面积较大。根据岩石组合、接触关系及古生物化石划分为 4 个组级岩石地层单位，即上泥盆统—下石炭统色日巴彦敖包组、中二叠统大石寨组、中二叠统哲斯组、上二叠统林西组。

1. 上泥盆统—下石炭统色日巴彦敖包组

上泥盆统—下石炭统色日巴彦敖包组出露于布敦花牧场二连西和东升乡—九顶山一带，在东南部兴胜马站、杜尔基马场、兴隆山屯一带零星出露。该套地层的岩石组合为暗色细砂岩、粉砂岩、硅泥质夹蚀变酸性火山岩，富含碳质，沉积岩系可见水平层理，颜色深为较深水还原环境产物，蚀变酸性火山岩色率较浅且含板岩角砾，具陆相火山岩特点。该套地层的深灰色变流纹质晶屑玻屑凝灰岩中获得的锆石 U - Pb(LA - ICP - MS)年龄为 350±1.4Ma，时代归属为早石炭世。依据岩石组合的区域对比、邻区化石资料及结合高精度同位素测年结果，将该套地层时代厘定为晚泥盆世—早石炭世，置于上泥盆统—下石炭统色日巴彦敖包组。

2. 中二叠统大石寨组

中二叠统大石寨组为海相中酸性熔岩及凝灰岩组合，夹陆源碎屑岩，出露于东北部万宝镇—东升乡以北一带。该套地层的岩石组合为一套灰绿色粗粒含砾长石岩屑杂砂岩、灰绿色中粒长石岩屑砂岩、深灰色中细粒长石岩屑杂砂岩、深灰色细粒长石岩屑砂岩、紫红色粉砂岩、深灰绿色泥质粉砂岩，夹灰绿色石英角斑岩、粗安岩。

表 1-1 突泉地区地层划分一览表

界	系	统	岩石地层		代号	岩石组合	生物化石	同位素测年
新生界	第四系	全新统			Qh	河床砂砾石、河漫滩冲积层、湖泊沉积层及砂砾石、风积黄土	在灰黑色含碎石亚砂土中见木本植物松属 *Pinus*、禾本科(Poaceae)花粉	
新生界	第四系	更新统			Qp	冰川沉积;冲积洪积层为砂砾石、亚黏土、含碎石亚砂土		
新生界		上新统	五岔沟组		N_2w	玄武岩、橄榄玄武岩		
中生界	白垩系	下白垩统	梅勒图组		K_1ml	主要由中基性、基性火山岩组成,岩石类型为青灰色—灰黑色基性、中基性熔岩及少量火山碎屑岩。上部以黑色粗安岩、粗安质角砾熔岩为主,局部见少量安山岩及安山质凝灰岩;中部主要为灰色玄武安山岩、玄武安山质角砾熔岩;下部为黑色致密块状粗安岩		
中生界	白垩系	下白垩统	白音高老组	二段	K_1b^2	以陆源碎屑岩沉积为主,夹少量沉凝灰岩。上部主要为薄层状泥质粉砂岩、凝灰质粉砂岩;中部以灰绿色沉凝灰岩为底,其上见凝灰质中细砂岩-粉砂岩 5 次韵律变化,局部夹少量粗砂岩、凝灰岩;下部以浅灰绿色调为主,发育凝灰质含砾长石岩屑粗砂岩-细砂岩 3 次韵律变化,局部夹少量泥质粉砂岩	动植物化石丰富,叶肢介化石出现大量的 *Yanjiestheria* cf. *duolunensis* Wang, 1976(多伦延吉叶肢介相似种)	
中生界	白垩系	下白垩统	白音高老组	一段	K_1b^1	岩石成分以酸性为主,主要为火山碎屑岩爆发相,其次为喷溢相、火山碎屑流相,少量爆发沉积相。岩石颜色纷杂,有灰绿、黄绿、灰黄、深灰、白灰、黄白和灰紫等颜色,以灰黄色、蛋青色色调为主	动物化石以叶肢介及介形类化石为主,见少量的双壳化石及昆虫化石,叶肢介化石以 *Nestoria* 和 *Yanjiestheria* 为主,并且两者共生	(135.07±0.23)Ma、(134.64±0.25)Ma、(132.58±0.37)Ma
中生界	侏罗系	上侏罗统	玛尼吐组		J_3mn	紫色安山(英安)岩、安山质晶屑熔结凝灰岩、安山质角砾晶屑凝灰熔岩、玄武安山质含角砾晶屑熔结凝灰岩		

续表 1-1

年代地层单位			岩石地层	代号	岩石组合	生物化石	同位素测年
界	系	统					
中生界	侏罗系	上侏罗统	满克头鄂博组	J_3m	流纹岩、流纹质角砾晶屑岩屑凝灰岩、流纹质晶屑弱熔结凝灰岩、流纹质玻屑晶屑凝灰岩、英安质熔结凝灰岩、英安质含角砾晶屑凝灰岩、英安质玻屑晶屑凝灰岩	在流纹质凝灰岩中产硅化木化石	
		中侏罗统	塔木兰沟组	J_2tm	安山岩、绿帘石化安山岩、安山质晶屑凝灰熔岩、安山质角砾凝灰岩		
			万宝组	J_2wb	下部为砾岩、砂砾岩及中粗粒砂岩；上部主要为中砂岩、细砂岩及粉砂岩、泥质岩夹煤层	产植物化石	
		下侏罗统	红旗组	J_1h	主要为灰黑色和深灰色粉砂岩、黑色泥岩互层夹灰色 灰白色薄层细—粗粒砂岩 砾岩和薄煤层	有节类、银杏类、松柏类以及裸子植物的种子等	
古生界	二叠系	上二叠统	林西组	P_3l	灰黑色、黑色粉砂质板岩、细砂岩、泥质粉砂岩、灰黑色长英杂砂岩等		(266.1±2.3)Ma
		中二叠统	哲斯组	P_2zs	灰黑色、深灰色凝灰质粉砂岩、凝灰质细砂岩互层夹砾岩、含砾中粗粒砂岩夹灰岩，局部见灰黑色粉砂质泥岩、深灰色细粒岩屑长石杂砂岩、灰黑色变含细砂粉砂质泥岩、灰黑色变凝灰质粉砂岩		
			大石寨组	P_2d	上部为灰黑色—灰色细砂粉砂岩、灰黑色粉砂岩、深灰色粗粒含砾岩屑长石砂岩、粗山岩；下部为深灰色岩屑长石细砂岩夹石英角斑岩、粗安岩等		
	石炭系 / 泥盆系	下石炭统 / 上泥盆统	色日巴彦敖包组	$(D_3—C_1)s$	上部为灰色含砾粗中粒长石岩屑杂砂岩、灰黑色中细粒长石岩屑砂岩与黑色粉砂质泥岩互层、灰色中细粒长石岩屑杂砂岩；中部为灰黑色火山灰凝灰岩；下部为灰黑色粉砂岩、浅黄色细粒长石岩屑砂岩、灰色粗中粒长石岩屑(杂)砂岩、灰色中细粒长石岩屑砂岩，夹紫红色硅质岩透镜体、粉砂岩、火山灰凝灰岩	灰黑色凝灰质粉砂质硅泥质板岩中含 *Archaeocalamites* sp.（古芦木）；在紫红色硅质岩中见海绵骨针、放射虫微体化石	(350±1.4)Ma

3. 中二叠统哲斯组

中二叠统哲斯组为不整合于大石寨组之上的一套浅海相砂岩、板岩和灰岩透镜体的岩石组合，部分地区发育有火山碎屑岩和硅质岩。地层中富含腕足类、珊瑚等化石。哲斯组主要出露于北部闹牛山南麓一带，未见顶、底，与下伏地层接触关系不清，与上覆下侏罗统红旗组呈断层接触。

4. 上二叠统林西组

上二叠统林西组岩性为一套细碎屑岩夹硅泥质岩石组合，颜色为灰黑色、黑色、灰绿色，并发育有灰黑色、灰色中细粒长石杂砂岩，岩石结构成熟度及矿物成分成熟度均较低，主要反映为近源沉积特征。细砂岩及中细粒长石杂砂岩中发育平行层理、小型交错层理、斜层理，发育重荷膜，显示为滨浅湖相特征，同时出露较多黑色硅泥质岩、灰色—灰黑色粉砂质板岩，表明为沉积水体较深的还原环境，为滨湖、浅湖相沉积。

（二）中生界

区内中生界分布面积较大，根据岩石组合、接触关系及古生物化石划分为 7 个组级岩石地层单位，即下侏罗统红旗组（J_1h），中侏罗统万宝组（J_2wb）、塔木兰沟组（J_2tm），上侏罗统满克头鄂博组（J_3m）、玛尼吐组（J_3mn），下白垩统白音高老组（K_1b）、梅勒图组（K_1ml）。

1. 下侏罗统红旗组

下侏罗统红旗组为一套含煤地层，角度不整合于中侏罗统万宝组之下，与下伏二叠系呈断层或不整合接触。该组主要分布在洮南县万宝盆地，岩性以灰色、灰黑色粉砂岩、泥岩、砂岩夹多层煤为主，底部为灰白色砾岩夹灰色、灰黑色砂岩，含植物、孢粉及双壳类化石。红旗组已发现的新芦木、枝脉蕨、假篦羽叶、异羽叶、茨康叶和苏铁杉等化石似可以与柴达木盆地东北缘下侏罗统植物组合相比较，但由于假篦羽叶等苏铁植物在数量上实际并不丰富，可能反映了暖温带气候控制下的缺乏苏铁植物的大陆植物区特征，与热带、亚热带气候控制下的具丰富苏铁植物的滨海植物区形成明显的对比（杨佳林等，2014）。

2. 中侏罗统万宝组

中侏罗统万宝组区域上主要分布于大兴安岭主脊两侧的突泉县、扎鲁特旗、克什克腾旗及额尔古纳左旗等地，研究区内万宝组出露于北部的闹牛山东南部西太平—杨家油坊一带，呈北东-南西向零星出露，为一套砾岩、砂砾岩、砂岩夹泥质岩及煤层的河湖-湖沼沉积。自葛家屯一带往北东方向，沉积水体逐渐加深，沉积物粒度变细。

3. 中侏罗统塔木兰沟组

中侏罗统塔木兰沟组是指平行不整合于万宝组之上，被土城子组平行不整合或满克头鄂博组不整合覆盖的中基性火山熔岩、火山碎屑岩夹沉积岩。研究区内出露于西部红旗林场牧铺北，岩性组合为灰黑色安山岩、安山质角砾凝灰岩、安山质晶屑凝灰熔岩，局部发育绿帘石化，角度不整合于上古生界之上。在突泉县粮库北零星出露灰黑色粗面岩，锆石 U－Pb 年龄为 163Ma，被满克头鄂博组喷发不整合覆盖。

4. 上侏罗统满克头鄂博组

上侏罗统满克头鄂博组在突泉地区较为发育，主要出露于北部葛根庙-马家窑火山盆地、中南部大罕山火山盆地、西南妈妈山火山盆地的边缘地带，主要为一套中酸性—酸性火山碎屑岩、碎屑熔岩及少量火山熔岩。满克头鄂博组不整合在中侏罗统万宝组之上，其上被玛尼吐组灰黄色安山质角砾晶屑凝灰岩喷发不整合覆盖，在突泉火山盆地杜尔基大桥处见其被上侏罗统玛尼吐组安山岩喷发不整合覆盖。南部突泉火山盆地灰紫色流纹岩的锆石 U－Pb(LA－ICP－MS)年龄为 159±3Ma，时代相当于晚侏罗世。

5. 上侏罗统玛尼吐组

上侏罗统玛尼吐组在研究区最为发育，主要出露于西南部突泉盆地的后白城、突泉县、小泡子村、杜尔基一带，北部闹牛山盆地、付家洼子盆地，其次出露于五大泡子火山盆地的中心地带，以及南部温家屯—新立屯、查干敖瑞—喇嘛少尔昂、妈妈山一带。玛尼吐组以具浓重紫色色调(青灰色、灰色、灰紫色、紫色、紫黑色)为特征，岩石以中性熔岩为主，其次是火山碎屑岩以及少量沉积夹层。

6. 下白垩统白音高老组

下白垩统白音高老组岩性为杂色酸性火山碎屑岩、酸性熔岩、酸性熔结凝灰岩夹中酸性火山碎屑岩、火山碎屑沉积岩、沉积岩，整合在玛尼吐组中性火山岩之上，被梅勒图组中基性火山岩不整合覆盖。根据白音高老组岩石组合特征、岩相变化规律和接触关系特征，将其划分为两个岩性段。一段(K_1b^1)在区内的分布较为广泛，主要出露于西南部的突泉火山盆地、葛根庙-马家窑火山盆地东北部的国光村、东升乡零星出露及西部的妈妈山火山盆地中；岩石颜色纷杂，有灰绿、黄绿、灰黄、深灰、白灰、黄白和灰紫等颜色，以灰黄色、蛋青色色调为主；岩石成分以酸性为主，主要为火山碎屑岩爆发相，其次为喷溢相、火山碎屑流相，少量爆发沉积相。二段(K_1b^2)分布于陈家屯一带，整合于一段(K_1b^1)之上，主要为一套爆发-空落相、喷发-沉积相；古地形为一小湖泊，湖泊经由枯水期、洪水期变化，从湖盆边缘到中心岩性变化为粗粒砂岩→中—细粒砂岩→细砂岩→粉砂质泥岩，岩相变化为滨湖相→浅湖相→深湖相。白音高老组二段在湖盆中心粉砂质泥岩中首次发现大量的叶肢介化石、昆虫化石及少量植物化石。

7. 下白垩统梅勒图组

下白垩统梅勒图组分布于突泉火山盆地、五大泡子盆地及葛家屯北、前修善村、马家窑屯、后修善村、白庙子一带，主要由中基性、基性火山岩组成。岩石类型为青灰色—灰黑色基性、中基性熔岩及少量火山碎屑岩，上部以黑色粗安岩、粗安质角砾熔岩为主，局部见少量安山岩及安山质凝灰岩；中部主要为灰色玄武安山岩、玄武安山质角砾熔岩；下部为黑色致密块状粗安岩。岩相以溢流相为主，少量的爆发-空落相。在敖包山东 2km 处见该组与下伏地层白音高老组呈喷发不整合接触；在前加拉嘎屯东见其喷发不整合于玛尼吐组、满克头鄂博组之上，多出露于山顶，呈帽状，层位相对较高。梅勒图组同期潜火山岩岩株的年龄为 131±1Ma(付俊彧等，2018)。

(三)新生界

区内新生界出露面积较大，尤其在东部区域，主要为第四系，少量新近系。山区第四系具有成因类型较复杂、岩性岩相变化快、沉积物连续性差、厚度变化大等特点，本次主要根据实际调查、结合遥感图像解译成果，对第四系地貌及成因地层划分，另外针对新近系按照岩石地层进行划分。区内新生界划分为新近系上新统五岔沟组及第四系上更新统和全新统。

第四节　区域侵入岩

一、大兴安岭侵入岩

1. 前寒武纪侵入岩

前寒武纪侵入岩主要分布在额尔古纳地块之上(图 1-3),岩石类型主要有角闪辉长岩、花岗片麻杂岩、中—基性杂岩、黑云石英二长闪长岩、片麻状黑云石英闪长、片麻状中—细粒黑云母花岗闪长岩、中粒黑云钾长花岗岩、含斑中粒黑云二长花岗岩、中粗粒黑云母正长岩、斑状中粒角闪正长岩、正长花岗岩-二长花岗岩-石英正长岩系列及基性—超基性岩系列,岩石多发生糜棱岩化和片理化。

前寒武纪侵入岩浆活动主要发育在额尔古纳构造花岗岩区,存在 3 期侵入活动:古元古代岩浆侵入时间为 1837～1741Ma(孙立新等,2013),中元古代岩浆侵入集中在 1574～817Ma,新元古代岩浆侵入集中在 797～791Ma(Tang et al.,2013;赵硕等,2016a,2016b)。结合全球构造热事件,新元古代的岩浆事件主要发生在 Rodinia 超大陆形成及随后的裂解时期,Rodinia 超大陆裂解期间也是西伯利亚板块南侧古亚洲洋刚刚形成的时间。新元古代晚期侵入岩主要由花岗岩类和少量辉长岩组成,表现为双峰式特征(Tang et al.,2013),该期岩浆事件与西伯利亚克拉通南缘的贝加尔地区具有一致性(Ritsk et al.,1999;Gladkochub et al.,2007)。前寒武纪时期,与花岗岩成矿有关的矿床主要为金、铜、铅和锌(银)等金属矿床,矿床规模较小,主要与韧性剪切带及其糜棱岩有关。

2. 古生代侵入岩

早古生代侵入岩岩石类型主要有辉长岩、斜方辉石橄榄岩、二辉橄榄岩、闪长岩-石英二长闪长岩-石英二长岩-二长花岗岩-正长花岗岩、石榴子石花岗岩、花岗闪长岩-花岗闪长斑岩。岩石受后期多期次造山构造作用影响,蚀变、裂隙、节理较为发育。岩石结构由早到晚具细粒→中细粒→中粒结构变化,岩石类型从中基性→酸性依次演化,是一个较为完整的成分演化序列。

晚古生代基性侵入岩包括辉石岩、角闪石岩、橄榄岩、橄榄辉长岩和辉长岩,中—酸性侵入岩有闪长岩、石英闪长岩、英云闪长岩、花岗闪长岩、二长花岗岩和正长花岗岩及碱长、碱性花岗岩。晚古生代基性侵入岩的展布方向与北东向区域构造一致,受后期构造运动影响,多数岩体遭受了碎裂交代作用,以钾质、硅质交代常见。晚古生代岩浆侵入活动主要集中在石炭纪—二叠纪。

古生代时期为各微陆块碰撞拼合、兴蒙造山带最重要增生时期;晚寒武世额尔古纳与兴安地块拼合,早石炭世末期松嫩-佳木斯联合地块与额尔古纳地块碰撞拼合,形成了兴蒙造山带的主体部分。早古生代的塔河花岗岩具有双峰式的地球化学特征,说明额尔古纳地块和兴安地块在 490Ma 之前就已经完成碰撞拼合(Ge et al.,2005)。晚古生代时期,古亚洲洋俯冲及洋-陆作用,沿兴安地块和松嫩地块碰撞形成拼合带,形成一条钙碱性—高钾钙碱性系列的 I 型花岗岩带,与之伴生的 A 型花岗岩带说明板块碰撞后伸展作用(孙德有等,2000;Li et al.,2014;Ma et al.,2019;张超等,2020)。古生代末期到早三叠世兴安地块南部与华北克拉通北缘拼合,花岗岩沿该拼合带东西向延伸达 2000km 以上,显示出与古亚洲洋板块俯冲形成的火成岩呈平行海沟带状展布的特点。古生代时期矿床以斑岩型 Cu-Pb-Zn 矿和热液型 Pb-Zn-Fe-Mo 矿为主,主要分布在大兴安岭和小兴安岭地区。

3. 中生代侵入岩

中生代侵入岩岩性以二长花岗岩、正长花岗岩、二云母花岗岩为主,少量花岗闪长岩、花岗岩,多呈岩基产出(图1-3)。中生代岩浆侵入活动特别发育,主要集中在中晚侏罗世—早白垩世。受古太平洋和蒙古-鄂霍茨克洋双重影响,研究区中生代花岗岩广泛分布,其地球化学特征整体表现为高钾钙碱性I型花岗岩,说明其与俯冲造山作用存在密切联系。

该时期还存在两期碱长花岗岩:早侏罗世晚期(约180Ma)、早白垩世早期(约130Ma)。早侏罗世晚期碱长花岗岩的成因类型为A_1型,构造环境为碰撞后的伸展环境,标志为古太平洋和蒙古-鄂霍茨克洋板块双向俯冲后的会聚阶段产物。早白垩世早期碱长花岗岩具A_2型花岗岩地球化学特征,构造环境为非造山的陆内伸展背景。中生代时期主要为印支期(斑岩型铜钼矿床),燕山期(斑岩型铜钼矿床、斑岩型钼矿床、银铅锌矿床、银锡矿床、银矿床、浅成低温热液型金矿床、造山型金矿床、铜铅锌多金属矿床、稀有-稀土矿床等)是大兴安岭乃至东北地区最为重要的金属矿成矿时期。

二、突泉地区侵入岩

突泉地区侵入岩比较发育,本次研究将突泉地区侵入岩划分6个阶段:前中生代侵入岩、中三叠世侵入岩、晚三叠世侵入岩、中侏罗世侵入岩、晚侏罗世侵入岩及早白垩世侵入岩,详见表1-2。

1. 前中生代侵入岩

研究区前中生代基性—超基性岩浆活动较弱,岩浆岩零星分布,呈岩块状或脉状产出,出露面积小,宽度多在数米至数十米之间,出露面积不足$1km^2$,主要为早二叠世基性—超基性岩。

2. 中三叠世侵入岩

中三叠世侵入岩出露面积大,呈带状近东西向分布于北中部研究区馒头山一代钦塔拉一带,出露面积为$190km^2$,是分解前人划分的孟恩陶勒盖岩体而来。该岩体于1∶20万航磁平剖面图上表现为低缓负磁场,磁场平稳,无大变化,与围岩间界线在航磁平剖面图上可大致判读圈定。岩体由于被风成沙丘大面积掩盖,加上岩体强烈风化及露头出露极差,给调查工作带来很多困难。

经调查,侵入岩主要分解分为3个填图单位,即细中粒(含斑)英云闪长岩($\gamma\delta o T_2$)、细中粒(含斑)花岗闪长岩($\gamma\delta T_2$)、细中粒二长花岗岩($\eta\gamma T_2$),可划分3类岩石,即中三叠世英云闪长岩、中三叠世花岗闪长岩、中三叠世二长花岗岩,其中以英云闪长岩、二长花岗岩为主,花岗闪长岩次之。岩体从中心相到边缘相,岩性变化为英云闪长岩→花岗闪长岩→二长花岗岩;暗色矿物从角闪石+黑云母组合演变为黑云母;云母类矿物从黑云母变为二云母。这均说明了岩浆的演化趋势从中酸性到酸性,从酸性到碱性。

综上所述,该岩体分为早期侵入阶段、中期侵入阶段和晚期侵入阶段,三者既有区别又有联系,既有共性又有差异,表现了酸性同源岩浆活动的多阶段性特点。

花岗闪长岩中获得的年龄依次为234Ma、230Ma、224Ma、207Ma,表现出逐渐减小的趋势,可能表现出后期成矿构造事件的影响,总体表现岩体形成时代在230Ma左右。在二长花岗岩中也获得233±3Ma年龄,而在英云闪长岩中获得260±34Ma年龄,均在误差范围内,表明其形成时代也在230Ma左右。故暂将该套侵入岩的形成时代置于中三叠世(宋维民等,2014a)。

英云闪长岩-花岗闪长岩-二长花岗岩的化学成分分析表明,岩石属于过铝质的高钾钙碱性系列花岗岩,成因类型均为典型的S型花岗岩(宋维民等,2014b)。稀土和微量元素配分曲线图型式一致。在哈克变异图解上,TiO_2、FeO^T、MgO、CaO、Zr、Al_2O_3与SiO_2呈明显的负相关关系;Na_2O与SiO_2的关系为弱的负相关,不十分明显;P_2O_5与SiO_2关系相对较为复杂,当SiO_2含量低于70%时,表现出正相关,当大于70%时,表现出负相关。这反映出这些样品来自同一或相似的源区,成分的变化表明源区富Al,在岩浆演化过程中可能存在长石、钛铁矿、磷灰石和锆石等矿物的结晶分异作用。常量、稀土、微量元素均显示较好的线性关系,印证了该花岗岩的亲缘性。因此,本期花岗岩浆来源于同一源区。岩石由英云闪长岩变为花岗闪长岩+二长花岗岩组合，其稀土含量(REE)降低，δEu 基本没有变化或变化很小，SiO_2、K_2O 含量升高，表明岩浆的斜长石分离结晶作用不明显。英云闪长岩的分异指数(DI)明显低于花岗闪长岩+二长花岗岩，反映二长花岗岩浆经历了一定程度的分异演化作用。岩石 Ti 的亏损，说明岩浆经历了含 Ti 等矿物的分离结晶作用。

表 1-2 突泉地区侵入岩划分表

时代	填图单位	岩性	接触关系	年龄
早白垩世	碱长花岗岩	粗中粒似斑状含黑云母碱长花岗岩	侵入梅勒图组	
	花岗闪长斑岩	花岗闪长斑岩	侵入玛尼吐组	126.12±0.5Ma
	花岗斑岩	花岗斑岩	侵入玛尼吐组	136.4±1.1Ma、134.98±0.28Ma
晚侏罗世	英云闪长岩	细中粒含角闪石黑云母英云闪长岩	侵入色日巴彦敖包组，被早白垩世流纹斑岩侵入	145.81±0.29Ma、145.93±0.28Ma
	花岗闪长斑岩	花岗闪长斑岩	侵入玛尼吐组，被白音高老组不整合压盖	154.44±0.96Ma
	花岗斑岩	花岗斑岩	侵入玛尼吐组	
中侏罗世	花岗斑岩	花岗斑岩	侵入中侏罗世晶洞碱长花岗岩	163.3±2.9Ma
	晶洞碱长花岗岩	浅肉红色细中粒晶洞碱长花岗岩		166±1Ma
	正长花岗岩	中粒正长花岗岩		
	二长花岗岩	二长花岗岩		
晚三叠世	巨晶正长花岗岩	巨晶(正长)花岗岩	侵入晚三叠世似斑状细粒(细中粒)二长花岗岩	220±1Ma
	似斑状细粒(细中粒)二长花岗岩	似斑状细粒(细中粒)二长花岗岩	侵入晚三叠世二长花岗岩	202±1Ma
	中粒二长花岗岩	中粒二长花岗岩	侵入中三叠世花岗闪长岩	210±1Ma 213±1Ma
	似斑状粗中粒二长花岗岩	似斑状粗中粒二长花岗岩		220±1Ma 224±1Ma
中三叠世	细中粒二长花岗岩	细中粒二长花岗岩	侵入中三叠世花岗闪长岩	
	细中粒(含斑)花岗闪长岩	斑状细中粒花岗闪长岩	侵入中三叠世英云闪长岩	224±1Ma 230±1Ma 234±1Ma
	细中粒(含斑)英云闪长岩	细中粒英云闪长岩		
前中生代	基性—超基性岩	基性—超基性岩		

本次获得该岩体锆石 U-Pb(LA-ICP-MS)年龄为 224±1Ma、230±1Ma、234±1Ma。由于测试存在误差，综合考虑区域构造演化阶段，本次将该套岩体时代归属为中三叠世。

在 Batchelor 和 Bowden 的花岗岩类岩石组合示意图解中，样品均落入同碰撞期花岗岩中；在 Yb-

Ta 图解中，主要落入同碰撞环境。该岩体铝饱和指数 A/CNK 平均值为 1.09(0.73～1.27)，说明岩石属于弱过铝质花岗岩范畴。在 ACF 图解中，所有的数据点都投影在 S 型或壳源花岗岩区域，换算的标准矿物普遍出现刚玉(Al_2O_3)分子，平均值为 1.48，这些特征明显显示该岩体主要是壳源物质熔融的产物，具有 S 型或壳源花岗岩的特征。另外在$(La/Yb)_N-\delta Eu$ 图解上，除一个数据点位于壳幔源花岗岩区域，其余数据点也均落在壳源花岗岩区域内。最终得出中三叠世英云闪长岩-花岗闪长岩-二长花岗岩属于高钾钙碱性花岗岩类(KCG)，为过铝质，具有 S 型花岗岩的典型特征。

综合研究区该套侵入岩的形成时代、岩体的成因类型等，与李锦轶(1998)对华北板块北缘及邻区总结的早—中三叠世岩浆活动特征比较一致。碰撞造山过程中通常伴随区域地壳的强烈加厚及区域重力均衡隆升，而且这一过程会一直持续到主碰撞之后一段时间，其影响的地域决不局限于主造山带本身，而是远远超出主造山带区域，现今正在隆升的青藏高原就是典型的例证，即该套中三叠世侵入岩记录了西伯利亚板块与华北板块碰撞后在其板块边缘大陆岩石圈的演化信息。

3. 晚三叠世侵入岩

晚三叠世侵入岩主要出露于西部研究区 1∶5 万敖兰敖日格幅内，是分解前人划分的敖兰敖日格岩体及杜尔基岩体而来。该期侵入岩出露面积为 210km^2，总体呈北西、北北西向带状分布，在宝居力河至敖兰敖日格一带呈北西向带状分布，在靠山屯地铺至达坂阿勒乌苏一带呈椭圆状，长轴为北北西向。

根据岩性特征及接触关系，将该套侵入岩划分为 4 个填图单位：似斑状粗中粒二长花岗岩、中粒二长花岗岩、似斑状细粒(细中粒)二长花岗岩、巨晶正长花岗岩。岩体的内部侵入关系说明岩体形成时序为似斑状粗中粒二长花岗岩→中粒二长花岗岩→似斑状细中粒二长花岗岩→巨晶正长花岗岩。

似斑状粗中粒二长花岗岩形成年龄大致为 224Ma，中粒二长花岗岩形成年龄大致为 210Ma，似斑状细中粒二长花岗岩形成年龄大致为 202Ma，巨晶正长花岗岩形成年龄大致为 220Ma。前三者测年结果与所划分的形成时序一致，但巨晶正长花岗岩形成年龄与时序划分有较大差别。四者测年结果均显示该套侵入岩形成时代为晚三叠世。综合上述接触关系特征及测年结果，暂将该套侵入岩形成时代厘定为晚三叠世。

本期二长—正长花岗岩属于高钾钙碱性花岗岩类(KCG)，为过铝质，具有 A 型花岗岩的特征。A 型花岗岩是近 25 年花岗岩岩浆的热点话题。A 型花岗岩原先是指出现于非造山环境下、碱性和无水特征的花岗质岩石，后来发现 A 型花岗岩也可以出现在造山后环境。Eby(1992)将 A 型花岗岩划分为 A_1 和 A_2 两个亚类，并指出 A_1 型花岗岩侵位在非造山环境，A_2 型花岗岩侵位在后造山环境。本次工作测试数据分析投图，在 Rb-(Yb+Ta)、Rb-(Y+Nb)判别图上岩石多数样点投于板内花岗岩区，部分样品落入板内花岗岩区与同碰撞花岗岩区结合部位；在 Ta-Yb 判别图上多数样点投入板内花岗岩区，少数投点位于火山弧花岗岩区和洋中脊花岗岩区；在 Batchelor 和 Bowden 的花岗岩类岩石组合示意 R_1-R_2 图解中，本期侵入岩样品点均落入晚造山花岗岩与造山后花岗岩过渡区域；在 Nb-Y-Ce 三角图解中，本期侵入岩显示具有 A_2 型花岗岩特征。

上述特征表明，晚三叠世这套侵入岩形成的构造环境为后造山-造山后构造环境，表现出研究区自中三叠世强烈挤压后到晚三叠世开始，构造环境逐渐向后造山-造山后伸展环境转变。

4. 中侏罗世侵入岩

中侏罗世侵入岩在研究区出露面积较小，主要出露于马鞍山、白音温都尔一带，多呈岩株状产出，出露面积为 24km^2。根据岩性特征及接触关系等，划分为 4 个填图单位：二长花岗岩($\eta\gamma J_2$)、正长花岗岩($\xi\gamma J_2$)、晶洞碱长花岗岩($A\gamma J_2$)、花岗斑岩($\gamma\pi J_2$)。锆石测年 U-Pb(LA-ICP-MS)结果，获得晶洞碱长花岗岩年龄为 166±1Ma、获得花岗斑岩年龄为 163±3Ma，均反映侵入岩形成时代为中侏罗世。

综合上述接触关系特征及同位素测年数据，将该套岩体形成时代厘定为中侏罗世。本期二长花岗岩-正长花岗岩-碱长花岗岩-花岗斑岩的化学成分相近，并且大多都属于强过铝质的钙碱性系列花岗岩，成因类型均为 A 型花岗岩。稀土和微量元素配分曲线图型式一致，推测其源区具有相似的物质组成及温压条件，该花岗岩具有较强的亲缘性。岩石由二长花岗岩→正长花岗岩→碱长花岗岩→花岗斑岩演化组成，认为岩浆在受拉张作用的影响下，岩浆发生岩石系列的变化。本期二长花岗岩-正长花岗岩-碱长花岗岩-花岗斑岩具有 A 型花岗岩的特征。岩石地球化学数据投图，在 Rb-(Yb+Ta)判别图、Ta-Yb 判别图上数据点多位于板内花岗岩区；在 Nb-Y-Ce 三角图解中，均落入伸展造山后环境。

5. 晚侏罗世侵入岩

晚侏罗世(深成)侵入岩研究区出露相对较多，主要出露于北部闹牛山，东北部昭阁营子、后新立及中西部菠苏宏山一带。在中南部铁耙山和双山屯略有出露，呈小岩株状分布。根据所见岩性特征，主要划分了 3 个填图单位：花岗斑岩($\gamma\pi J_3$)、花岗闪长斑岩($\gamma\delta\pi J_3$)、英云闪长岩($\gamma\delta o J_3$)。本次研究在太平山南和昭阁营子北分别采取了岩体同位素测年样品，获得锆石 U-Pb(LA-ICP-MS)年龄为 146±1Ma；获得侵入后新立岩体的流纹斑岩锆石 U-Pb(LA-ICP-MS)年龄 139±3Ma。

结合野外调查、同位素资料，将其形成时代置于晚侏罗世。岩石化学数据投图，在 Ta-Yb 判别图、Rb-(Yb+Ta)判别图上投点多位于岛弧花岗岩区，表明中生代以来主要与太平洋板块的俯冲有关。

6. 早白垩世侵入岩

早白垩世(深成)侵入岩研究区出露较分散零星，主要出露于北部季家沟、中心屯西一带，中部西山屯，中西部夏皮铺、东平村西山，中南部双合屯等地，呈小岩株状分布。根据所见岩性特征，主要划分了 3 个填图单位：花岗斑岩($\gamma\pi K_1$)、花岗闪长斑岩($\gamma\delta\pi K_1$)、碱长花岗岩($\chi\rho\gamma K_1$)。本次区域地质调查在中心屯北获得花岗闪长斑岩锆石 U-Pb(LA-ICP-MS)年龄为 126±1Ma。

野外调查及同位素测试资料表明其形成于早白垩世。岩石地球化学数据投图，在 Ta-Yb 判别图上数据点投入碰撞-板内花岗岩区，表明中生代以来，主要受太平洋板块的俯冲碰撞后伸展制约。该套岩石正是记录了区域大地构造演化过程中的基本信息。

第五节　区域构造

一、大兴安岭构造

1. 二连浩特-贺根山-扎兰屯-黑河构造带

该构造带作为兴蒙造山带东部一条重要的构造界线(图 1-3)，分隔着北西侧兴安地块和南东侧松嫩地块。目前对这条构造带的空间展布问题还存在着争议。

李锦轶等(1998)认为二连浩特-贺根山构造带向东延伸至白城，穿过松辽盆地，直达延吉地区，为一条东西向的构造带；张兴洲(2012)根据重力资料，认为这条构造带从黑河开始，经由嫩江、乌兰浩特至开鲁一线；Xu 等(2015)以沿线分布的早古生代岩浆岩、混杂岩和磨拉石盆地为标志，将这条构造带定位在艾力格庙、苏尼特左旗南、锡林浩特南、大石寨到黑河一线；Liu 等(2017)通过对古地理沉积环境等方面资料的分析，认为这条构造带沿黑河、嫩江，经由蘑菇气、贺根山直达二连浩特一线。这条构造带南西段以二连浩特-贺根山蛇绿岩为标志，北东段以蘑菇气—黑河一线早古生代岩浆岩为特征。

二连浩特-贺根山蛇绿混杂岩带呈北东向展布于内蒙古中部，长约 500km，由一系列纯橄榄岩、辉长岩、枕状熔岩、斜长花岗岩、放射虫硅质岩和珊瑚灰岩等洋壳残片组成。这条蛇绿混杂岩带一直是行业学者关注的焦点，也取得了很多新的认识。

Zhang 等(2015)在二连浩特东部蛇绿混杂岩中的两处辉长岩和一处斜长花岗岩中获得 354～344Ma 的锆石 U－Pb 年龄数据，并通过一个未变形闪长岩年龄数据 313±3Ma，限定其形成时限为早石炭世，地球化学特征显示形成于弧后盆地构造环境；Xu 等(2017)根据二连浩特北侧查干敖包地区奥陶纪—泥盆纪地层中碎屑锆石 U－Pb 年龄和 Hf 同位素数据，认为二连-贺根山洋在石炭纪已经打开。Nazaka 和 Liu(2002)通过年代学研究，认为贺根山蛇绿岩形成于早白垩世(130～110Ma)，为洋中脊构造环境；Xiao 等(2003，2009)认为贺根山蛇绿岩是与索伦克尔缝合带关联的一个主要增生楔的叠瓦式组成部分；Miao 等(2008)根据年代学和地球化学等资料，认为贺根山蛇绿岩形成于早二叠世(298～293Ma)，为 SSZ 型；王成文(2008)认为贺根山蛇绿岩形成于洋内弧后盆地构造环境而不是大陆边缘弧后盆地构造环境；徐备等(2014)认为贺根山等地的早石炭世蛇绿岩应发育在陆壳基底之上，代表造山后的一次伸展过程；黄波等(2016)认为贺根山蛇绿岩所代表的二连-贺根山洋打开于中泥盆世，早石炭世晚期洋壳开始向北俯冲消减，并持续增生至西伯利亚陆缘，而贺根山蛇绿岩正是二连-贺根山洋上地幔和洋壳物质的残余；Liu 等(2017)认为贺根山蛇绿岩代表了兴安地块与松嫩地块之间的一个洋，可能是古亚洲洋的一个分支，而不是弧后盆地或者重新拉开的一个局限性洋盆。同时，部分学者根据在乌斯尼黑、小坝梁等地上石炭统—下二叠统不整合在蛇绿混杂岩之上，限定了贺根山蛇绿岩至少就位于晚石炭世之前(黄波等，2016；鲍庆中等，2011；Zhou et al.，2015a；Pei et al.，2016)。蘑菇气-黑河岩浆岩带由一系列断续出露的早古生代火山岩和侵入岩体组成，主要出露于大石寨、蘑菇气、依克特、多宝山一带。Guo 等(2009)报道了大石寨地区的一套早古生代玄武岩(439±3Ma)，代表了一期与俯冲有关的岩浆活动；Shi 等(2015)在蘑菇气地区发现了一套 399±3Ma 的糜棱岩化二长花岗岩；那福超等(2014)报道了依克特地区存在一套晚古生代早期绿泥石白云片岩(414±3Ma)，与依克特地区出露的早古生代闪长岩年龄相近(齐忠友等，2017)；诸多学者还报道了多宝山地区出露的早古生代岩浆弧，年龄为 480～447Ma(葛文春等，2007；向安平等，2012；Zeng et al.，2014；Hao et al.，2015；Wu et al.，2015；Feng et al.，2017；Gao et al.，2017)，地球化学特征显示为典型的岛弧岩浆岩，与洋壳西向俯冲作用有关(Wu et al.，2015；Feng et al.，2017；Gao et al.，2017)。Xu 等(2015)综合区域资料，认为这条岩浆岩带代表了兴安地块与松嫩地块(松辽盆地)缝合带的北东段识别标志之一。除上述特征之外，这条构造带也是重要的生物群界线，其北侧分布着含有图瓦贝生物群化石的上志留统，如多宝山地区、苏呼河地区和东乌珠穆沁旗地区等。

2. 锡林浩特-好老鹿场-牤牛海构造带

该构造带向西与索伦山-苏左旗南侧二道井构造带相连，向东与吉中构造带相连，整体西起索伦山、苏左旗南侧二道井，经巴尔当、白音查干、巴彦温都尔，东至黄合吐(好老鹿场)及突泉南部的牤牛海一带，往东进入松辽盆地与吉中构造带相连，整体近东西走向，区内延伸约 600km。该构造带西段的形成始于奥陶纪古亚洲洋北向俯冲，古亚洲洋自晚石炭世开始全面俯冲，在锡林浩特南、巴彦温都尔和好老鹿场-牤牛海形成一系列的俯冲增生杂岩、蛇绿岩片(付俊彧等，2017)，奠定了该段构造带的雏形和基本展布特征，属林西-扎鲁特旗结合带的北侧边界构造带。在大洋闭合基础上，该带上叠晚二叠世前陆盆山和早三叠世陆相磨拉石建造，该构造带控制二者的北部边界，并在相应地质体中发育韧性变形。中生代构造带复活，西段控制二连盆地塔日彦-巴彦宝拉格断陷盆地、红格尔断陷盆地和浑善达克断陷盆地的展布、沉积及三者之间的隆起带，中东段控制霍林河火山盆地和乌兰浩特-水泉火山盆地的南部边界、图布钦火山隆起带展布，以及晚侏罗世—早白垩世火山活动与沉积分布。新生代构造带持续活动，控制了浑善达克第四纪盆地的北部边界。

在布格重力异常图上，该构造带位于林西-扎鲁特旗负异常区的北侧边界。在航磁异常图 0°水平一阶导数图上，研究区呈现一串珠状的负异常带，南、北两侧为东西向带状展布的低正异常区(吴咏敬等，2012)。地震剖面图上，沿构造带产生了明显的壳层速度结构变异现象，两侧地壳中间低速层埋深相差 14～15km，即两侧上地壳厚度相差 14～15km。卫星影像线性构造图上，清晰地显示出东西向线性构造。在查干敖包—怀来地震深反射剖面上，该构造带通过处呈现近直立展布的花岗岩体，下部通道可延伸至下地壳或壳幔结合带，构造带南、北两侧分布呈现向南和向北的影像特征（Zhang et al.，2014）。

3. 索伦山-西拉木伦构造带

该构造带西起索伦山，经克什克腾旗往东沿西拉木伦河一带展布（图1-3）。构造带内出露有古元古界宝音图岩群中级变质岩系、志留系普里多利统—下泥盆统西别河组及寒武纪超基性岩。自从王荃（1986）将西拉木伦断裂确定为华北与西伯利亚两大板块之间的缝合带以来，对该构造带的构造属性一直存在争议，其结论的主要依据是西拉木伦河两侧存在所谓华夏植物群与安哥拉植物群分界线问题。西拉木伦河南侧石炭纪时期多为陆相沉积环境，发育华夏植物群，在早二叠世干旱环境红层发育；而西拉木伦河北侧在石炭纪主要为海相环境，安哥拉植物群主要分布在大兴安岭北部地区。黄本宏（1993）认为，我国北方安哥拉植物群发育时期并不完全相同，新疆北部地区以晚古生代早期（D_1—C_1）和晚期（P_2）为主，小兴安岭地区则以早二叠世晚期—晚二叠世（P_1^2—P_2）为主，他指出在大兴安岭地区（西拉木伦河北侧）至今未发现 *Annularia* 和 *Lobatannularia*，而这两属植物在西拉木伦河南部广泛。*Lobatannularia* 作为华夏植物群重要分子之一和华夏植物群分子北迁的代表，在晚二叠世时期已经出现于安哥拉植物区的南缘地带，从俄罗斯滨海地区到小兴安岭，甚至新疆北部均有出现，晚二叠世华夏植物群与安哥拉植物群的混生是客观存在的。区域地质调查结果显示，多次在东乌珠穆沁旗北部和小兴安岭伊春等地区发现晚二叠世华夏植物群化石与安哥拉植物群化石的混生。蛇绿岩和蛇绿混杂岩研究表明，从西伯利亚古陆南缘的东乌珠穆沁旗-多宝山构造带到华北古陆之间，已经发现的蛇绿岩和蛇绿混杂岩所属时代为早—中泥盆世（化石时代），并被上石炭统—下二叠统格根敖包组角度不整合覆盖。格根敖包组地层底部砾岩中发现蛇纹砂砾石，表明其具有磨拉石沉积属性。晚二叠世研究区广泛成陆，导致安哥拉与华夏植物群的混生。应该指出的是，西拉木伦-延边褶皱带（专指晚古生代末—中生代构造变形带）是晚古生代华北与西伯利亚板块碰撞后，在加里东期陆壳增生带基础上叠加印支期超碰撞作用的巨型变形带。印支期，索伦山-西拉木伦构造岩浆活动带常见古老变质岩块体卷入；燕山期以后，该带显示以断块活动为特点。

4. 嫩江-八里罕断裂带

嫩江-八里罕断裂带为松辽盆地与大兴安岭隆起的分界（图1-3），是东北地区重要的北北东向断裂之一。该断裂带性质的厘定无疑对松辽盆地的成因、大兴安岭的隆升机制以及东北地区中生代—新生代以来的构造格局有重要的意义（韩国卿等，2012）。前人对嫩江-八里罕构造带的研究主要局限于北段（嫩江断裂）和南段（红山-八里罕断裂），断裂带北段称嫩江断裂，目前对其研究主要集中在区域地球物理方面，通过布格重力异常、航磁异常、深反射剖面研究确定了断裂带的大致展布位置，并认为其性质为伸展拆离断层或大型低角度正断层。郑常青等（2015）在金星镇附近发现了韧性剪切带，且获得变形岩石的新生白云母激光 Ar-Ar 年龄为 124～123Ma，变形时代为早白垩世。南段称红山-八里罕断裂，对其研究始于20世纪80年代，多数学者把红山-八里罕断裂看作是喀喇沁隆起的东缘边界拆离断层，该断裂带北部-老哈河断裂控制着元宝山盆地晚侏罗世—早白垩世（孙家湾组）地层的沉积，但后期发现红山-八里罕断裂并非单纯的拆离断层，其可能在伸展拆离过程中具有左行走滑分量或后期遭受左行走滑剪切作用改造（邵济安等，2001），并在开鲁西部左行截断了东西向的西拉木伦河缝合带（韩国卿等，2009），诸多学者对不同地区和不同类型的构造岩年代学研究表明，114～112Ma 为红山-八里罕断裂带左行走滑与正断式剪切的转向时期，走滑时间主要集中在 134～117Ma（王新社和郑亚东，2005）。

通过近年来在大兴安岭东部地区的区域地质调查工作发现，大兴安岭的东坡，尤其是松辽盆地和大兴安岭隆起带的过渡地区存在大量北北东向的火山盆地、岩浆岩带、韧性剪切带等。本次研究认为这一系列北北东向展布的火山盆地、岩浆岩带、韧性剪切带等与嫩江-八里罕断裂带的活动密切相关。由此将该构造带的构造样式组合厘定为糜棱岩带、脆性断裂系、基底隆滑带、晚石炭世—早二叠世双峰式侵入岩带、中侏罗世晚期—晚侏罗世早期侵入岩带、早白垩世中晚期中酸性透镜状岩珠群及脉岩群、龙江期—甘河期火山盆地、晚新生代盆山结合带构造地貌等。

5. 得尔布干断裂带

得尔布干断裂带系蒙古境内中蒙古深断裂的东延断裂，总体呈北北东向展布，经呼伦湖东缘、沿得尔布尔河谷，向北东经金山镇、阿龙山镇延伸至盘古镇一带，长约 900km(图 1-3)。该断裂带构成额尔古纳地块的东南缘陆缘断裂，在北段控制额尔古纳、兴华前寒武纪基底地质体的展布，其南段控制了海拉尔盆地的西缘边界，中段控制拉布达林侏罗纪—白垩纪火山盆地演化及内部充填物的分布。该断裂带活动可能始于新元古代，控制北西侧额尔古纳地块内部新元古代的沉积及岩浆建造；古生代活动持续，控制额尔古纳地块古生代岩浆带的发展；中生代复活始于晚三叠世，南段作为海拉尔盆地的西部边界活动强烈，中侏罗世中北段活动强烈，明显控制塔木兰沟期火山岩的分布和演化。此外，该断裂带还控制了晚侏罗世—早白垩世的火山喷发、岩浆侵入和铜多金属成矿作用，是一条具有继承性和长期活动性的区域大断裂。

得尔布干断裂一线控制了南侧的根河-海拉尔中生代火山断陷盆地和北西侧的三河、西吉诺一带的中生代次级火山断陷盆地或前中生代隆起。火山盆地内发育一系列北东—北北东向次级断裂，如碧水-开库康断裂、阿木尔-二根河断裂、满归-樟岭断裂等均属于得尔布干断裂带的次级断裂。盆地内还有一些北东—北北东向次级断裂构造发育在得尔布干主断裂及其两侧，如三河-得尔布尔断裂、金河-阿南林场断裂、吉峰-呼中断裂、恩河-莫尔道嘎断裂、秀山-西吉诺断裂等。这些次级断裂分布在得尔布干主断裂两侧 20～30km 范围内，平行于得尔布干断裂展布，共同构成得尔布干北东—北北东向断裂系。综上所述，得尔布干断裂是由多条断裂组成的一条北东向断裂带，整体由南部 NE 45°向北逐渐转为 NEE 70°延伸。

得尔布干断裂带南西段以呼伦湖东缘-呼查乌拉深断裂为主体轨迹，北西盘地势低洼，构成呼伦湖坳陷的东南缘。遥感资料显示有较清晰的线性影像，物探资料表明断裂沿线的航磁异常、重力异常梯度线均有急剧的变化。

得尔布干断裂带中段呈 40°～60°方向舒缓波状延伸，宽 10～30km，西北侧断裂构造广泛发育，中生代火山岩广泛分布，形成巨大的北东向展布的构造岩浆岩带。早白垩世西侧持续上升剥蚀，东侧不断下降接受含煤建造沉积，并形成了西部低山区及东部盆地区的地貌景观。

得尔布干断裂带北东段主要沿得尔布尔河谷(又称得尔布干河谷)延伸，北西侧山峰陡立，沿河谷出现一系列断层三角面，南东侧为较平坦的二、三级阶地。据航磁等值线图表明断裂与磁异常梯度带相吻合。

得尔布干断裂两侧电性结构差异明显。北西侧相对低阻(1200Ω·m)幔内高导层位于 110km 处，壳内高导层位于 30km 处；南东侧相对高阻(2500Ω·m)幔内高导层位于 66km 处，壳内高导层位于 20km 处。在重力归一矢量图上，该断裂下部(35km 以下)向北西倾，上部倾向南东。下部西倾断裂控制了根河中生代断陷带(火山喷发带)的西界，而上部南东倾控制了海拉尔中生代晚期—新生代断陷(含煤)盆地。

得尔布干大断裂也是萨彦-贝加尔造山系东南缘的分界断裂(任纪舜等，1999；李春昱和汤耀庆，1983)，同时也应是额尔古纳地块东南缘的边界。该断裂带北东有樟岭南-呼玛河中上游基性—超基性岩带，西南可能与蒙古的扎勃汗超基性岩体相连，后一岩体产于震旦纪—早寒武世火山-沉积形成的上部层位。

6. 大兴安岭-太行山断裂带

大兴安岭-太行山断裂带又称为大兴安岭主脊断裂。断裂带走向为北北东—近南北向，倾向东，倾角 60°～80°，具左旋走滑平移正断层特征，向南延伸至太行山—武陵山，属岩石圈断裂。断裂带属于中生代，控制了大兴安岭主脊垒、堑构造及火山-沉积带的展布。

二、突泉地区主要构造形迹

研究区除广泛发育的节理、劈理等小型构造外，构造形迹主要有褶皱构造、脆性断裂、韧性变形带构造（图 1－4）。褶皱构造、韧性变形带发育于古生代地质体中，而脆性断裂构造以中生代为主，切割中生代及其之前地质体，一些大的区域性断裂构造具有多期活动的特征。

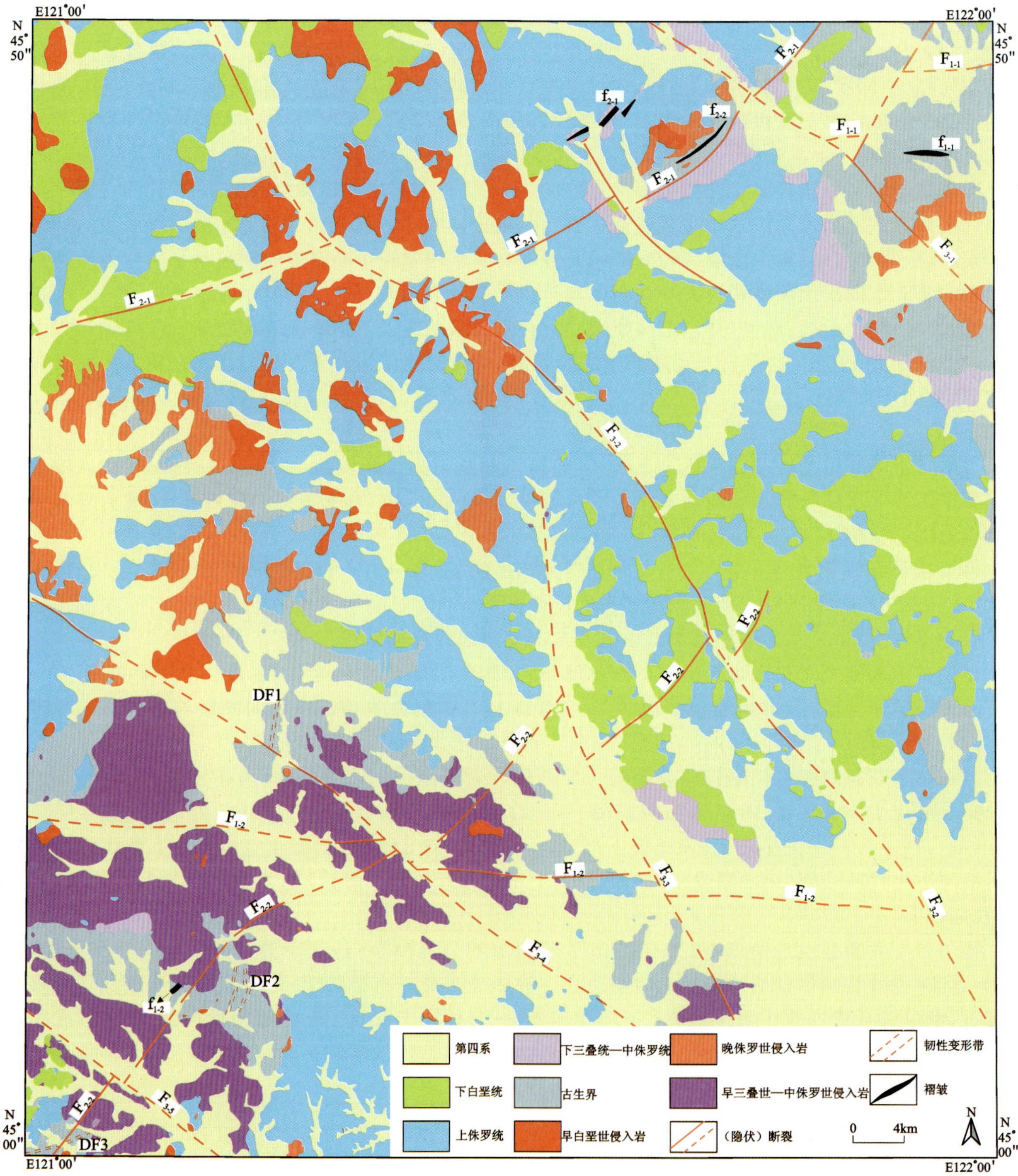

图 1－4 研究区主要构造形迹分布图

（一）褶皱构造

研究区褶皱构造主要发育在古生代及早中侏罗世地层内，受褶皱形成时期古构造应力场的影响，古生代地层中发育的褶皱构造轴面为近东西或北东向，早中侏罗世地层中发育的褶皱构造轴面为北东向。大型褶皱构造是依据岩性组合及岩层产状进行恢复而来，露头尺度见有小型尖棱褶皱等褶皱构造。

1. 东升褶皱群（f_{1-1}）

东升褶皱群出露于研究区东北部的九顶山、新安村、占林堡、靠河山一带，发育于上泥盆统—下石炭统色日巴彦敖包组的沉积岩中，自南向北主要由九顶山倒转背斜、新安向斜、新安村北背斜、占林堡北背斜、靠河山南向斜等小型褶皱组成。它们总体轴向呈近东西向，长度大于2km。该褶皱群的南、北两翼主体倾向北东或南西，倾角变化较大，主体在30°～70°之间，较缓部位倾角为10°左右，较陡部位倾角可达75°左右。褶皱群南部的汉家屯—昭阁营子一带被晚侏罗世英云闪长岩体占据或吞噬，局部被薄层的第四系更新统河床冲积物覆盖。

2. 敖兰六队-石场山复背斜（f_{1-2}）

敖兰六队-石场山复背斜出露于研究区西南部敖兰六队—石场山一带，由上古生界构成，出露于研究区西南部布敦化牧场二连、敖兰六队、道老毛杜一带的上古生界地层中，均是该复背斜的组成部分，出露长可能大于35km，宽大于18km，由于三叠纪侵入岩的吞噬而不连续。据晚古生代地层的分布及岩性组合，该复背斜核部为变中—酸性火山岩、硅泥质岩夹凝灰质砂岩、粉砂质板岩。褶皱轴大致自研究区西南的妈妈山，往北东沿敖兰六队、石场山一线延伸。褶皱北西翼产状总体倾向北西，南东翼产状总体倾向南东。北西翼倾角相对较缓，南东翼相对较陡。两翼发育至少8个次级褶皱构造。褶皱核部有早二叠世细粒闪长岩侵入，在石场山一带被三叠纪二长花岗岩占据或吞噬。

3. 前四家子背斜（f_{2-1}）

前四家子背斜出露于研究区北部前四家子附近，北东向展布，被后期北西向的四家子河断裂及其次级断裂左行错动，轴向总体长度约为6.5km，走向45°左右，由中侏罗统万宝组组成，核部为中砾岩，两翼为凝灰质长石岩屑粗砂岩、细砂岩。褶皱轴面走向为北东向，北西翼产状为322°∠42°，南东翼产状为108°∠17°，枢纽倾斜，倾伏向南西，为一斜歪倾伏褶皱。经过后期的火山喷发作用，褶皱两翼被上侏罗统满克头鄂博组和玛尼吐组的火山岩不整合覆盖。

4. 炭窑沟背斜（f_{2-2}）

炭窑沟背斜出露于研究区北部炭窑沟附近，北东向展布，被后期北西向的西洼断裂和高秀岭沟南断裂错动，轴向总体长度约为6km，走向44°左右，由中二叠统哲斯组组成，核部为凝灰质粉砂岩，两翼为砂质砾岩、凝灰质粉砂岩、凝灰质细砂岩、凝灰质砾岩等。褶皱轴面走向北东，北西翼倾向为325°～330°，倾角45°～77°，南东翼倾向125°～145°，倾角60°～76°。炭窑沟背斜两翼产状较陡，翼间夹角较小，为一紧闭的轴向北东的背斜构造，被后期闪长玢岩脉（$\delta\mu J_3$）侵入。

（二）脆性断裂

自古生代以来，研究区经历了多次构造活动，在各时期的构造运动中，均相应地形成了一系列规模不等、性质不同的断裂构造。尤其是中生代以来，随着中国东部大陆边缘构造的发生、发展，不同方向、不同级别、不同期次断裂构造相互交切，控制了研究区中生代火山盆地的空间展布及基底的隆起。区内断裂构造主要有北西向、北东向、近东西向，以及北西向、北东向断裂构造，控制了研究区的构造主体格局及现今地形地貌的特征。

由于地史发展漫长，后期构造对前期形迹的叠加、干扰以及破坏现象随处可见。加之大面积的第四系松散沉积物覆盖，可以观察到的构造形迹比较少，断裂构造的确定往往需综合物探、遥感等资料以及地形地貌及地质体的缺失、错位等宏观的地质信息。本区早期的断裂构造以近东西向为主，晚期以北西向及北东向为主，常具有继承活动的特点。

1. 东那金河断裂(F_{1-1})

东那金河断裂位于研究区东北部，沿区内那金河东段近东西向发育，被北西向的古树河断裂和北东向的靠河山断裂错断，研究区内控制长度约 8km。断裂切割上泥盆统—下石炭统色日巴彦敖包组和中二叠统大石寨组，并明显控制二者的空间分布，遥感影像显示为猪肝色异常色调，西段两侧纹理和色调差异明显。地貌上断裂沿现代河谷追踪发育，地形上表现为断裂南盘地形地势较陡，而北盘相对较缓，在邱家窝棚附近测得次级断裂产状为 338°∠68°，发育在上泥盆统—下石炭统色日巴彦敖包组灰色变长石岩屑细砂岩中，破碎带宽 1m 左右，边部同期节理发育，破碎带及同期节理特征显示该断层具有左行张扭性特征。考虑到断裂形成初期的南北向挤压应力影响，该断裂应为一条多期活动断裂，先期表现为压扭性走滑断裂，后期表现为左行张扭性断裂。

2. 孟恩陶勒盖-代钦塔拉断裂(F_{1-2})

孟恩陶勒盖-代钦塔拉断裂位于研究区南部，自西向东延伸经过木哈尔山、孟恩陶勒盖银铅矿、代钦塔拉等地，区内长大于 50km。在上延 1000m 航磁等值线图上该断裂反映为东西向展布的磁场陡梯级带或其槽部，中部被北西向馒头山-霍勃屯-代希莫断裂切割成两段。沿断裂可见断续出露走向近东西的破碎蚀变岩带。中三叠世花岗闪长岩的破碎带产状为 355°∠70°。据孟恩陶勒盖铅锌矿资料，断裂南北宽 250～500m。断裂带内发育一组呈雁行状排列的渐变断层，自东而西产状依次为 150°～160°∠60°～80°、175°～180°∠60°～70°、210°～220°∠50°～60°。断层内岩石强烈片理化，或呈构造透镜体状，属压扭性，并发育银铅锌矿化。次级断层及构造透镜体的斜列特征显示该断裂具有右行压(扭)性断裂特征。此外，在矿区还见一些正断层，反映出该断裂具有多期活动的特点。

3. 永久-杜兴断裂(F_{2-1})

永久-杜兴断裂位于研究区东北部，走向 50°左右，自杜兴村北向北东方向延伸经过永久村、前付家洼子至四立村西延出研究区，区内控制长度大于 40km，断裂中南部破碎带发育，最宽处可达 1km。永久-杜兴断裂是闹牛山盆地和付家洼子盆地的南东控盆断裂，是五大泡子盆地的北西边界断裂，控制了中二叠统哲斯组的出露，是中二叠统哲斯组的南东边界和上泥盆统—下石炭统色日巴彦敖包组的北西边界，后期沿断裂破碎带充填大量中酸性侵入岩、脉岩。在航磁上，该断裂表现为航磁异常的陡梯度带，主体为北东向正磁异常的南东边界；在地形上，中段可见断裂北西盘地形陡峻，南东盘地形较缓，北东段表现为北东向连续山脊的北西边界。断裂带总体走向北东，倾向北西，倾角在 40°～70°之间，主体较陡，局部反转，倾向南东，常表现为构造破碎带或者密集发育的节理特征。据构造破碎带内构造透镜体长轴指向及拖拽构造判断，该断裂均为逆断层(图 1－5、图 1－6)。综上所述，永久-杜兴断裂为一逆断层，可能具有走滑性质。

4. 布敦花牧场-马家窑断裂(F_{2-2})

布敦花牧场-马家窑断裂位于研究区的中南部，自南向北延伸经过布敦花牧场、敖兰六队、石场山、

图 1-5 拖拽构造及断层性质(F_{2-1})

图 1-6 构造透镜体及断层性质(F_{2-2})

孟恩陶勒盖、马家窑等地,走向 40°左右,研究区控制长度大于 50km。断裂上发育古生界,上侏罗统玛尼吐组,下白垩统梅勒图组和中、晚三叠世花岗岩,沿断裂带断续出露早二叠世基性—超基性岩、早白垩世中基性—中酸性岩株、斜闪煌斑岩,断裂带北段控制早白垩世和上新世火山岩分布,显示具有多期活动的特征。在航磁特征上,断裂的南西段表现为北东向等值线陡倾梯度带;中段表现为东西向航磁异常与北东向航磁异常分界。在遥感影像上,断裂的南西段表现为断续浅黄绿色定向纹,地形上表现为"V"形线性沟谷的断续发育。断裂带内构造破碎和构造角砾岩发育特征以及平行断裂发育的石英脉指示断裂具有张性特征。结合地质体的错动特征,布敦花牧场-马家窑断裂为一左行张扭性质走滑断裂。

5. 闹牛村-昭阁营子断裂(F_{3-1})

闹牛村-昭阁营子断裂位于研究区东北部,走向为 310°左右,自北西向南东贯穿研究区东北部,延伸经过闹牛村、那金河等地,区内控制长度约为 28km。断裂切割了上泥盆统—下石炭统色日巴彦敖包组、中二叠统大石寨组、下侏罗统红旗组、中侏罗统万宝组、上侏罗统玛尼吐组和下白垩统白音高老组一段地层及晚侏罗世英云闪长岩体,后期沿断裂充填花岗细晶岩脉及石英脉,是付家洼子盆的西南边界断裂。断裂中段沿现代河谷追踪发育,北段表现为截切北东向航磁梯度带,地形上表现为"V"形直线沟谷、窄山脊鞍部或截错山脊使其变向。断裂带内上泥盆统—下石炭统色日巴彦敖包组中粒长石岩屑砂岩中发育构造破碎带,测得次级断裂(F_{3-23})产状为 226°∠56°,破碎带内构造角砾硅质胶结,呈棱角状—次圆状,粒度较小,暗示断裂具有压扭性质特征。结合断裂所经过地质体的相互错动关系,推测该断裂应为一条左行压扭性质走滑断裂。

6. 东平-太平断裂(F_{3-2})

东平-太平断裂位于研究区中东部,走向为 325°左右,自北西向南东延出研究区,延伸经过东平、太平等地,区内控制长度大于 55km。断裂切割了上侏罗统满克头鄂博组、玛尼吐组和下白垩统白音高老组一段、梅勒图组及晚侏罗世闪长玢岩体。断裂北西段沿现代河谷追踪发育,表现为航磁异常的陡梯度带,局部截切北东向航磁梯度带。地形地貌上北西段表现为"V"形直线沟谷,南东段地形平坦并发育小型湖泊,在太东乡小泡子屯南省际通道西侧 393km 处见近东西向断裂被后期北西向断裂错开,其中北西向断裂为左形平移断层,产状 60°~80°∠67~70°,配套羽状分支裂隙产状为 272°∠88°。与该期断裂配套多组剪切滑动面,从北向南滑动面产状略有变化,但趋势相同,节理产状分别为 58°∠60°、54°∠45°、65°∠62°、55°∠52°、60°∠86°,在剪切滑动面内普遍发育擦痕且见反阶步,具有左行特征(图 1-7)。考虑到断裂所经过地质体的相互错动关系,推测该断裂先期左行滑移,后期右行走滑。

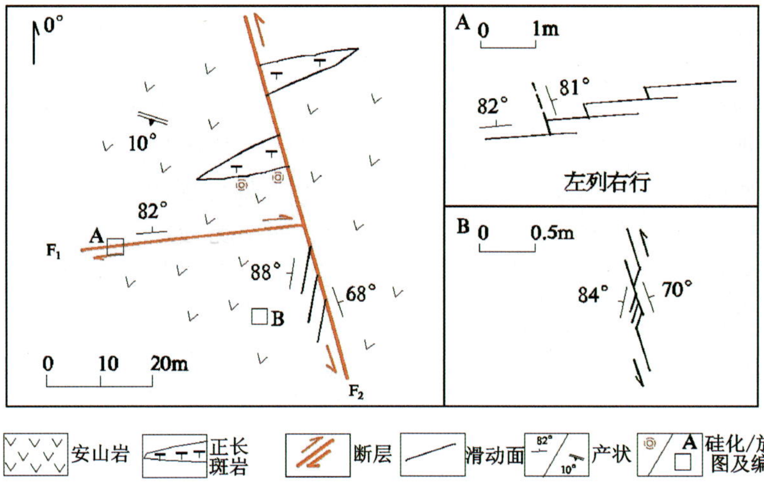

图 1-7 构造破碎带发育特征(F_{3-2})

7. 突泉-马鞍山断裂(F_{3-3})

突泉-马鞍山断裂位于研究区中部,走向为350°左右,自东福村向南方向延伸经过突泉县、马鞍山等地延出研究区南部边界,区内控制长度约为45km。断裂切割了中侏罗统塔木兰沟组、上侏罗统满克头鄂博组、玛尼吐组和下白垩统白音高老组一段、梅勒图组及晚侏罗世闪长玢岩体、中侏罗世二长岩体。经现代河床追踪发育,断裂北段表现为航磁异常的陡倾梯度带,中段使北东向航磁异常弯曲变向,地形上发育“V”形直线沟谷。该断裂追踪杜七营子河发育,断裂南西盘山脊主体走向北东,北东盘山脊主体走向北西,对晚三叠世巨晶正长花岗岩具有控制作用。根据断裂所经过地质体的相互错动关系,推测该断裂具有左行走滑性质。

8. 馒头山-霍勃屯-代希莫断裂(F_{3-4})

馒头山-霍勃屯-代希莫断裂位于研究区中南部,延伸经过馒头山、霍勃屯、代希莫等地,总体展布方向为300°~320°,区内控制长度大于60km。断裂东南段被全新世风积沙掩盖,中段和北西段有现代河谷追踪发育或表现为窄的山脊鞍部。断裂中段航磁资料反映为北东向展布的航磁场与北西向航磁场的分界线,现代河谷追路发育,南东段为航磁异常的陡梯级带。断裂切割前中生代地质体,控制中生代火山岩出露,主要形成于侏罗纪。在查干楚鲁见石英脉被挤压形成条带构造,获得断层产状为40°∠73°(图1-8),并见平行于该断层的纤闪石化角闪辉长岩构造透镜体出露。在温多尔花断裂北盘,可见一次级断层形成的构造角砾岩带,该构造角砾岩带走向为350°左右,平行断层方向发育石英脉岩及花岗斑岩脉岩群。上述特征反映,该断层为压性结构面的特征,受到近南北向挤压作用形成,具有右行平移性质。沿断裂带岩石具碎裂岩化、角砾岩化,碎砾定向排列形成构造透镜体,造岩矿物强烈碎化或碎粉化,形成平行化条带构造,沿断裂地貌表现凹地或狭窄的山脊。该断裂带显示多期活动特征,在东南段明显控制古生代基底岩石出露,在断裂构造的南西盘形成新生代断陷。

图 1-8 石英脉被挤压变形形成条带状构造(F_{3-4})

9. 色阴花-拜兴图断裂（F_{3-5}）

色阴花-拜兴图断裂位于研究区西南角，自色音花、敖兰敖日格至拜兴图直至延出研究区，区内出露长约 21km，杜七营子河沿其追踪发育。在上延 1000m 航磁平面等值线图上，断裂北西段表现为南侧近东西向与北侧近南北向磁场区的分界线，南东段则使北西向磁场等值线向南东变形弯曲使北东盘磁场往北西向扭转。断裂构造切割三叠纪深成侵入岩，并明显控制了晚三叠世巨晶正长花岗岩的空间分布。断裂构造在早期可能具有压剪性韧—脆性变形特征，而晚期主要表现为脆性特征。在拜兴图一带，在断裂南西盘的晚侏罗世火山岩中多发育弧形节理，产状分别为 210°∠85°、115°∠75°，而在北东盘灰白色流纹质含角砾晶屑凝灰质熔岩中也有两组极发育的剪节理，产状分别是 200°∠80°、80°∠85°，且以后者更发育。产状特征显示主压应力可能为北西-南东向，反映该断层在晚侏罗世后具有张扭性特征。该断层主要形成于侏罗纪，后期有继承活动。

（三）韧性变形带

研究区的韧性变形带主要发育在西南部的布敦花牧场二连-石场山-馒头山构造带内。该构造带总体呈北东东向，自布敦花牧场二连往北北东方向延伸，经敖兰六队、石场山、杜尔基镇一带，直至馒头山一带。构造带宽 4～7km，呈北东向、北北东向展布。构造带发育超基性—中基性侵入岩，岩石破碎，发育韧性剪切构造，后期脆性断裂构造发育。该构造带在向上延拓 1000m 的 1∶5 万航磁化极等值线图上，表现为北东向航磁异常的陡梯级带，在 1∶100 万重力图上表现为重力梯度陡变向缓变的过渡带。构造带内的韧性变形带发育于早古生代变质岩中，自研究区西南角的布敦化牧场二连延伸到石场山、直至必鲁特山一带，由于三叠纪深成侵入岩的吞噬而断续出露，研究区将其划分为 DF1、DF2、DF3 三段。

1. DF1 韧性变形带

DF1 韧性变形带出露于研究区西南部的必鲁特山至馒头山一带，呈北北东向展布，风积沙掩盖严重。韧性变形发育于早古生代地层中，而侵入早古生代地层的中三叠世侵入岩未见变形。在必鲁特山西，上古生界中变砂砾岩及砾岩发生强变形并糜棱岩化，砾石剪切变形呈椭圆状或透镜状（图 1－9），糜棱基质形成灰黑色条带状（图 1－10）。变质砂岩中的砂屑石英及长石变形拉长定向，填隙物重结晶为黑云母和白云母小片并呈带状分布。带内的红柱石板岩中发育眼球状构造，眼球主要由石英、白云母及红柱石构成，碎基为石英及暗色矿物黑云母、白云母等（图 1－11）。在糜棱岩化变粉砂泥岩中，石英砂屑呈眼球状定向排列，碎基重结晶大量形成雏晶云母定向绕碎斑分布（图 1－12）。

图 1－9　砾岩中砾石变形特征

图 1－10　砂砾岩强面理化形成条纹构造

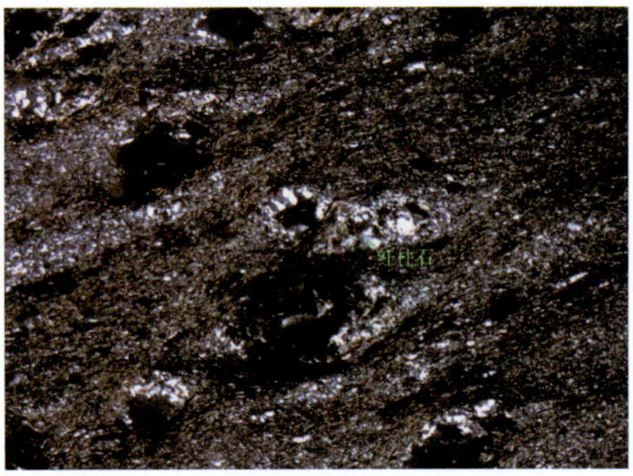

图 1-11　红柱石板岩中发育的眼球构造

图 1-12　变粉砂泥质岩中的砂屑变形特征

2. DF2 韧性变形带

DF2 韧性变形带出露于研究区西南的石场山东，自西石场、靠山屯地铺至敖兰六队一带，略呈向南东弧凸的弧形，变形带宽约 1km。韧性变形发育于早古生代地层内。强干岩层表现为发育条纹、条带构造，弱干岩层表现为板理、千枚理发育。在石场山一带，粉砂质板岩发育板理或千枚理，板理面绢丝光泽极发育，多呈千枚状构造，有的变砂岩变形形成条纹状或条痕状构造。粉砂质板岩中所夹结晶灰岩透镜体中方解石定向拉长形成钙质糜棱岩（图 1-13），部分发育剪切硅质脉或在剪切裂隙中充填方解石脉（图 1-14）。晚古生代石英岩中发育条带状及条纹状构造（图 1-15），出露于敖兰六队东北的黑云斜长片岩中发育石香肠构造（图 1-16）等，成分为长英质矿物，顺片理方向分布所显示的 a 线理倾伏产状为 80°∠0°，b 线理倾伏产状为 350°∠70°，反映剪切走向为近东西向。

图 1-13　结晶灰岩变形形成钙质糜棱岩

图 1-14　结晶灰岩剪切裂隙的方解石脉及硅质脉

图 1-15　含透辉石石英岩中的条带状构造

图 1-16　黑云斜长片岩中发育的长英质香肠构造

3. DF3 韧性变形带

DF3 韧性变形带出露于研究区西南角，呈北东东向，发育于古古生代地层内。韧性变形主要表现为变质细碎屑岩板理、千枚理发育的特征，其中钙硅角岩中发育条纹状、条带状构造。石英细砂岩中石英呈长透镜状定向拉长变形（图 1－17），结晶灰岩中粗晶方解石定向拉长（图 1－18）。韧性变形面理与岩层产状基本一致。

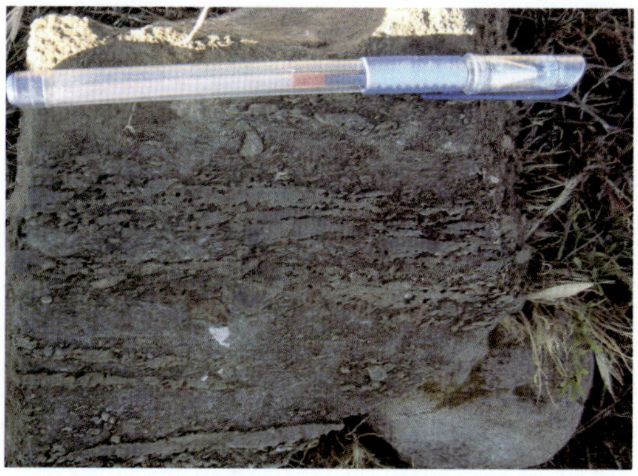

图 1－17　石英细砂岩中石英变形特征

图 1－18　结晶灰岩透镜体中方解石定向拉长

三、区域构造演化

大兴安岭跨越我国境内的黑龙江省和内蒙古自治区，属古亚洲洋构造体系中的兴蒙造山带东段，包括了额尔古纳地块、兴安地块和松嫩地块及零星分布的前寒武纪基底残块（如兴华基底残块地块、塔西基底残块等）。

大兴安岭地区最早的地质记录始于太古宙—古元古代，以额尔古纳地块新太古代（约 2555Ma）（邵军等，2015）、古元古代晚期变质花岗岩（约 1837Ma）（孙立新等，2013）和松嫩盆地西缘新太古代—古元古代花岗质岩石（2600～1850Ma）（张超等，2018；钱程等，2018；Wu et al.，2018）为代表，其可能经历了前寒武纪全球大陆构造旋回演化的整个历史。

新元古代时期，伴随着罗迪尼亚超大陆的汇聚和快速裂解作用，在额尔古纳地块上分别发育 927～880Ma（Wu et al.，2011；Gou et al.，2013）和 850～737Ma（孙立新等，2012；Tang et al.，2013；张丽等，2013；赵硕等，2016a，2016b）两期岩浆事件，并伴随着张裂作用，沉积了一套以佳疙瘩组和额尔古纳河组为代表的陆相-浅海相沉积建造（Zhang et al.，2014；Zhao et al.，2016）。在额尔古纳地块南东侧发育有中国东北地区最古老的阿里河蛇绿岩（697～647Ma；Feng et al.，2016，2018a），标志着作为古亚洲洋分支洋的新林-喜桂图洋盆已经打开。

晚寒武世（约 500Ma），额尔古纳地块与兴安地块沿新林-喜桂图缝合带，以头道桥蓝片岩（变质年龄为 510～490Ma；Zhou et al.，2015b）和塔河-洛古河早古生代早期（520～480Ma）同碰撞-造山后花岗岩（Ge et al.，2005）等地质体为标志。这一时期，在额尔古纳地块北缘发育一系列与后碰撞伸展作用有关的早古生代早期（517～504Ma）花岗质岩石（武广等，2005；Yi et al.，2017），表明这一时期额尔古纳地块已拼贴至西伯利亚克拉通南缘。

早奥陶世—早志留世，随着古亚洲洋分支（嫩江洋）向西俯冲作用，沿大石寨—多宝山一线形成一系列与俯冲作用有关的早古生代弧岩浆岩（Guo et al.，2009；Li et al.，2017；Wu et al.，2015；齐忠友等，2017）。与此同时，古亚洲洋主洋盆向南持续俯冲，沿华北克拉通北缘形成一条由白乃庙岛弧和同期深成岩组成的早古生代弧岩浆岩带（Xu et al.，2013；张维和简平，2008；Jian et al.，2008；Zhang and

Zhao，2013；白新会等，2015；秦亚等，2013；刘建峰等，2013；Pei et al.，2016；裴福萍等，2014）。

晚志留世，北侧额尔古纳-兴安地块以普遍发育图瓦贝（*Tuvaella*）动物群的陆源碎屑岩沉积为特征，可见于多宝山、额尔古纳西、东乌珠穆沁旗等地（内蒙古自治区地质矿产局，1996；徐备等，2014），而南侧早古生代陆缘岛弧与华北克拉通发生拼贴碰撞，温都尔庙地区发育的高压低温变质矿物多硅白云母（$^{39}Ar/^{40}Ar$ 年龄为 453～449Ma）（De Jong et al.，2006）代表了这次碰撞事件的主碰撞时期。随后顶志留统一下泥盆统西别河组海相磨拉石沉积，与下伏蛇绿混杂岩、岛弧岩浆岩和弧后盆地之间的区域性角度不整合（张允平等，2010），标志着本次弧陆碰撞事件的结束。

晚古生代，嫩江洋板块向西俯冲，在兴安地块东缘形成与俯冲有关的晚古生代（390～330Ma）岩浆岩带（Shi et al.，2015；Feng et al.，2018b；Ma et al.，2020；钱程等，2019）。早石炭世晚期—晚石炭世早期嫩江洋盆闭合，额尔古纳-兴安地块与松嫩地块完成拼贴，导致了一条北东向早二叠世造山后碱性花岗岩带的形成（孙德有等，2000；Li et al.，2014；Ma et al.，2019；张超等，2020）。至此，大兴安岭地区转换为北部大兴安岭地块群（额尔古纳-兴安-松嫩联合地块）、南部华北板块北缘早古生代增生造山带及中间古亚洲洋残余洋盆的构造格局。

中二叠世—晚二叠世早期，古亚洲洋残余洋盆完成闭合，使得大兴安岭地块群（额尔古纳-兴安-松嫩联合地块）与华北克拉通完成拼接，并于晚二叠世—中三叠世沿该拼接带开始碰撞造山作用（宋维民等，2014c）。自此大兴安岭地块群、弧盆系与华北板块北缘的拼接、碰撞、造山作用完成，大兴安岭开始进入东北亚陆块演化阶段。

自晚三叠世开始，古生代形成的造山带进入后造山伸展阶段，开始了另一个旋回的构造演化。佘宏全等（2012）在研究大兴安岭中北段原岩锆石测年中指出，晚三叠世侵入岩集中分布于 229～210Ma、205～200Ma 两个时代。其中，基性岩石被认为是深部来源成因，根据区域构造演化历史和早中生代岩石的岩石地球化学特征，推测研究区早中生代早阶段的中基性闪长岩、辉石闪长岩等可能形成于西伯利亚板块与华北板块在二叠纪末期碰撞之后的伸展期，与邵济安等（1994，2007）、孙德有等（2005）提出的区域上大兴安岭地区在早中生代时期处于软流圈隆起、岩石圈减薄阶段的结论相对应。

中—晚侏罗世，大兴安岭火山岩主要为一套亚碱性—碱性的过渡类型，岩石组合为玄武粗安岩-粗安岩-少量粗面岩（王微等，2006；Yang and Li，2008；Zhang et al.，2008，2010；孟恩等，2011；徐美君等，2011），董树文等（2019）在总结燕山运动中强调东亚地区在 175～136Ma 为强挤压造山期，早期对应髫髫山底部 170～160Ma 不整合事件，其中发育有埃达克质髫髫山组火山岩及逆冲推覆构造和类磨拉石建造等，它们均是该期挤压变形的标志，反映其形成应与蒙古-鄂霍茨克缝合带的演化有关。

早白垩世，大兴安岭的吉祥峰组等主要形成于 145～138Ma 之间（王微等，2006；Zhang et al.，2008；Ying et al.，2010；孟恩等，2011；徐美君等，2011）。在地球化学属性上，该期火山岩具有 A 型流纹岩的特征，另外在其北部以上库力组流纹岩和伊列克得组玄武岩为代表，在南部以白音高老组流纹岩和梅勒图组玄武岩为代表，它们形成于 131～114Ma 之间（林强等，1999；王微等，2006；Zhang et al.，2008，2010；Ying et al.，2010；孟恩等，2011；徐美君等，2011），这表明该期火山岩的形成伸展的构造背景，这与早白垩世广泛发育的变质核杂岩、A 型花岗岩和裂谷盆地具有类似的动力学背景（张允平，2011）。

晚白垩世开始，受蒙古-鄂霍茨克洋板块北西向俯冲影响，形成大兴安岭北北东—北东向隆起带形成，并与松辽盆地形成盆山古地貌格局。晚新生代时期，大兴安岭进一步伸展，形成一系列的单成因火山群，标志大兴安岭地区进入初始裂谷演化阶段。

第二章 晚三叠世—早白垩世岩浆岩地质特征

研究区晚三叠世岩浆岩以花岗岩(似斑状粗中粒二长花岗岩-中粒二长花岗岩-似斑状细中粒二长花岗岩)形式出露,未见火山岩;中侏罗世岩浆岩包括花岗岩(二长花岗岩-正长花岗岩-晶洞碱长花岗岩-花岗斑岩)及中性火山岩(与万宝期、塔木兰沟期火山岩相当);晚侏罗世岩浆岩包括花岗岩(花岗斑岩-花岗闪长岩-英云闪长岩)及中酸性火山岩(与玛尼吐期、满克头鄂博期火山岩相当);早白垩世岩浆岩包括碱长花岗岩及双峰式火山岩(与白音高老期、梅勒图期火山岩相当)(图2-1)。

第一节 晚三叠世—早白垩世花岗岩地质特征

一、晚三叠世花岗岩

晚三叠世侵入岩主要出露于研究区西南部,是解体前人划分的敖兰敖日格岩体及杜尔基岩体而来。出露面积317km²,总体呈北西、北北西向带状分布(图2-1),在宝居力河—敖兰敖日格一带呈北西向带状展布,在靠山屯地铺至达坂阿勒乌苏一带呈椭圆状分布,长轴呈北北西向。根据岩石特征及接触关系,结合同位素测年数据,该套侵入岩可划分为4个填图单位:巨晶正长花岗岩、似斑状粗中粒二长花岗岩、中粒二长花岗岩、似斑状细粒(细中粒)二长花岗岩。

1. 晚三叠世巨晶正长花岗岩

晚三叠世巨晶正长花岗岩分布于西南部榔头山—敖兰三队—敖包乌拉一带,总体呈北西西向岩株状展布,由3个较大的侵入体组成,出露面积约12km²,侵入晚三叠世晚期似斑状粗中粒二长花岗岩,并在其中见晚三叠世晚期似斑状粗中粒二长花岗岩捕虏体,被上侏罗统火山岩不整合覆盖。岩体内脉岩较发育,脉岩多呈北东向、北西向,少数呈东西向。岩石风化较强,风化面呈灰白色,新鲜面呈黄白色,巨粗粒、巨粒花岗结构(图2-2a~c),块状构造;基质矿物粒径多在5~10mm之间,石英(40%)呈烟灰色,他形粒状,有的也呈块状集合体,大者可达1~2cm,填隙在钾长石之间,镜下见有微弱波状消光;钾长石(45%~60%)呈浅粉色,呈宽板状,条纹长石发育(图2-2d);斜长石(10%~15%)呈灰白色,半自形宽板状,聚片双晶模糊显示,表面泥化;黑云母(2%~5%)呈黑褐色,鳞片状,局部绿泥石化退色为白云母。本次研究获得锆石U-Pb(LA-ICP-MS)年龄为220±1Ma,将其形成时代归于晚三叠世(宋维民等,2016)。

2. 晚三叠世似斑状粗中粒二长花岗岩

晚三叠世似斑状粗中粒二长花岗岩分布于研究区西南部,由6个规模较大的侵入体组成,在区内出露面积约为90km²,地貌上多为低缓山丘,岩石风化较强(图2-3a),多松散易脆。岩体内脉岩发育,脉

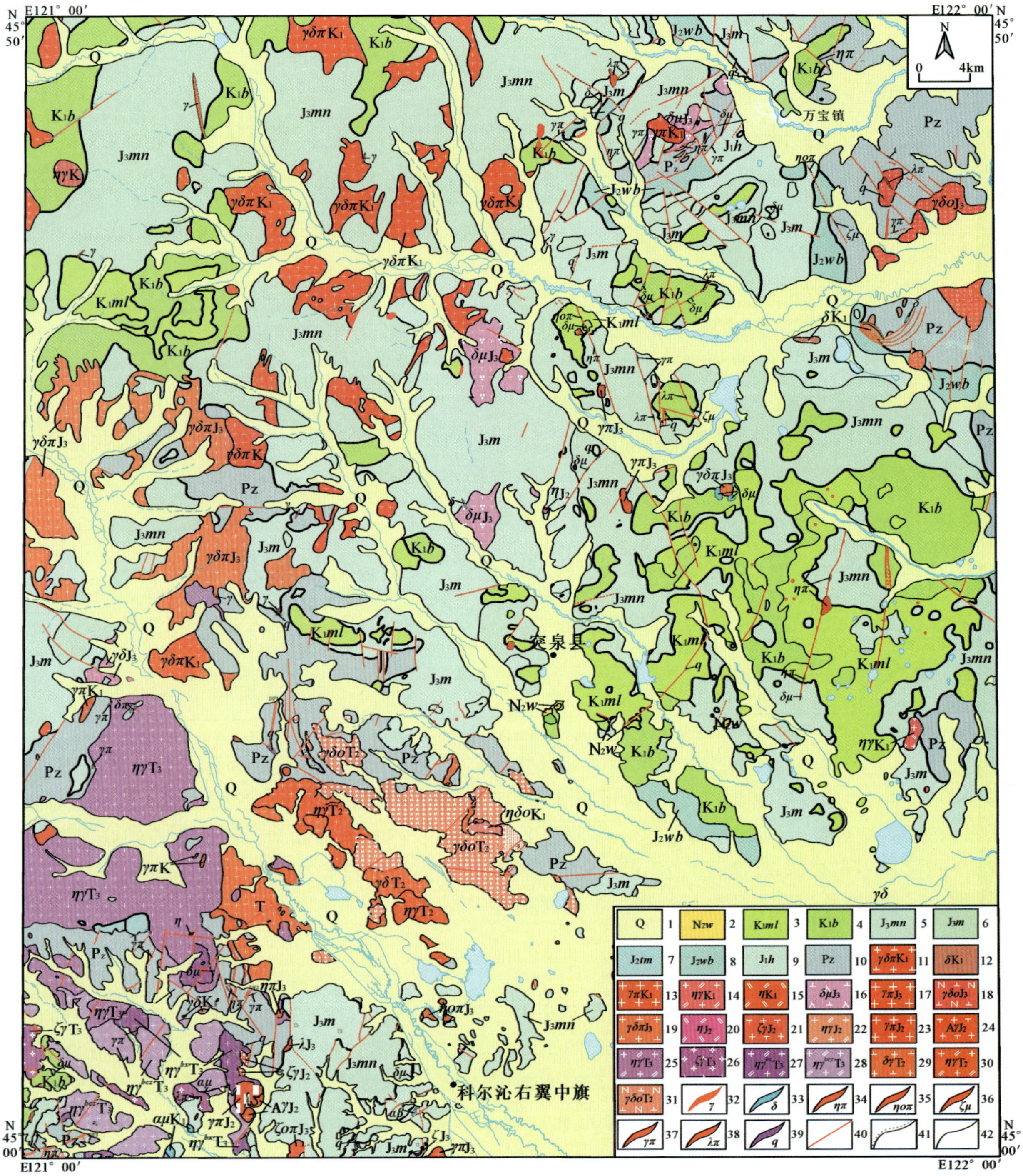

图 2-1 突泉地区地质图

1.第四系;2.上新统五岔沟组;3.下白垩统梅勒图组;4.下白垩统白音高老组;5.上侏罗统玛尼吐组;6.上侏罗统满克头鄂博组;7.中侏罗统塔木兰沟组;8.中侏罗统万宝组;9.下侏罗统红旗组;10.前中生代地层;11.早白垩世花岗闪长斑岩;12.早白垩世闪长岩;13.早白垩世花岗斑岩;14.早白垩世二长花岗岩;15.早白垩世二长岩;16.晚侏罗世闪长玢岩;17.晚侏罗世花岗斑岩;18.晚侏罗世英云闪长岩;19.晚侏罗世花岗闪长斑岩;20.中侏罗世二长岩;21.中侏罗世正长花岗岩;22.中侏罗世二长花岗岩;23.中侏罗世花岗斑岩;24.中侏罗世碱长花岗岩;25.晚三叠世中粒二长花岗岩;26.晚三叠世巨晶正长花岗岩;27.晚三叠世似斑状细粒二长花岗岩;28.晚三叠世似斑状粗中粒二长花岗岩;29.中三叠世花岗闪长岩;30.中三叠世二长花岗岩;31.中三叠世英云闪长岩;32.细晶岩脉;33.闪长玢岩;34.二长斑岩;35.石英二长斑岩;36.正长斑岩;37.花岗斑岩;38.流纹斑岩;39.石英脉;40.断层;41.不整合界线;42.地质界线

图 2-2 晚三叠世巨晶正长花岗岩宏观(a、b、c)及镜下(d)特征照片

岩多呈北东走向，少数呈北西走向。岩石风化面呈黄褐色，新鲜面呈浅肉红色，具似斑状结构(图 2-3b)，具粗中粒花岗结构(图 2-3c)，呈块状构造；似斑晶为钾长石(5%)呈粉红色，宽板状，粒径达 10mm 以上；基质矿物粒径在 2.0～6.0mm 之间，其中石英(30%)呈烟灰色，他形粒状，部分为集合体，波状消光；钾长石(33%)呈浅粉色，半自形宽板状、板柱状，成分多为条纹长石，少见微斜条纹长石，局部见格子双晶(图 2-3d)，多为钾长石交代斜长石形成聚片双晶残留体；斜长石(30%)呈灰白色，半自形板柱状、宽板状，聚片双晶纹较细密，以更长石为主，中心部位模糊强烈泥化；黑云母(2%～3%)呈黑褐色，鳞片状，不规则片状，黄褐色，部分退色为白云母，沿解理缝析出铁质成分。

3. 晚三叠世中粒二长花岗岩

晚三叠世中粒二长花岗岩出露于研究区宝居力河—石场山—杜尔基一线，呈岩基状产出，由 11 个规模较大的侵入体组成，为解体前人划分的敖兰敖日格岩体及杜尔基岩体而来，呈南北向延伸，出露面积为 180km^2，被晚三叠世晚期似斑状细中粒二长花岗岩侵入。本次研究获得锆石 U-Pb 年龄为 209±1Ma、210±1Ma、213±1Ma，将其时代归于晚三叠世。地貌上多为高山地貌，岩石陡立，少为低缓山丘。岩石粒度较均匀，受后期风化剥蚀作用影响相对较小，岩石风化程度相对较弱。岩体内脉岩较发育，包括流纹斑岩、石英二长斑岩、花岗岩、二长闪长岩、安山玢岩、闪长玢岩及石英脉，脉岩呈北东、北西走向。岩石风化面呈灰黄色—浅黄色(图 2-4a、b)，新鲜面呈灰白色—灰黄色，中粒花岗结构(图 2-4c)，块状构造；矿物粒度总体较均匀，粒径大小为 2～3mm，石英(23%～30%)呈烟灰色，他形粒状，微弱波状消光；钾长石(40%～45%)呈粉红色，半自形宽板状，微斜长石或微斜条纹长石，格子状双晶清晰(图 2-4d)，局部交代斜长石条纹呈斑块状残留；斜长石(20%～30%)呈灰白色，半自形板柱状，聚片双晶模糊显示，局部环带发育，表面泥化、绢云母化；黑云母(2%)呈褐色，不规则片状，部分退色为白云母或强烈褐铁

图 2-3 似斑状粗中粒二长花岗岩宏观(a、b)及镜下(c、d)特征照片

染,多色性显著。在石场山西北出露少量中粒含针状磷灰石二长花岗岩,出露面积约 3km^2,岩石中石英粒径尽管相差不多,但石英颜色有暗黑色、烟灰色两种,镜下鉴定发现普遍发育针状、毛发状磷灰石(图 2-4d)。

4. 晚三叠世似斑状细粒(细中粒)二长花岗岩

晚三叠世似斑状细粒(细中粒)二长花岗岩分布于研究区西南部,呈串株状北北西向产出,由 10 个规模较大的侵入体组成,区内出露面积约为 35km^2,侵入晚三叠世中粒二长花岗岩后被早白垩世细粒二长岩侵入。本次研究获得两个样品锆石 U-Pb(LA-ICP-MS)年龄均为 202±1Ma,其形成时代为晚三叠世(宋维民等,2018)。岩石地貌上多为高山-丘陵地貌,岩石风化程度相对较弱。岩体内脉岩较发育,脉岩类型有石英脉、二长斑岩脉、花岗岩脉、花岗细晶岩脉、安山玢岩脉、闪长玢岩脉及青磐岩化细粒黑云母闪长岩,脉岩多呈北东、北西走向。岩石风化面呈黄褐色—灰褐色,新鲜面呈浅灰白色(图 2-5a、b),似斑状结构、中细粒花岗结构(图 2-5c),块状构造;似斑晶为钾长石(3%~5%),呈浅灰粉色,宽板状,成分为条纹长石,发育简单双晶,粒径大小为 5~7.5mm;基质矿物粒径在 1.0~2.0mm 之间,石英(25%~30%)呈烟灰色,他形粒状,多数为聚合体产出,有的发育波状消光;钾长石(30%~35%)呈灰粉色,半自形宽板状,成分为微斜条纹长石、条纹长石,格子状双晶较清晰,条纹不规则脉状;斜长石(20%~35%)呈灰白色,半自形板柱状,聚片双晶较细密,边缘弱环带,表面模糊,被白云母小片星散交代,有的见钾长石沿边缘交代;黑云母(3%)呈褐色,不规则片状,有的边缘齿状,强烈铁染,部分退色;偶见白云母(图 2-5d),呈不规则片状,无色,闪突起。

图 2-4 中粒二长花岗岩宏观(a、b)及镜下(c、d)特征照片

图 2-5 似斑状细粒(细中粒)二长花岗岩宏观(a、b)及镜下(c、d)特征照片

Bt. 黑云母;Q. 石英;Kfs. 钾长石;Pl. 斜长石;Mus. 白云母

二、中侏罗世花岗岩

中侏罗世花岗岩主要出露于东福村南、马鞍山东南部及白音温都尔一带，多呈岩株状产出，出露面积为24km²。本次研究划分为4个填图单位：二长花岗岩、正长花岗岩、晶洞碱长花岗岩、花岗斑岩。

1. 中侏罗世二长花岗岩

二长花岗岩分布于研究区东部，呈串珠状产出，由4个规模较小的侵入体组成，区内出露面积约为16km²，侵入上二叠统林西组，地貌上多为低山-丘陵地貌，受后期风化剥蚀作用的影响大，岩体整体风化较强，见有数条石英脉发育。岩石风化面呈灰黄色，新鲜面呈浅黄色，细粒花岗结构，块状构造，矿物粒径大小为0.4～2.0mm；石英(35%)呈烟灰色，他形粒状，波状消光；钾长石(25%)呈浅粉色，半自形宽板状，微斜长石或微斜条纹长石，格子双晶清晰；斜长石(35%)呈灰白色，半自形板柱状，以更长石为主，表面泥化或被绢云母交代；黑云母(5%)呈褐色，不规则片状，部分退色，微弱多色性。

2. 中侏罗世正长花岗岩

中侏罗世正长花岗岩分布于研究区西南部，主要出露于白音温都尔北及宝居力山北一带，呈串株状近南北向产出，由4个规模较小的侵入体组成，区内出露面积约为1km²，侵入晚三叠世中粒二长花岗岩、晚三叠世似斑状细粒(细中粒)二长花岗岩，地形地貌相对较陡，岩石风化程度相对较弱，岩体内脉岩不十分发育，只见有数条石英脉。岩石风化面呈浅黄色，新鲜面呈浅黄色，细中粒花岗结构，块状构造，矿物粒径较均匀(1～2.0mm)；石英(25%)呈烟灰色，他形粒状，波状消光；钾长石(50%)呈粉红色，半自形宽板状，微斜长石或微斜条纹长石，格子状双晶清晰，条纹斑点状，见包含柱状斜长石交代净边结构；斜长石(23%)呈灰白色，半自形板柱状，聚片双晶纹较细密或宽窄不一，以更长石为主，表面泥化或被绢云母交代；黑云母(2%)呈褐色，不规则片状，部分退色，微弱多色性。

3. 中侏罗世晶洞碱长花岗岩

中侏罗世晶洞碱长花岗岩出露于白音温都尔屯北山，由1个岩株组成，区内出露面积约1.5km²，地貌上多为高山陡峻地貌，岩石风化程度弱(图2-6a、b)，岩体内脉岩不发育，侵入晚三叠世似斑状粗中粒二长花岗岩，被中侏罗世花岗斑岩侵入。本次研究获得锆石U-Pb(LA-ICP-MS)年龄为166±1Ma，其形成时代为中侏罗世。岩石风化面呈黄褐色，新鲜面呈灰黄色，花岗结构、文象结构(图2-6c、d)，块状构造，矿物粒径大小为1.2～3mm；石英(35%)呈烟灰色，熔蚀粒状，部分呈港湾状；钾长石(55%)呈浅肉红色，半自形宽板状，成分为条纹长石，条纹脉状隐约显示，发育简单双晶，钾长石与石英组成文象体，部分呈扇形集合体；斜长石(5%～10%)呈灰白色，半自形板柱状；黑云母(2%～5%)呈黄褐色，细小片状集合体。

4. 中侏罗世花岗斑岩

中侏罗世花岗斑岩在研究区西北白音温都尔、馒头山一带出露，呈小岩株状产出，面积约为3km²，侵入中侏罗世晶洞碱长花岗岩。岩石风化面呈黄褐色(图2-7a)，新鲜面呈灰白色，斑状结构，基质呈文象结构(图2-7b)，块状构造；斑晶成分，钾长石(5%)呈浅粉色，自形—半自形宽板状，粒径大小为0.9～1.4mm，成分为条纹长石，呈条纹纹状，表面模糊泥化；石英(5%)呈烟灰色，他形粒状，边缘齿状，粒径为1.2～2.4mm；基质由长英质文象结构、自形宽板状钾长石和他形粒状石英组成。

图 2-6 晶洞碱长花岗岩宏观(a、b)和镜下(c、d)特征照片

c、d.钾长石和石英构成的文象结构

图 2-7 花岗斑岩宏观(a)和镜下(b)特征照片

b.钾长石和石英构成的文象结构

三、晚侏罗世花岗岩

晚侏罗世深成花岗岩在研究区出露相对较多,出露面积为 $82km^2$,位于研究区北部闹牛山、昭阁营子、后新立一带,呈小岩株状分布。根据所见岩性特征,本次主要划分了3个填图单位:花岗斑岩、花岗闪长斑岩、英云闪长岩。

1. 晚侏罗世花岗斑岩

晚侏罗世花岗斑岩分布在双山屯西侧G111国道路边及铁耙山南，呈岩株状产出，面积为0.7km²。岩石新鲜面呈浅肉红色，斑状结构、显微花岗结构，块状构造；斑晶斜长石(2%～3%)呈灰白色，粒径为0.5～1.0mm，半自形宽板状、板柱状及聚斑状，聚片双晶纹较细密，模糊显示，表面弱绢云母化；钾长石(15%)呈粉色，粒径为0.5～3.2mm，宽板状、板柱状，成分为条纹长石，条纹呈补片状，部分形成卡氏双晶；石英(10%)呈烟灰色，粒径为0.3～2.8mm，熔蚀粒状；基质粒径为0.05～0.12mm，以钾长石及石英为主，钾长石表面模糊泥化。

2. 晚侏罗世花岗闪长斑岩

晚侏罗世花岗闪长斑岩主要分布在太和乡西，呈岩株状产出，出露面积为75km²。岩石新鲜面呈浅灰绿色，斑状结构；斑晶斜长石(20%)呈灰白色，粒径为0.4～3.0mm，柱状、聚斑状，两端熔蚀呈浑圆状，聚片双晶纹较细密，达更长石，表面绢云母化；钾长石(5%)呈粉色，粒径为0.4～1.2mm，宽板状，联斑状，条纹长石，卡氏双晶，条纹隐纹状；黑云母(5%)呈褐色，片状，绿泥石化，沿解理缝析出铁质成分，多色性明显；基质由钾长石与石英构成的文象体组成，文象体呈雪片状、羽状。

3. 晚侏罗世英云闪长岩

晚侏罗世英云闪长岩主要分布在昭阁营子、后新立、九顶山一带，出露面积较小，在靠河山南、兴隆屯东呈小岩株状产出，出露面积为6.3km²。地貌上多为低山—丘陵地貌，受后期风化剥蚀作用地影响大，岩体风化程度很强，宏观露头呈风化砂状，且较酥脆，岩体内脉岩不发育。岩石呈细中粒花岗结构，块状构造，局部碎裂构造，矿物粒径较均匀为1.0～3.0mm；石英(35%)呈烟灰色，他形粒状集合体，波状消光；斜长石(42%)呈灰白色，多呈半自形宽板状，聚片双晶纹较细密，少量中心强绢云母化，边缘发育环带；钾长石(3%)呈浅粉色，条纹长石，条纹脉状；黑云母(18%)呈黄褐色，多色性显著，部分解理弯曲；角闪石(2%)呈黄绿色，多色性显著，柱面一组完全解理，斜消光，部分被黑云母交代呈残留粒状、团块状。

四、早白垩世花岗岩

早白垩世花岗岩出露较零星，面积为66.52km²左右，主要出露于北部季家沟、中心屯西、西部杜尔基北和代钦塔拉一带，在研究区中部西山屯，西部夏皮铺、东平村西山，南部双合屯等地呈小岩株状分布。本次研究主要划分了3个填图单位：碱长花岗岩、花岗斑岩、花岗闪长斑岩。

1. 早白垩世碱长花岗岩

早白垩世碱长花岗岩仅出露于研究区西山村西，呈小岩株状，侵入下白垩统梅勒图组玄武安山岩，出露面积为0.02km²，地貌上为高山，岩石坚硬耐风化，新鲜面呈浅肉红色(图2-8)，花岗结构，块状构造；石英(33%)呈烟灰色，粒径大小为1～3mm，他形圆粒状集合体，波状消光，具裂纹；钾长石(60%)呈粉红色，粒径大小在2.4～5.2mm之间，个别达10mm，成分为条纹长石，卡氏双晶，条纹隐纹状，模糊显示，局部与石英构成文象体；斜长石(5%)呈灰白色，粒径为1.0～2.2mm，半自形长柱状、板柱状，聚片双晶纹宽窄不一，模糊显示，见钾长石沿其边缘交代；黑云母(2%)呈黄褐色，呈长条片状、宽片状。

图2-8　早白垩世碱长花岗岩

2. 早白垩世花岗斑岩

早白垩世花岗斑岩主要出露于研究区北部季家沟，呈岩株状产于上侏罗统玛尼吐组古火山机构中央部位，近椭圆状，长轴走向北西，地貌上呈低矮山丘，出露面积为 1.5km²，岩石风化严重，多松散易碎。由于该岩体的侵位，围岩发生角岩化或矽卡岩化，闹牛山铜矿即与该岩体关系密切。本次研究在季家沟获得花岗斑岩锆石 U－Pb(LA－ICP－MS)年龄为 136±1Ma，形成时代为早白垩世。岩石新鲜面呈浅黄白色，斑状结构，块状构造，基质为显微花岗结构；斑晶成分中石英(15%)呈烟灰色，粒径为 1.2～4.3mm，浑圆状，熔蚀粒状，具爆裂纹；钾长石(10%)呈肉红色，粒径为 1.2～6.7mm，浑圆状，联斑状，边缘基质成分镶边呈齿状，条纹长石，包含斜长石和黑云母小晶体；斜长石(25%)呈灰白色，粒径为 0.6～3.6mm，自形宽板状、聚斑状，聚片双晶带较宽，见钠长-肖钠复合式双晶，弱环带，表面洁净；黑云母(5%)呈黄褐色，宽片状，边缘齿状，局部绿泥石化沿解理缝析出铁质，多色性明显；基质以他形粒状石英和钾长石为主，少量斜长石，粒径为 0.08～0.25mm，石英(15%)呈烟灰色，他形粒状；斜长石(5%)呈烟灰色，粒径为 0.05～0.12mm，呈半自形柱状，聚片双晶带较宽，边缘钾化；钾长石(25%)呈肉红色，宽板状，条纹长石，弱泥化。

3. 早白垩世花岗闪长斑岩

早白垩世花岗闪长斑岩主要出露于研究区西北部太和北、中心屯西和代钦塔拉，出露面积为 65km²，地貌上以高山为主，部分为低矮山丘，岩石风化较重，多松散易碎。在中心屯北，岩体侵入下白垩统白音高老组英安质含角砾晶屑凝灰岩，岩体多发育球状风化(图 2－9)；岩石呈土黄色，斑状结构，块状构造；斑晶粒径为 0.8～3.6mm，石英(10%)呈烟灰色，他形粒状；斜长石(15%)呈灰白色，为更长石，呈自形板状、板柱状，聚片双晶纹较细密，部分双晶纹弯曲，垂直柱面发育裂纹，被绢云母和黏土矿物鳞片交代，部分强绢云母化呈假象；基质由半自形柱状斜长石、钾长石和他形粒状石英组成，褐铁染黑云母小片广泛散布，斜长石聚片双晶带较宽，弱绢云母化；钾长石呈宽板状，边缘齿状，柱状，为条纹长石，交代斜长石条纹呈补片状，部分与石英文象交生，与斜长石含量不易估分；石英(25%)呈他形粒状。

图 2－9　花岗闪长斑岩

第二节　晚三叠世—早白垩世火山岩地质特征

研究区中生代火山活动始于中侏罗世，万宝组含煤沉积岩系中夹有多层凝灰岩，说明该时期已经有小规模的火山活动发生，塔木兰沟组安山岩、粗面岩主要分布在红旗林场附近，晚侏罗世—早白垩世是本区火山活动的鼎盛时期，火山通道受北东向、北北东向断裂的构造控制，以中心式喷发为主。不同时期、不同火山机构的火山岩石，错落有序，呈规律性分布，形成了环状、串珠状的火山机构和火山链。

从空间上来看，晚侏罗世—早白垩世火山岩遍布全区，其中晚侏罗世火山岩主要分布于研究区西部、中部及南部，早白垩世火山岩主要分布于研究区西北及东南部；满克头鄂博期酸性火山岩主要分布在中西部突泉火山喷发盆地、大罕山火山喷发盆地及东北部兴仁村附近，覆盖于万宝组之上，以爆发相火山碎屑岩为主；玛尼吐期中基性火山岩主要分布于研究区大罕山火山喷发盆地及西北部大榆树沟屯附近，以溢流相火山岩为主；白音高老期酸性火山岩多见于中杜尔基北、曾家屯东及付家岭一带；梅勒图期中基性火山岩主要出露于研究区东部大黑山、太平窝铺及兴隆山一带，少量分布于中部高家屯西，主体为溢流相，覆盖于白音高老期及晚侏罗世火山岩之上，厚度普遍较薄。

一、中侏罗世火山岩

研究区中侏罗世火山岩出露较分散零星，出露面积为 $2km^2$；主要出露于红旗林场、葛家屯、突泉北、万宝镇等地。根据综合研究，主要划分两期火山活动，即中侏罗世万宝期火山岩（万宝组）和中侏罗世塔木兰沟期火山岩（塔木兰沟组）。

1. 中侏罗世万宝期火山岩

万宝期火山岩出露零星，面积约为 $1km^2$，主要出露于万宝镇等地。该期火山岩相类型主要为火山爆发沉积相，主要岩石类型为晶屑（玻屑）凝灰岩、凝灰岩等。

凝灰岩以灰白色为主，其次为灰绿色，凝灰结构，层状构造；晶屑含量为10％～20％，粒径大小为0.2～1.5mm，主要成分为斜长石，少量石英晶屑（次棱角状），其余为火山灰物质。

2. 中侏罗世塔木兰沟期火山岩

塔木兰沟期火山岩出露零星，面积小于 $1km^2$，主要出露于红旗林场等地。该期火山岩相类型主要为溢流相、火山爆发沉积相，主要岩石类型有安山岩、粗面岩、绿帘石化安山岩、安山质晶屑凝灰熔岩、安山质角砾凝灰岩等。

安山岩：新鲜面呈灰黑色、灰绿色，斑状结构，块状构造；斑晶为斜长石，半自形宽板状，局部为聚斑状，聚片双晶带较宽，环带发育，为中长石，部分被条纹长石交代，粒径为0.6～3.2mm，含量为15％～30％；基质为斜长石微晶，定向分布，充填铁质质点、片状绿泥石和粒状绿帘石；岩石发育绿泥石化、绿帘石化。

粗面岩：新鲜面呈灰黑色、灰褐色，斑状结构，块状构造；斑晶为钾长石，半自形宽板状，环带发育，部分被条纹长石交代，粒径为0.5～3mm，含量为5％～10％；基质为斜长石微晶定向分布，其余半交错状，聚片双晶带较宽，环带发育，为中长石，粒径为0.06～0.10mm。

安山质晶屑凝灰熔岩：岩石新鲜面呈灰色、灰白色，凝灰熔岩结构，块状构造；斑晶成分以斜长石为主，少量石英、钾长石、辉石、角闪石，粒径为0.4～3.6mm，含量为30％～40％，其中斜长石呈半自形板柱状，局部熔蚀呈港湾状，被绿帘石交代，辉石为不规则八边形粒状、短柱状，绿帘石化呈假象；角闪石呈不规则菱形粒状、长柱状，绿帘石化，呈假象；胶结物为羽状斜长石微晶半交错状分布，充填少量隐晶质成分，岩石有弱硅化，局部粒状石英交代。

二、晚侏罗世火山岩

研究区晚侏罗世火山岩出露较广泛，基本遍布整个研究区，主要出露于永安屯、杜尔基镇、突泉、大罕山等地。根据综合研究，主要为晚侏罗世满克头鄂博期火山岩（满克头鄂博组）和晚侏罗世玛尼吐期火山岩（玛尼吐组）。

1. 晚侏罗世满克头鄂博期火山岩

晚侏罗世满克头鄂博期火山岩在区内较为发育，主要出露于研究区中部突泉盆地、五大泡子火山盆地、付家洼子火山盆地的边缘地带等，出露面积约为 $306km^2$，主要为一套中酸性—酸性火山碎屑岩及碎屑熔岩，少量火山熔岩，角度不整合于中侏罗世塔木兰沟期火山岩之上，在突泉火山盆地杜尔基大桥处见其被晚侏罗统玛尼吐期安山岩喷发不整合覆盖（图 2－10）。

图 2－10 玛尼吐组喷发不整合于满克头鄂博组之上

该期火山岩相类型主要为溢流相、火山爆发-爆发沉积相，主要岩石类型有球泡状流纹岩、流纹岩、流纹质角砾晶屑凝灰岩、流纹质角砾玻屑晶屑凝灰岩、流纹质含角砾晶屑凝灰岩、流纹质晶屑弱熔结凝灰岩、流纹质晶屑弱熔结凝灰岩、英安岩、英安质含角砾晶屑凝灰岩、英安质含角砾凝灰熔岩及英安质晶屑熔结凝灰岩等。

球泡状流纹岩：主要见于研究区葛根庙东哈尔楚鲁一带，岩石新鲜面呈浅灰黄色、浅灰紫色，斑状结构、基质隐晶—显微球粒状结构，球泡构造；斑晶石英（3％），粒径为 0.2～1.6mm，熔蚀港湾状；正长石，粒径为 0.3～2.0mm，不规则状及半自形板状，弱泥化不均；更长石少量，粒径为 0.3～0.8mm，半自形微板状，泥化伴绢云母化；基质由脱玻而成的隐晶状长英质及放射状长英质纤维集合体、细小鳞片状黏土质及少量褐色质点氧化铁质等组成，长英质纤维集合体为 0.3～1.0mm，呈不规则状及次圆状。

流纹岩：岩石新鲜面呈灰白色、灰黄色，斑状结构，流纹构造；斑晶为斜长石，呈半自形板柱状、长柱状，聚片双晶带较宽，被黏土矿物鳞片星散交代，延长方向略显方向性，粒径为 0.4～2.4mm，含量为 5％～7％；石英，呈烟灰色，他形粒状，粒径为 1～2mm，含量为 5％～10％；角闪石呈长柱状、不规则菱形粒状，被黏土矿物交代呈假象，含量为 2％～5％；基质为隐晶—包含霏细结构，弱流动构造，主要为长英质霏细状隐晶集合体，呈放射状、镶嵌粒状条带，与霏细状结构相间分布构成弱流纹构造。

英安岩：岩石新鲜面呈浅灰色，斑状结构，块状构造；斑晶成分斜长石，半自形宽板状、板柱状，聚片双晶带较宽，模糊显示，裂纹发育，沿其褐铁染，被黏土矿物鳞片交代，延长方向显著定向，粒径为 0.9～4.0mm，含量为 10％～15％；暗色矿物斑晶成分不清，被黏土矿物交代呈假象，含量为 1％～2％；基质长英质隐晶集合体中嵌有斜长石柱状微晶，被隐晶褐铁矿浸染状交代。

2. 晚侏罗世玛尼吐期火山岩

玛尼吐期火山岩在研究区内最为发育，主要出露于研究区突泉盆地的后白城、突泉县、小泡子村、杜尔基北一带，以及研究区北部闹牛山盆地、付家洼子盆地，其次出露于五大泡子火山盆地的中心地带，出露面积为 494km²，玛尼吐期火山岩喷发不整合在晚侏罗世满克头鄂博期火山岩之上，其上被早白垩世白音高老期酸性火山岩（白音高老组）角度不整合覆盖（图 2－11）。玛尼吐期火山岩主要为一套青灰色安山岩、英安质含角砾晶屑凝灰熔岩、英安质晶屑凝灰岩，少量凝灰质中粗粒岩屑砂岩，划分为两个火山岩相类型，即空落相和溢流相。

图 2－11 白音高老组角度不整合于玛尼吐组之上

玛尼吐期火山岩以具浓重紫色色调(青灰、灰、灰紫、紫、紫黑等颜色)为特征。岩石以中性熔岩为主,其次是火山碎屑岩,少量沉积夹层。玛尼吐期火山岩上部以灰紫色调为主,以溢流相灰紫色安山岩为主体多次喷发,其间夹空落相灰紫色安山质角砾晶屑凝灰岩、灰色安山质熔结凝灰岩及凝灰质中粗粒长石岩屑砂岩;下部以青灰色调为主,以溢流相灰色安山岩-空落相青灰色安山质含角砾晶屑凝灰岩为韵律,前期喷溢后期爆发,可见多个喷发韵律。玛尼吐期火山岩在研究区各火山盆地中岩性发育略有差别,表现为:在突泉火山盆地地层出露最全,以中性熔岩为主,上部以灰紫色调安山岩为主体多次喷发,其间夹空落相灰紫色安山质凝灰岩及少量凝灰质中粗粒长石岩屑砂岩,下部以青灰色调为主,以安山岩、安山质含角砾晶屑凝灰岩为韵律,可见多个喷发韵律;在五大泡子盆地、付家洼子盆地,主要为空落相的安山质角砾凝灰岩,少量溢流相安山岩;在闹牛山盆地,主要为溢流相安山岩,少量空落相的安山质角砾凝灰岩。从火山地层的发育程度看,突泉火山盆地地层厚度最大,表明玛尼吐期突泉火山盆地火山作用最强。

气孔杏仁状安山岩:岩石新鲜面为灰紫色,斑状结构、气孔杏仁状构造,块状构造;斑晶为斜长石,半自形柱状、宽板状,部分熔蚀,聚片双晶纹较细密或宽窄不一,表面弱绢云母化,延长方向显著定向,粒径为0.6～3.0mm,含量为15%～25%;气孔呈椭圆状、不规则状,定向排列,大小为0.6～5mm,含量为3%～6%,杏仁体由黏土矿物组成;基质呈交织结构,斜长石微晶近流状分布,其间充填大量黑色隐晶质成分。

安山岩:岩石新鲜面颜色多见灰紫色,灰黑色,斑状结构,交织—间隐结构;斑晶为斜长石(15%),半自形长柱状、板柱状,聚片双晶带宽窄不一,清晰显示,被碳酸盐星散交代,略定向分布,粒径为0.3～1.8mm;基质斜长石微晶呈流状分布,呈半自形长条柱状,聚片双晶带较宽,模糊显示,消光角小,粒径为0.05～0.12mm,其间充填少量金属晶粒和碳酸盐。

安山质晶屑凝灰岩:岩石新鲜面黄褐色、灰色,晶屑凝灰结构,块状构造;晶屑为斜长石(8%),呈灰白色,棱角—次棱角状,板状,聚片双晶纹较细密,被黏土矿物交代,粒径为0.2～1.5mm;角闪石,黑色,柱状、菱形粒状,大小为0.2～1.5mm;辉石,自形短柱状或八边形粒状,绿泥石化呈假象;玻屑(5%±),单偏光下锁光圈可见细纹状集合体,绕斜长石晶屑呈流状分布;填隙物多为褐色隐晶质成分或黏土矿物,少见长英质球粒,隐约见十字消光。

三、早白垩世火山岩

研究区早白垩世火山岩出露较广泛,主要遍布研究区西北部和中东部,主要出露于永安屯、杜尔基镇、突泉、大罕山等地,主要划分为两期火山活动,即早白垩世白音高老期火山岩(白音高老组)和早白垩世梅勒图期火山岩(梅勒图组)。

1. 早白垩世白音高老期火山岩

白音高老期火山岩在区内的分布较为广泛,主要在研究区西北部和中东部的突泉火山盆地、研究区东北部的国光村与东升乡陆续零星出露,出露面积约为207km²。岩石颜色纷杂,以灰黄色、蛋青色色调为主。岩石成分以酸性为主,主要为爆发相火山碎屑岩,其次为喷溢相、火山碎屑流相,少量爆发沉积相。上部以灰紫色—灰色英安岩为主,次为英安质含角砾岩屑晶屑凝灰岩,可见3个火山韵律变化;下部以流纹质角砾晶屑凝灰岩为主,夹凝灰质长石岩屑中细砂岩、凝灰质细砂粉砂岩等,在凝灰质粉砂岩新发现大量动物化石及少量植物化石。白音高老期早期火山岩呈喷发不整合在玛尼吐期火山岩之上,被白音高老晚期火山岩整合覆盖。

2. 早白垩世梅勒图期火山岩

早白垩世梅勒图期火山岩分布于研究区南部、中部地区，面积约为 309km²，呈北西向断续分布，主体位于研究区南部。梅勒图期火山岩为一套黑色—灰黑色基性熔岩，少量碎屑岩，岩性主要为玄武岩、玄武安山岩(图 2-12)、粗安岩及少量安山质凝灰岩等，喷发不整合于白音高老组二段沉积岩之上。该期火山岩多出露于山顶，呈帽状，层位相对较高。

图 2-12 梅勒图期玄武安山岩特征

该期火山岩在敖包山东 2km 处见喷发不整合于白音高老期火山岩之上，在前加拉嘎屯东 G111 国道上见其喷发不整合于玛尼吐期、满克头鄂博期火山岩之上，主要由中性、中基性火山岩组成。岩石类型为黑色致密块状安山岩、灰黑色安山岩、灰绿色安山岩，少量灰绿色、灰黑色玄武安山岩、灰黑色橄榄石玄武岩、玄武安山质凝灰熔岩、玄武安山质集块角砾熔岩、玄武安山质凝灰岩等岩屑凝灰岩。

安山岩：出露面积小，灰紫色，斑状结构，块状构造；斑晶为斜长石，灰白色，呈半自形—自形，长柱状，聚片双晶纹宽窄不一，边部略熔蚀，延长方向定向，粒径为 0.4～2.6mm，含量 25%；辉石(7%～8%)，呈短柱状、不规则八边形粒状，边缘暗化，被碳酸盐交代呈假象，延长方向定向，粒径为 0.4～2.2mm；基质中斜长石微晶呈近流状分布，针柱状，近平行消光，粒径为 0.05～0.1mm，其间充填玻璃质成分。

玄武安山岩：浅黄色，斑状结构，块状构造；斑晶为灰白色斜长石(25%～30%)，呈半自形板柱状、长柱状，聚片双晶纹宽窄不一，边部略熔蚀，延长方向略定向，粒径为 0.2～4.0mm；橄榄石(5%)，呈短柱状、粒状，裂纹发育，沿裂纹硅质成分交代，伊丁石化呈假象，粒径为 0.8～2.2mm；基质中斜长石微晶杂乱分布，其间充填玻璃质成分；斜长石针柱状，聚片双晶带较宽，近平行消光，粒径为 0.05～0.1mm。

安山质晶屑凝灰岩：灰紫色，晶屑凝灰结构，块状构造；晶屑为斜长石(50%)，为半自形板柱状、棱角状、次棱角状，聚片双晶带较宽，环带发育，以中长石为主，粒径较均匀，为 0.05～0.37mm；角闪石，呈不规则菱形粒状，边缘暗化；岩屑(15%)，呈次棱角状，成分为玄武岩、玄武安山岩、安山岩，粒径为 0.15～0.5mm；填隙物褐色火山灰(35%)，见少许针柱状长石雏晶。

安山质含角砾晶屑凝灰岩：黄绿色，含角砾晶屑凝灰结构，块状构造；角砾(5%～8%)，主要为黄绿色安山岩，浅黄色凝灰岩，棱角—次棱角状，大小 0.2～1cm；晶屑主要为斜长石(10%)，呈灰白色，次棱角状，大小 0.2～1mm，部分黏土化；暗色矿物晶屑少量；填隙物为细小火山灰。

第三章 晚三叠世—早白垩世岩浆岩同位素年代学及地球化学特征

第一节 分析方法

一、锆石 U – Pb 定年分析

锆石挑选在河北省区域地质矿产调查研究院实验室完成，锆石阴极发光(CL)图像在中国地质科学院北京离子探针中心完成。锆石用重液和磁选结合从粉碎的岩石样品中分选出来，再在双目镜下提纯。锆石被嵌于树脂样靶中并抛光，之后镀上 50nm 厚的纯金，样品靶制作方法见相关文献(宋彪等，2002)。进行锆石 U – Pb 分析前，进行了透射、反射电子像及阴极发光(CL)分析，以确定锆石颗粒的晶体形态、内部结构以及标定测年点。锆石 U – Pb 定年在天津地质矿产研究所科学测试实验中心完成。仪器为 Neptune 多接收电感耦合等离子体质谱仪和 193nm 激光取样系统(LA – MC – ICP – MS)联机，利用 193nm FX 激光器对锆石进行剥蚀，激光剥蚀的斑束为 35μm，激光剥蚀物质以 He 为载气送入 Neptune，利用动态变焦扩大色散，使质量数相差很大的 U – Pb 同位素可以同时接收，从而进行 U – Pb 同位素测定。锆石标样采用 TEMORA 标准锆石。样品的同位素比值和元素含量数据，采用中国地质大学(武汉)刘勇胜编写的 ICPMSDataCal 程序计算，加权平均年龄及谐和图的绘制采用 Isoplot(Ludwig，1994)程序完成。

二、全岩主微量分析

样品的主量元素和微量元素分析在沈阳地质调查中心自然资源部东北矿产资源监督测试中心完成。挑选新鲜未风化样品洗净烘干后，用玛瑙研钵研磨至小于 200 目的粉末，用于主量元素和微量元素分析。主量元素采用 X 射线荧光光谱分析(XRF)，将研磨好的粉末样品 0.7g 与试剂($Li_2B_4O_7$ 5.2g、LiF 0.4g、NH_4NO_3 0.3g)均匀混合后倒入铂金坩埚，滴入 0.1mL 的 LiBr 溶液，置于熔样机中熔融样品，待冷却后即成玻璃熔片。测试标准参考 BCR – 2、GSR – 1 和 GSR – 3，分析精度和准确度优于 5%。

痕量元素的分析采用等离子质谱法(ICP – MS)完成，称取 50mg 粉末样品于 15mL 的 Teflon 有盖溶样弹中，加入高纯 HNO_3 1.5mL、高纯 HF 1.5mL 和高纯 $HClO_4$ 0.01mL，将溶样弹放在 140℃的电热板上开盖加热蒸干；再次加入高纯 HNO_3 1.5mL、高纯 HF 1.5mL，将溶样弹装入钢套中冷却拧紧，置于 190℃烤箱中烘烤 48h；打开烘箱冷却后取出溶样弹，擦干净后置于 140℃电热板上开盖蒸干；再加入高纯 HNO_3 2mL，并置于 140℃电热板上开盖蒸干；再次加入 1∶1 HNO_3 2mL，将溶样弹装入钢套冷却拧紧后置于 190℃烘箱中烘烤 12h；打开烘箱冷却后取出溶样弹擦干净，将溶样弹中的样品溶液倒入聚乙烯塑料瓶，加 1g 铑作为内标，加水稀释至 80g 定溶。测试参考标样选用 AGV – 1、BHVO – 1 等，分析

精度和准确度优于10%。

第二节 晚三叠世花岗岩的同位素年代学及地球化学特征

一、晚三叠世花岗岩锆石 U–Pb 年龄

本次研究共采取了6件晚三叠世花岗岩进行锆石 U–Pb(LA–ICP–MS)定年分析，其中似斑状中细粒二长花岗岩2件、中粒二长花岗岩2件、似斑状粗中粒二长花岗岩中1件、巨晶正长花岗岩1件。锆石的阴极发光(CL)图像见图3–1、图3–2，年龄谐和图见图3–3。

样品PM203–7–1位于靠山屯地铺南，岩性为似斑状细粒二长花岗岩，对该样品测定了25个单颗粒锆石。这些锆石多为短柱状，部分颗粒为粒状，粒径为100～200μm，长宽比为1∶1～2∶1。CL图像结果显示(图3–1)这些锆石内部具有典型的环带结构，Th/U平均值为0.41，它们是岩浆结晶形成的。锆石样品Pb含量为1×10^{-6}～56×10^{-6}，U含量为27×10^{-6}～1853×10^{-6}，25个测点均落在谐和线上，25个分析数据点计算得到其$^{206}Pb/^{238}U$加权平均年龄为202±1Ma(图3–3a)，代表岩体的岩浆结晶时代。

样品D4118RZ位于靠山屯地铺西，岩性为似斑状细粒二长花岗岩，对该样品测定了25个单颗粒锆石。这些锆石多为短柱状，部分颗粒为粒状，粒径为100～200μm，长宽比为1∶1～3∶1。CL图像结果显示(图3–1)这些锆石内部具有典型的环带结构，Th/U平均值为0.47，说明为岩浆结晶形成的。锆石样品Pb含量为8×10^{-6}～69×10^{-6}，U含量为264×10^{-6}～3395×10^{-6}，去掉明显偏小的1个113Ma数据，其余数据点计算得到其$^{206}Pb/^{238}U$加权平均年龄为202±1Ma(图3–3b)，代表岩体的岩浆结晶时代。

样品D6114RZ位于石场山附近，岩性为中粒二长花岗岩，对该样品测定了25个单颗粒锆石。这些锆石多为短柱状，粒径为50～200μm，长宽比为1∶1～3∶1。CL图像结果显示(图3–1)这些锆石内部具有典型的环带结构，Th/U平均值为0.54，显示它们是岩浆成因的锆石。样品测定了25个单颗粒锆石，每个锆石1个点，表面年龄介于214～213Ma之间。锆石样品Pb含量为6×10^{-6}～113×10^{-6}，U含量为156×10^{-6}～3409×10^{-6}，25个测点分析数据点计算得到其$^{206}Pb/^{238}U$加权平均年龄为213±1Ma(图3–3c)，代表岩体的岩浆结晶时代。

样品TW1118–1岩性为中粒二长花岗岩，对该样品测定了20个单颗粒锆石。这些锆石多为短柱状，粒径为150～200μm，长宽比为1∶1～2∶1。CL图像结果显示(图3–2)这些锆石内部具有典型的环带结构，Th/U平均值为0.46，显示它们是岩浆结晶形成的。锆石样品Pb含量为3×10^{-6}～50×10^{-6}，U含量为70×10^{-6}～1520×10^{-6}，除去1个异常点，其余19个测点均落在谐和线上，出现两组年龄密集区，其中9个点加权平均年龄为209±1Ma，8个点加权平均年龄为220±1Ma(图3–3d)，所以220～209Ma可以代表岩体的岩浆结晶时代。

样品TWT324–1位于宝居力河西北，岩性为似斑状粗中粒二长花岗岩，对该样品测定了20个单颗粒锆石。这些锆石多为长、短柱状，粒径为150～200μm，长宽比为1∶1～2∶1。CL图像结果显示(图3–2)这些锆石内部具有典型的环带结构，Th/U平均值为0.413，它们是岩浆结晶形成的。样品测定了20个单颗粒锆石，表面年龄介于252～223Ma之间。锆石样品Pb含量为2×10^{-6}～33×10^{-6}，U含量为59×10^{-6}～961×10^{-6}，20个测点均落在谐和线上，去除其中1个250Ma年龄为外，其他19个锆石年龄全部位于谐和线上及其附近，$^{206}Pb/^{238}U$的加权平均年龄为224±1Ma(图3–3e)，时代为晚三叠世，代表了岩体侵位年龄而年龄为250Ma的锆石可能是岩浆在侵位过程中捕获到围岩中的锆石。

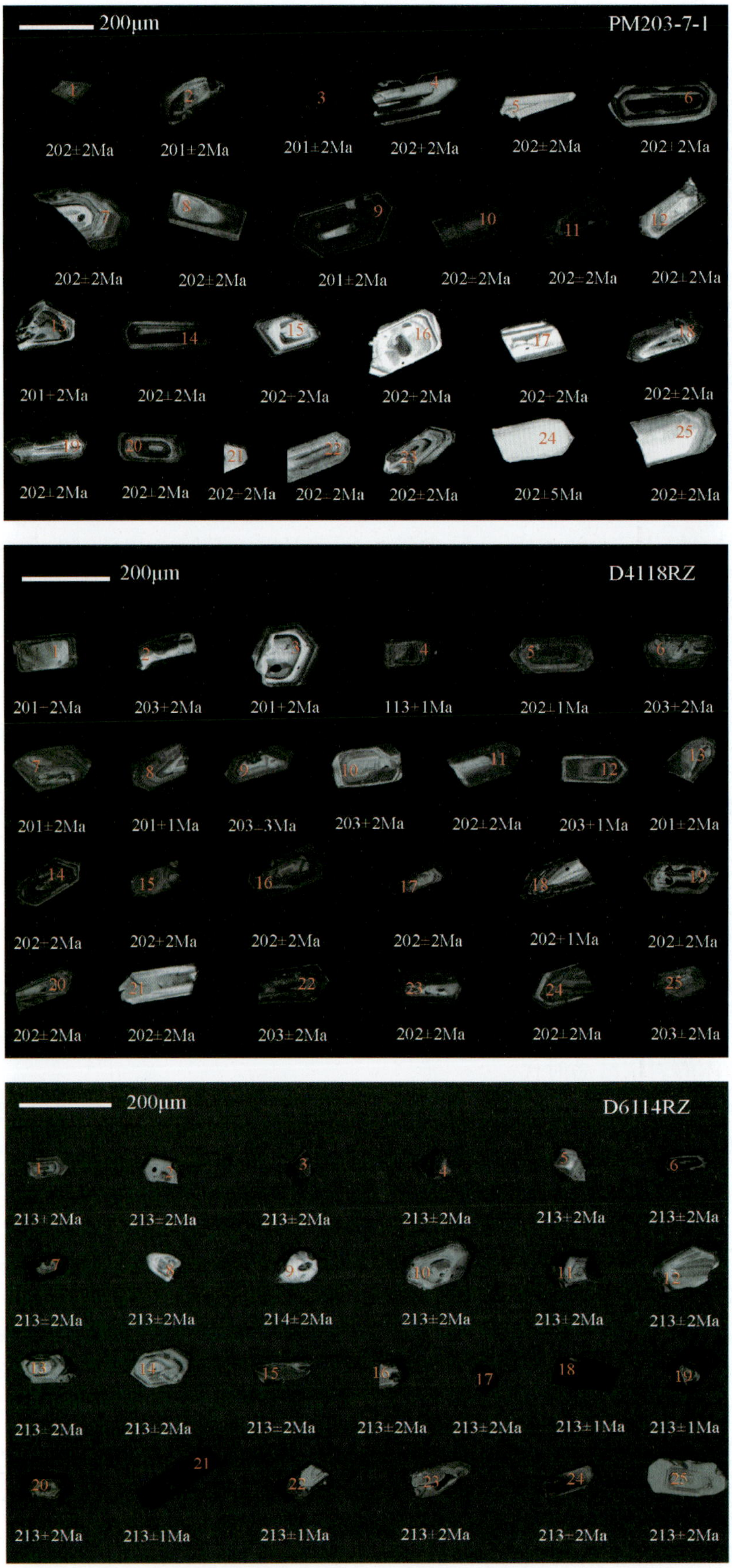

图 3-1　晚三叠世花岗岩锆石 CL 图像(一)

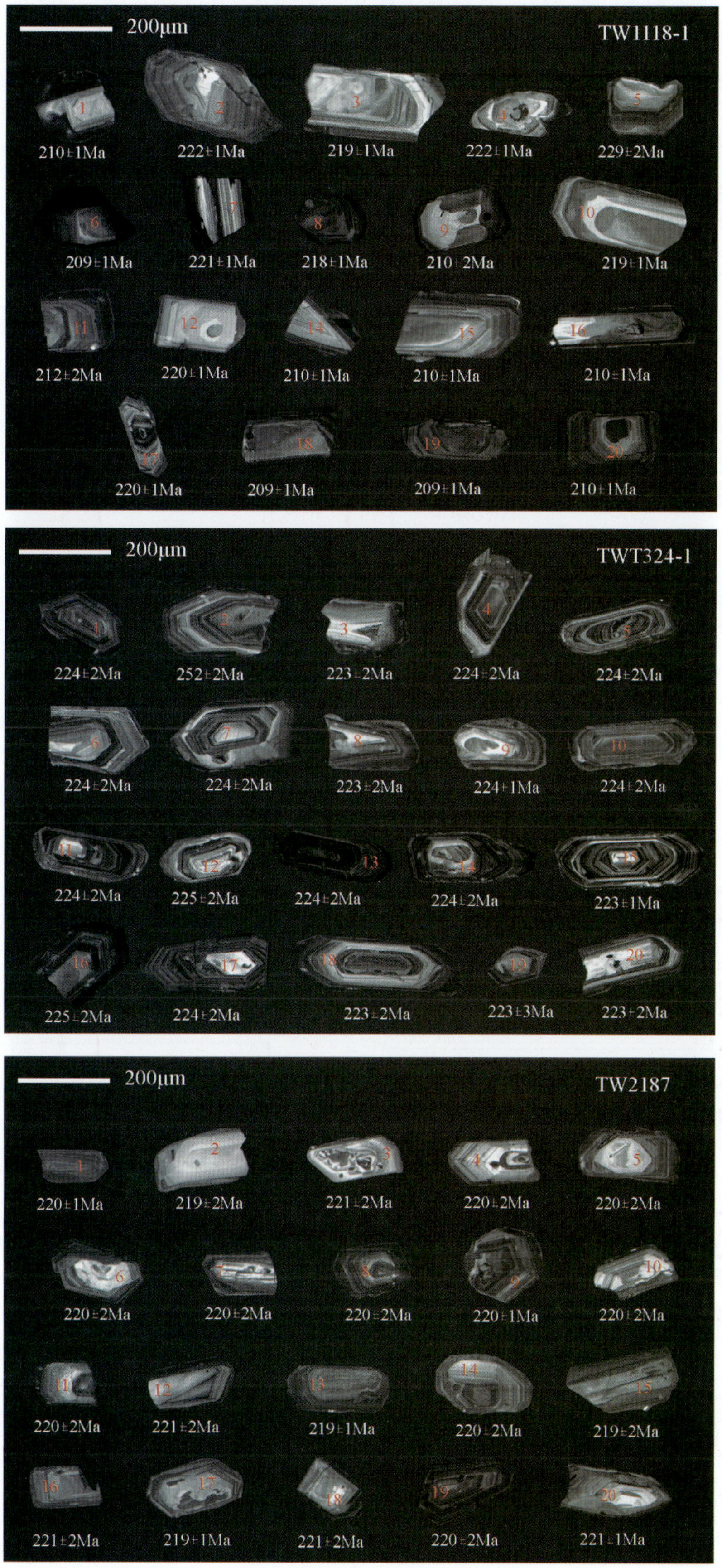

图 3-2 晚三叠世花岗岩锆石 CL 图像(二)

样品 TW2187 位于敖兰三队附近，岩性为巨晶正长花岗岩，对该样品测定了 20 个单颗粒锆石。这些锆石多为长柱状，粒径为 150～200μm，长宽比为 1∶1～3∶1。CL 图像结果显示（图 3-2）这些锆石内部具有典型的环带结构，Th/U 平均值为 0.46，显示锆石为岩浆结晶成因。锆石表面年龄介于 221～219Ma 之间。锆石样品 Pb 含量为 $2\times10^{-6}\sim50\times10^{-6}$，U 含量为 $63\times10^{-6}\sim797\times10^{-6}$，20 个测点均落在谐和线上，20 个测点 $^{206}Pb/^{238}U$ 加权平均年龄为 220±1Ma（图 3-3f），时代为晚三叠世，代表了岩浆侵位的年龄。

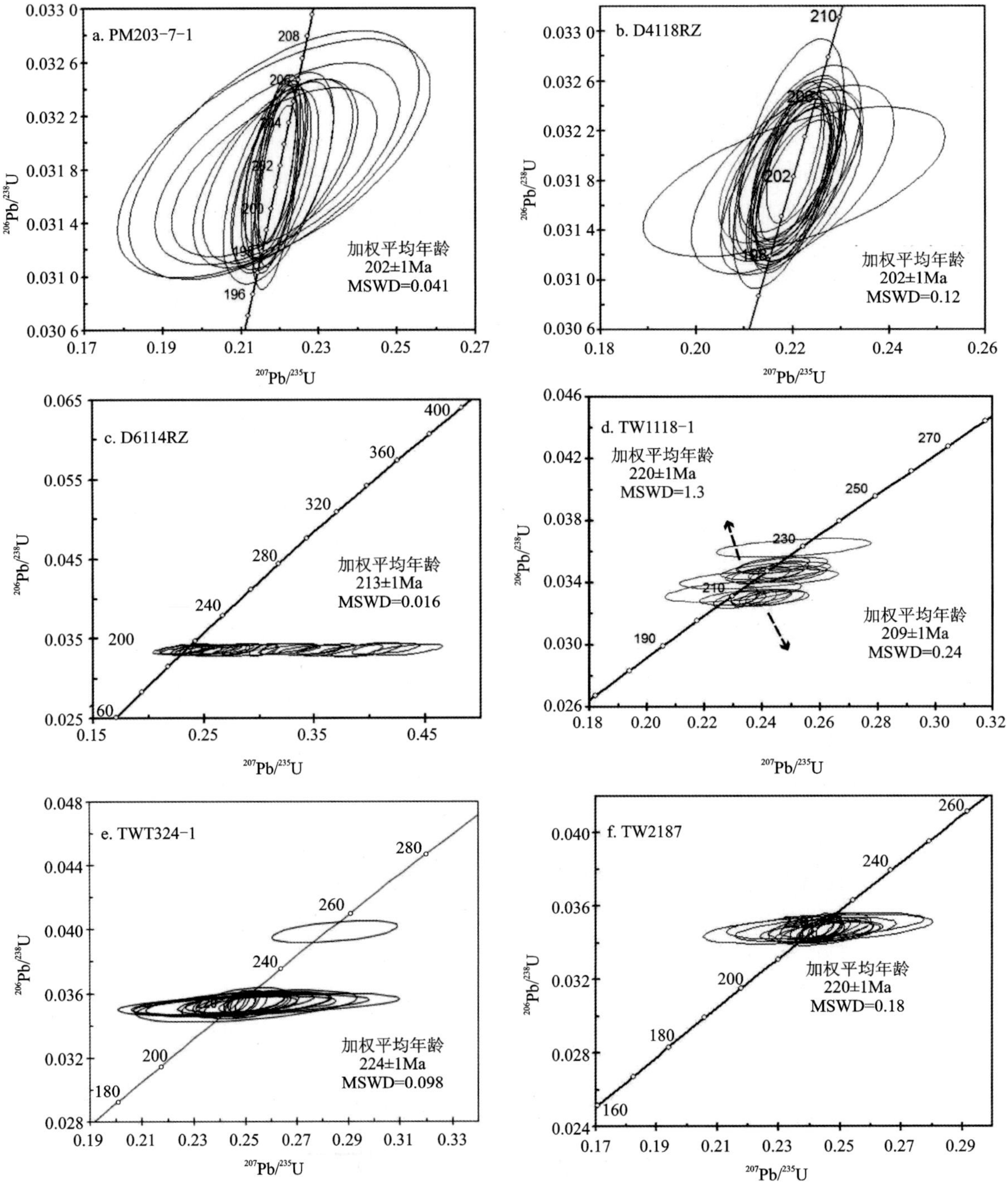

图 3-3　晚三叠世花岗岩锆石年龄谐和图

上述测年信息表明，似斑状细粒二长花岗岩形成年龄大致在 202Ma，中粒二长花岗岩形成年龄大致在 209Ma、213Ma、222Ma，似斑状粗中粒二长花岗岩形成年龄 224Ma，巨晶正长花岗岩形成年龄大致为 220Ma，显示该套侵入岩形成时代为晚三叠世。

二、晚三叠世花岗岩地球化学特征

(一)晚三叠世巨晶正长花岗岩

1. 常量元素特征

(1)岩石 SiO_2 含量变化在 73.71%～76.65%之间,平均值为 75.06%,具有富 SiO_2 特征。

(2)碱质含量高,且相对富 K_2O,Na_2O+K_2O 含量变化在 7.71%～9.12%之间,平均值为 8.45%,K_2O/Na_2O 平均值为 1.6。

(3)Ca、Mg 明显偏低,CaO=0.16%～0.47%,平均值为 0.3%;MgO=0.09%～0.23%,平均值为 0.16%;比 Yan 和 Chi(2005)定义的中国花岗岩的平均成分(CaO=1.34%;MgO=0.64%)要低得多;Ca 是随岩浆演化而流失比较明显的,反映了本区花岗岩经过较强的结晶分异作用。

(4)在 SiO_2 与碱度指数(AR)变异图中(图 3-4),属碱性岩石,AR 平均值为 3.1。

(5)岩石在 K_2O-SiO_2 图解(图 3-5)上显示高钾钙碱性系列岩石,结合矿物特征,可以对比于 Barbarin 分类中的高钾钙碱性花岗岩类(KCG)。

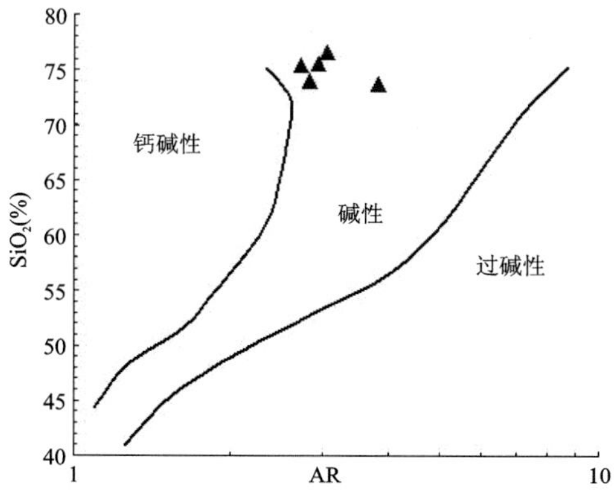

图 3-4 晚三叠世巨晶正长花岗岩 SiO_2-AR 图解

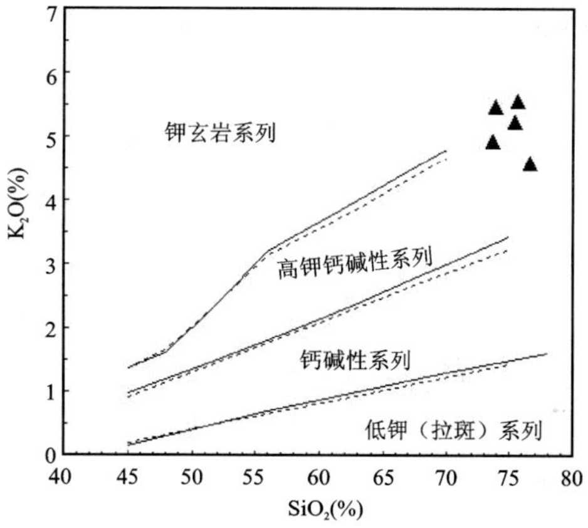

图 3-5 晚三叠世巨晶正长花岗岩 K_2O-SiO_2 图解

(6)岩石在 Na_2O-K_2O 图解(图 3-6)上均落于 A 型花岗岩区。副矿物特征显示富磁铁矿,常见条纹碱性长石。因此,本期二长花岗岩为高钾钙碱性系列,属过铝质花岗岩,成因类型为 A 型花岗岩。

(7)CIPW 标准矿物中碱性长石(A)高和斜长石(P)低,样品普遍出现刚玉(Cs),含量在 0.43%～2.04%之间,平均值为 1.3%。副矿物以出现萤石为特征。

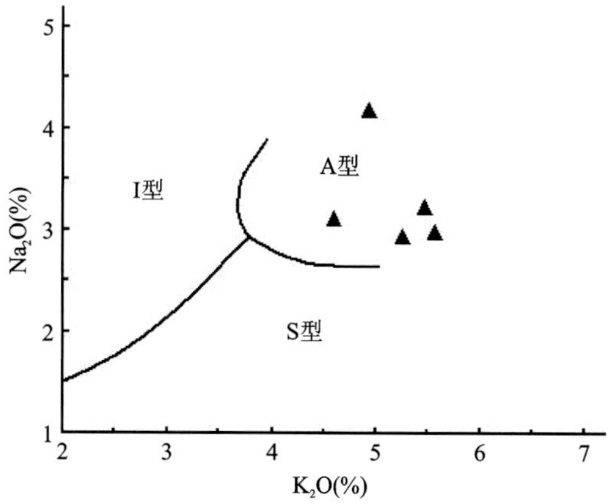

图 3-6 晚三叠世巨晶正长花岗岩 Na_2O-K_2O 图解

2. 稀土元素特征

(1)$\sum REE$ 含量为 162.85×10^{-6}～571.26×10^{-6},变化范围大,平均值为 348.07×10^{-6}。

(2)由于轻、重稀土元素的分馏程度较低[$(La/Yb)_N$=2.6～5.5,平均值为 4.3;LREE/HREE=1.4～2.2,平均

值为 1.7]，且发育中等到强烈的负铕异常（δEu=0.04～0.3，平均值为 0.15），表明岩浆形成过程中发生过斜长石的分异，其稀土配分曲线呈现向右缓倾的海鸥状（图 3-7），重稀土曲线水平分布且较富集，可能表明岩浆源区不存在石榴子石。源区存在斜长石而缺乏石榴子石的标志，表明本期岩浆源区可能比较浅。

3. 微量元素特征

（1）在原始地幔标准化微量元素蛛网图（图 3-8）上，巨晶正长花岗岩类明显富集 Rb、Th、K 等大离子亲石元素，而 Nb、Ta、Ti 等高场强元素和 Sr、P 相对亏损，具有明显的负异常特征。Rb/Sr 和 Rb/Ba 比值分别为 2.68～6.37 和 0.55～1.44，远高于原始地幔的相应值（Rb/Sr 和 Rb/Ba 分别为 0.029 和 0.088；Hofmann，1988），反映出岩浆经历了较高程度的分异演化。Nb/Ta 比值在 1.7～13.5 之间，远低于原始地幔和球粒陨石的 Nb/Ta 比值（17.5±2.0），表明原始岩浆不是主要来源于地幔。Sr 含量随着岩浆的演化，降低趋势加剧，与 δEu 值的变化相一致，反映岩浆演化晚期发生了以斜长石为主的分离结晶。

（2）岩石中 Sr 的含量平均值为 54.05×10^{-6}（43.34×10^{-6}～71.24×10^{-6}），小于 100×10^{-6}；Yb 含量平均值为 10.25×10^{-6}（5.07×10^{-6}～17.94×10^{-6}），大于 2×10^{-6}，表明岩石同样具有低 Sr、高 Yb 花岗岩特征。

晚三叠世巨晶正长花岗岩元素分析结果见表 3-1。

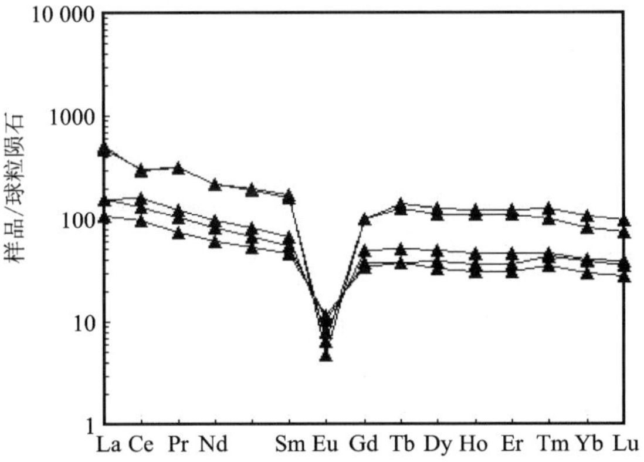

图 3-7　晚三叠世巨晶花岗岩稀土配分图

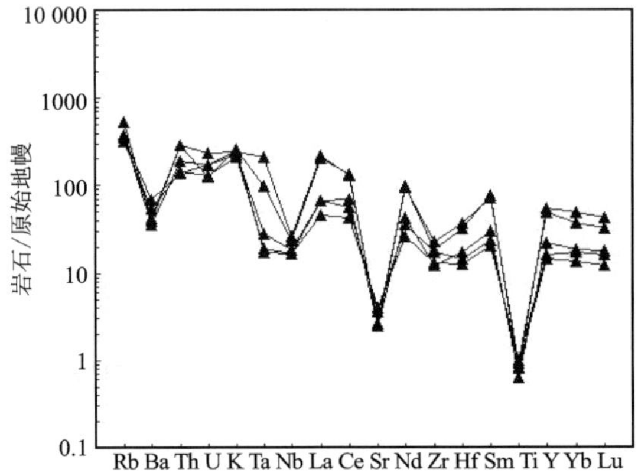

图 3-8　晚三叠世巨晶花岗岩微量元素蛛网图

表 3-1 晚三叠世巨晶正长花岗岩元素分析结果及特征参数

巨晶正长花岗岩常量元素结果及特征参数

样品编号	填图单位	SiO_2 (%)	TiO_2 (%)	Al_2O_3 (%)	Fe_2O_3 (%)	FeO (%)	MnO (%)	MgO (%)	CaO (%)	Na_2O (%)	K_2O (%)	P_2O_5 (%)	LOI (%)	总计 (%)	Na_2O+K_2O (%)	K_2O/Na_2O
D4082	$\xi\gamma T_3$	73.71	0.10	14.11	0.95	0.64	0.05	0.09	0.19	4.19	4.93	0.05	0.53	99.53	9.12	1.18
PM210-6	$\xi\gamma T_3$	75.62	0.15	11.80	2.35	1.37	0.03	0.23	0.30	2.98	5.57	0.04	0.77	101.21	8.55	1.87
WL2187	$\xi\gamma T_3$	76.65	0.13	11.80	0.57	1.22	0.04	0.13	0.47	3.12	4.59	0.05	0.95	99.72	7.71	1.47
WL2239	$\xi\gamma T_3$	73.93	0.16	13.16	0.88	1.58	0.04	0.21	0.37	3.23	5.47	0.08	0.53	99.65	8.70	1.69
PM208-73	$\xi\gamma T_3$	75.38	0.13	12.55	2.44	0.75	0.02	0.13	0.16	2.94	5.25	0.13	0.70	100.57	8.19	1.79

巨晶花岗岩 CIPW 标准矿物特征参数

样品编号	Q (%)	An (%)	Ab (%)	Or (%)	A (%)	P (%)	An% (%)	Cs (%)	Ilm (%)	Mt (%)	DI	A/CNK	SI	AR	R_1	R_2
D4082	30.03	0.59	35.8	29.45	63.88	1.96	28.73	1.68	0.19	1.11	95.27	1.123	0.86	3.83	2246	304
PM210-6	35.10	1.19	25.14	32.76	56.20	2.90	39.71	0.43	0.28	2.49	93.01	1.029	1.87	2.94	2565	274
WL2187	39.64	2.02	26.69	27.49	50.75	5.44	35.75	0.98	0.25	0.84	93.82	1.078	1.36	3.06	2908	292
WL2239	32.72	1.31	27.57	32.61	58.12	3.37	37.59	1.46	0.30	1.29	92.90	1.105	1.88	2.83	2449	311
PM208-73	37.32	0	24.89	31.12	56.01	0	0	2.04	0.25	2.07	93.34	1.162	1.13	2.72	2670	270

巨晶花岗岩稀土元素分析结果及特征参数

样品编号	La ($\times10^{-6}$)	Ce ($\times10^{-6}$)	Pr ($\times10^{-6}$)	Nd ($\times10^{-6}$)	Sm ($\times10^{-6}$)	Eu ($\times10^{-6}$)	Gd ($\times10^{-6}$)	Tb ($\times10^{-6}$)	Dy ($\times10^{-6}$)	Ho ($\times10^{-6}$)	Er ($\times10^{-6}$)	Tm ($\times10^{-6}$)	Yb ($\times10^{-6}$)	Lu ($\times10^{-6}$)	$(La/Yb)_N$	δEu	ΣREE ($\times10^{-6}$)
D4082	37.26	98.12	11.57	44.72	10.36	0.45	10.01	1.90	12.58	2.59	7.50	1.18	6.85	1.00	3.67	0.14	246.08
PM210-6	112.93	189.29	29.92	101.38	24.88	0.37	20.33	4.79	28.03	6.30	18.07	2.57	13.75	1.85	5.54	0.05	554.47
WL2187	37.12	80.89	9.89	37.98	8.21	0.59	7.73	1.39	8.41	1.72	5.10	0.89	5.07	0.70	4.94	0.22	205.67
WL2239	25.25	60.12	7.00	28.25	7.01	0.67	6.90	1.38	9.71	2.04	6.06	1.09	6.48	0.90	2.62	0.30	162.85
PM208-73	119.54	182.91	30.37	103.21	26.25	0.28	20.34	5.22	32.17	7.03	20.36	3.18	17.94	2.45	4.49	0.04	571.26

巨晶花岗岩微量元素分析结果及特征参数

样品编号	Ba ($\times10^{-6}$)	Rb ($\times10^{-6}$)	Sr ($\times10^{-6}$)	Y ($\times10^{-6}$)	Zr ($\times10^{-6}$)	Th ($\times10^{-6}$)	U ($\times10^{-6}$)	Nb ($\times10^{-6}$)	Ta ($\times10^{-6}$)	Ni ($\times10^{-6}$)	V ($\times10^{-6}$)	Cr ($\times10^{-6}$)	Co ($\times10^{-6}$)	Li ($\times10^{-6}$)	Sr/Y	Rb/Sr	Rb/Ba
D4082	181.06	198.93	44.34	73.85	99.89	12.10	3.08	10.24	1.11	4.51	8.06	16.68	1.86	5.37	0.60	4.49	1.10
PM210-6	214.06	209.13	43.34	168.49	185.71	18.71	2.26	13.35	3.98	7.04	2.98	17.81	4.08	26.43	0.26	4.83	0.98
WL2187	274.77	173.99	65.02	48.70	145.22	9.27	2.31	9.30	0.76	4.44	11.14	15.44	1.75	15.22	1.34	2.68	0.63
WL2239	347.96	192.16	71.24	55.29	108.69	8.84	3.11	9.43	0.70	7.23	12.47	16.71	2.97	20.30	1.29	2.70	0.55
PM208-73	204.17	294.88	46.32	184.51	155.05	18.50	4.26	14.57	8.56	3.05	4.89	8.13	3.46	28.11	0.25	6.37	1.44

注：样品均由沈阳地质调查中心测试中心分析。Q. 石英；An. 钙长石；Ab. 钠长石；Or. 钾长石；A. 碱性长石；P. 斜长石；An%. 钙长石在长石中占比；Cs. 刚玉；Ilm. 钛铁矿；Mt. 磁铁矿；DI. 分异指数；SI. 固结指数；AR. 碱度指数；R_1 = 4Si－11(Na＋K)－2(Fe＋Ti)；R_2 = 6Ca＋2Mg＋Al。

(二)晚三叠世似斑状粗中粒二长花岗岩

1. 常量元素特征

(1)富 SiO_2,SiO_2含量变化在 72.57%~77.65%之间,平均值为 75.24%。

(2)碱质含量高,且相对富 K_2O,Na_2O+K_2O 含量变化在 7.11%~9.06%之间,平均值为 8.3%,K_2O/Na_2O 平均值为 1.43。

(3)Ca、Mg 含量明显偏低,CaO=0.16%~0.5%,平均值为 0.3%;MgO=0.06%~0.26%,平均值为 0.13%;比 Yan 和 Chi(2005)定义的中国花岗岩的平均成分(CaO=1.34%;MgO=0.64%)要低得多;Ca 是随岩浆演化而流失比较明显的,反映了本区花岗岩经过较强的结晶分异作用。

(4)在 SiO_2与碱度指数(AR)分析后,其属碱性岩石,AR 平均值为 3.2。

(5)岩石在 K_2O-SiO_2图解(图 3-9)上显示属高钾钙碱性系列岩石;结合矿物特征,可以对比于 BarBarin 分类中的高钾钙碱性花岗岩类(KCG)。

(6)岩石在 Na_2O-K_2O 图解(图 3-10)上多落于 A 型花岗岩区,个别落于 I 型花岗岩、S 型花岗岩区。副矿物特征显示富磁铁矿,条纹碱性长石常见。因此,本期二长花岗岩为高钾钙碱性系列,属过铝质花岗岩,成因类型为 A 型花岗岩。

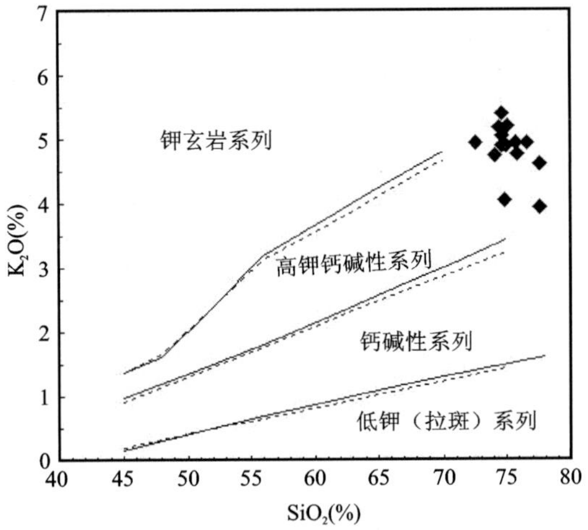

图 3-9 晚三叠世似斑状粗中粒二长花岗岩 K_2O-SiO_2图解

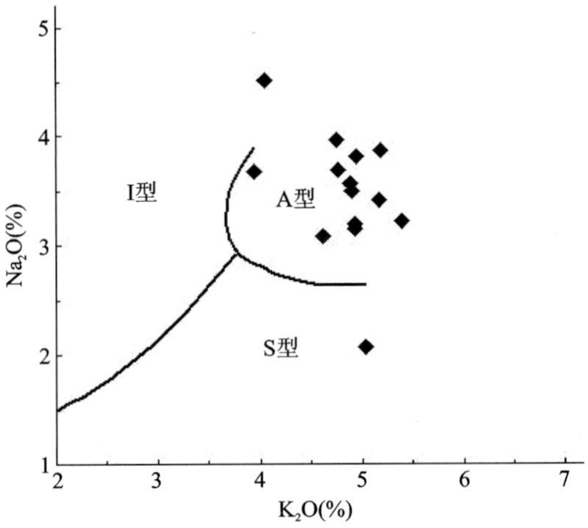

图 3-10 晚三叠世似斑状粗中粒二长花岗岩 Na_2O-K_2O 图解

(7)CIPW 标准矿物中碱性长石(A)高和斜长石(P)低,样品普遍出现刚玉(Cs),含量在 0.98%~2.9%之间,平均值为 1.7%。副矿物以出现萤石为特征。

2. 稀土元素特征

(1)$\sum$REE 含量为 93.17×10^{-6}~453.3×10^{-6},变化大,平均值为 177.08×10^{-6}。

(2)由于轻、重稀土的分馏程度较低[$(La/Yb)_N$=0.4~3.6,平均值为 1.7;LREE/HREE=0.4~2.4,平均值为 1.2],且发育中等到强烈的负铕异常(δEu=0.04~0.42,平均值为 0.15),表明岩浆形成过程中发生过斜长石的分异,稀土配分曲线呈现向右缓倾海鸥状(图 3-11),重稀土曲线水平分布且较富集,可能表明岩浆源区不存在石榴子石等富含重稀土的矿物。源区存在斜长石而缺乏石榴子石的标志,表明本期岩浆源区可能比较浅。

3. 微量元素特征

(1)在原始地幔标准化微量元素蛛网图(图 3-12)上,A 型花岗岩类明显富集 Rb、Th、K 等大离子亲石元素,而 Nb、Ta、Ti 等高场强元素和 Sr、P 相对亏损,具有明显的负异常特征。Rb/Sr 和 Rb/Ba 比值分别为 4.47～17.51 和 0.91～6.3,远高于原始地幔的相应值(Rb/Sr 和 Rb/Ba 分别为 0.029 和 0.088;Hofmann,1988),反映出岩浆经历了较高程度的分异演化。Nb/Ta 比值在 2.8～13.6 之间,远低于原始地幔和球粒陨石的 Nb/Ta 比值(17.5±2.0),表明原始岩浆不是来源于地幔。Sr 含量随着岩浆的演化,降低趋势加剧,这同 δEu 值的变化相一致,反映岩浆演化晚期发生了以斜长石为主的分离结晶。

(2)岩石中 Sr 的含量平均值为 28.9×10^{-6}(21.3×10^{-6}～50.7×10^{-6}),小于 100×10^{-6};Yb 含量平均值为 10.25×10^{-6}(5.46×10^{-6}～16.96×10^{-6}),大于 2×10^{-6}。此特征属于张旗等(2006a)研究中酸性岩浆岩(包括 SiO_2 大于 56%的中酸性火山岩和侵入岩)时,按 Sr 和 Yb 两个非常有地质意义的地球化学指标分类中划分的非常低 Sr、高 Yb 花岗岩类型。

晚三叠世似斑状粗中粒二长花岗岩元素分析结果见表 3-2。

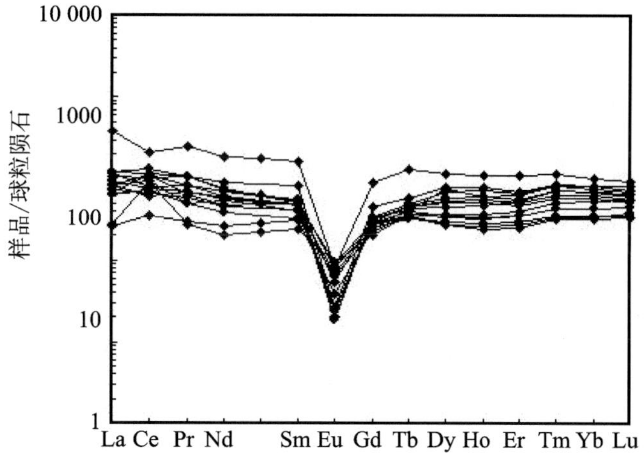

图 3-11 晚三叠世似斑状粗中粒二长花岗岩稀土配分图

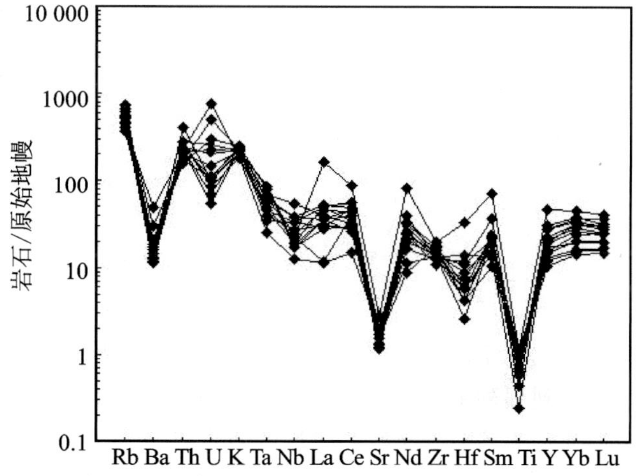

图 3-12 晚三叠世似斑状粗中粒二长花岗岩微量元素蜘蛛网图

表 3-2 晚三叠世似斑状粗中粒二长花岗岩元素分析结果及特征参数

似斑状粗中粒二长花岗岩常量元素分析结果及特征参数

样品编号	填图单位	SiO_2 (%)	TiO_2 (%)	Al_2O_3 (%)	Fe_2O_3 (%)	FeO (%)	MnO (%)	MgO (%)	CaO (%)	Na_2O (%)	K_2O (%)	P_2O_5 (%)	LOI (%)	总计 (%)	Na_2O+K_2O (%)	K_2O/Na_2O
PM203-2-3	$\eta\gamma^{bcz}T_3$	74.98	0.11	13.68	0.48	0.90	0.03	0.11	0.18	3.50	4.90	0.04	0.81	99.72	8.40	0.71
PM203-4-2	$\eta\gamma^{bcz}T_3$	75.77	0.13	13.40	0.27	0.68	0.02	0.09	0.20	3.20	4.93	0.04	0.93	99.66	8.13	0.65
PM203-6-2	$\eta\gamma^{bcz}T_3$	75.05	0.07	13.46	0.54	0.68	0.02	0.09	0.18	3.87	5.19	0.07	0.58	99.80	9.06	0.75
PM203-6-3	$\eta\gamma^{bcz}T_3$	77.63	0.10	11.92	0.47	0.93	0.02	0.08	0.32	3.09	4.61	0.03	0.52	99.72	7.70	0.67
PM203-6-5	$\eta\gamma^{bcz}T_3$	74.41	0.11	13.97	0.32	0.88	0.02	0.08	0.20	3.41	5.17	0.04	1.13	99.74	8.58	0.66
PM205-15	$\eta\gamma^{bcz}T_3$	76.56	0.09	12.06	1.86	1.20	0.04	0.11	0.16	3.16	4.93	0.04	0.70	100.91	8.09	0.64
PM206-2-1	$\eta\gamma^{bcz}T_3$	74.67	0.15	12.91	2.05	0.97	0.04	0.18	0.42	3.56	4.89	0.04	0.86	100.74	8.45	0.73
PM206-6-1	$\eta\gamma^{bcz}T_3$	74.87	0.18	13.36	1.78	0.93	0.03	0.12	0.25	4.52	4.04	0.05	0.69	100.82	8.56	1.12
PM206-8-1	$\eta\gamma^{bcz}T_3$	74.08	0.12	13.68	1.79	0.90	0.04	0.14	0.40	3.97	4.75	0.03	0.82	100.72	8.72	0.84
PM206-8-2	$\eta\gamma^{bcz}T_3$	72.57	0.16	14.10	2.38	1.04	0.05	0.18	0.38	3.81	4.94	0.04	1.22	100.87	8.75	0.77
PM206-16-1	$\eta\gamma^{bcz}T_3$	75.81	0.10	12.73	1.85	1.05	0.05	0.12	0.32	3.69	4.77	0.03	0.37	100.89	8.46	0.77
PM206-21-1	$\eta\gamma^{bcz}T_3$	74.60	0.17	13.24	2.15	1.13	0.06	0.15	0.27	3.23	5.39	0.04	0.48	100.91	8.62	0.60
PM207-39	$\eta\gamma^{bcz}T_3$	74.69	0.19	12.49	2.96	1.44	0.04	0.26	0.50	2.07	5.04	0.07	1.48	101.23	7.11	0.41
WLT324-1	$\eta\gamma^{bcz}T_3$	77.65	0.04	12.21	0.24	0.86	0.02	0.06	0.47	3.68	3.94	0.04	0.53	99.74	7.62	0.93

似斑状粗中粒二长花岗岩 CIPW 标准矿物特征参数

样品编号	Q (%)	An (%)	Ab (%)	Or (%)	A (%)	P (%)	An% (%)	Cs (%)	Ilm (%)	Mt (%)	DI	A/CNK	SI	AR	R_1	R_2
PM203-2-3	35.30	0.64	29.94	29.28	57.97	1.89	32.46	2.41	0.21	0.70	94.52	1.201	1.11	3.04	2592	296
PM203-4-2	37.93	0.74	27.43	29.51	55.62	2.05	34.74	2.56	0.25	0.40	94.87	1.222	0.98	2.78	2763	292
PM203-6-2	32.28	0.44	33.00	30.91	63.00	1.35	31.21	1.33	0.13	0.79	96.19	1.093	0.87	3.62	2394	290
PM203-6-3	41.08	1.40	26.36	27.46	51.38	3.85	35.11	1.35	0.19	0.69	94.90	1.119	0.87	3.04	2978	274
PM203-6-5	34.28	0.74	29.26	30.98	58.91	2.08	34.33	2.53	0.21	0.47	94.53	1.207	0.81	2.86	2535	304
PM205-15	38.05	0.53	26.70	29.09	54.84	1.47	34.73	1.33	0.17	2.01	93.84	1.114	0.98	3.14	2736	259
PM206-2-1	33.54	1.83	30.18	28.95	55.75	5.21	33.73	1.09	0.29	2.01	92.67	1.084	1.55	3.29	2487	308
PM206-6-1	31.92	0.91	38.22	23.86	59.36	3.63	24.04	1.22	0.34	1.81	94.00	1.089	1.06	4.39	2359	295
PM206-8-1	31.24	1.79	33.64	28.11	57.95	5.60	30.74	1.35	0.23	1.81	93.00	1.103	1.22	3.59	2343	319
PM206-8-2	29.86	1.63	32.38	29.32	58.46	4.87	32.16	1.90	0.31	2.30	91.56	1.146	1.47	3.22	2241	328
PM206-16-1	34.42	1.39	31.08	28.06	56.34	4.18	31.85	0.98	0.19	1.93	93.56	1.077	1.05	3.60	2532	289
PM206-21-1	33.60	1.07	27.23	31.74	57.24	2.80	36.96	1.69	0.32	2.19	92.57	1.138	1.25	2.83	2461	295
PM207-39	41.01	2.03	17.58	29.89	45.37	4.13	47.64	2.90	0.36	2.69	88.48	1.278	2.23	1.94	2951	313
WLT324-1	39.88	2.09	31.39	23.47	50.12	6.83	29.32	1.14	0.08	0.35	94.74	1.093	0.68	3.77	2935	295

续表 3-2

似斑状粗中粒二长花岗岩稀土元素分析结果及特征参数

样品编号	La ($\times10^{-6}$)	Ce ($\times10^{-6}$)	Pr ($\times10^{-6}$)	Nd ($\times10^{-6}$)	Sm ($\times10^{-6}$)	Eu ($\times10^{-6}$)	Gd ($\times10^{-6}$)	Tb ($\times10^{-6}$)	Dy ($\times10^{-6}$)	Ho ($\times10^{-6}$)	Er ($\times10^{-6}$)	Tm ($\times10^{-6}$)	Yb ($\times10^{-6}$)	Lu ($\times10^{-6}$)	$(La/Yb)_N$	δEu	ΣREE ($\times10^{-6}$)
PM203-2-3	28.41	71.00	10.26	42.41	12.74	0.15	9.51	2.17	19.87	4.37	11.71	2.17	14.08	1.83	1.36	0.04	230.68
PM203-4-2	21.70	46.30	6.72	26.93	7.51	0.11	6.88	1.85	17.72	4.08	11.01	2.09	13.02	1.73	1.12	0.05	167.65
PM203-6-2	16.86	40.24	5.52	21.10	6.40	0.14	5.92	1.76	14.96	3.45	9.48	1.82	11.89	1.58	0.96	0.07	141.12
PM203-6-3	26.83	49.04	7.94	32.14	8.49	0.14	6.68	1.68	13.24	2.96	7.91	1.51	9.89	1.33	1.83	0.06	169.78
PM203-6-5	19.70	38.13	6.59	25.70	7.50	0.12	6.26	1.73	13.88	3.19	8.58	1.62	10.63	1.44	1.25	0.05	145.07
PM205-15	16.00	69.01	6.14	22.52	7.58	0.31	7.00	1.57	19.43	3.50	10.61	2.08	13.94	2.10	0.77	0.13	181.79
PM206-2-1	19.41	56.25	4.64	24.73	6.22	0.40	5.13	1.23	7.63	1.63	4.83	0.90	6.09	0.91	2.15	0.21	140.00
PM206-6-1	28.33	80.03	10.07	35.46	7.84	0.49	5.65	1.25	6.96	1.47	4.51	0.86	5.84	0.97	3.27	0.22	189.73
PM206-8-1	19.89	67.75	7.76	28.04	7.24	0.55	5.77	1.49	8.89	1.87	5.85	1.11	7.43	1.17	1.80	0.25	164.81
PM206-8-2	25.30	63.43	10.01	34.43	8.10	0.46	5.79	1.34	6.91	1.38	4.21	0.81	5.46	0.84	3.12	0.20	168.47
PM206-16-1	15.25	43.65	4.60	17.65	5.01	0.37	4.58	1.37	8.55	1.86	5.70	1.09	7.49	1.13	1.37	0.23	118.30
PM206-21-1	6.42	57.66	2.57	9.32	3.73	0.54	4.09	1.36	9.27	2.11	6.54	1.30	8.96	1.44	0.48	0.42	115.31
PM207-39	90.88	125.84	23.70	87.88	24.47	0.48	18.35	4.86	29.71	6.35	18.52	2.94	16.96	2.36	3.61	0.07	453.30
WLT324-1	6.25	21.67	2.85	12.18	4.76	0.22	5.01	1.66	11.64	2.67	8.93	1.82	11.80	1.71	0.36	0.14	93.17

似斑状粗中粒二长花岗岩微量元素分析结果及特征参数

样品编号	Ba ($\times10^{-6}$)	Rb ($\times10^{-6}$)	Sr ($\times10^{-6}$)	Y ($\times10^{-6}$)	Zr ($\times10^{-6}$)	Th ($\times10^{-6}$)	U ($\times10^{-6}$)	Nb ($\times10^{-6}$)	Ta ($\times10^{-6}$)	Ni ($\times10^{-6}$)	V ($\times10^{-6}$)	Cr ($\times10^{-6}$)	Co ($\times10^{-6}$)	Li ($\times10^{-6}$)	Sr/Y	Rb/Sr	Rb/Ba
PM203-2-3	64.89	343.98	22.95	104.13	108.09	14.94	0.99	21.67	2.47	8.80	6.43	25.28	3.47	42.19	0.22	14.99	5.30
PM203-4-2	82.43	370.29	21.30	95.65	112.70	26.38	1.84	30.84	2.76	7.83	5.02	23.43	3.36	40.10	0.22	17.38	4.49
PM203-6-2	150.88	288.44	24.15	77.09	120.70	10.99	1.94	15.33	1.59	6.52	8.91	19.26	2.86	22.39	0.31	11.94	1.91
PM203-6-3	71.26	362.68	24.45	64.65	115.05	15.22	1.82	18.39	1.83	5.04	3.81	20.13	1.87	108.73	0.38	14.83	5.09
PM203-6-5	65.29	411.41	23.50	71.64	91.21	14.71	2.02	21.30	2.31	4.69	7.34	17.09	1.57	55.48	0.33	17.51	6.30
PM205-15	86.31	311.93	21.99	96.79	113.32	10.92	8.93	18.95	1.39	8.77	3.97	20.07	5.46	9.30	0.23	14.19	3.61
PM206-2-1	84.10	254.57	36.62	44.46	126.84	15.38	3.70	9.46	3.40	5.73	9.78	17.77	2.79	12.16	0.82	6.95	3.03
PM206-6-1	57.53	247.54	30.38	40.69	145.50	18.01	1.53	10.56	1.80	5.14	8.14	21.86	3.69	15.40	0.75	8.15	4.30
PM206-8-1	66.24	259.22	27.37	58.61	112.40	17.89	4.61	10.30	3.59	6.50	8.50	20.33	3.12	18.77	0.47	9.47	3.91
PM206-8-2	73.94	260.49	35.80	35.59	133.99	15.19	1.25	13.55	2.48	8.40	11.79	14.75	3.98	11.31	1.01	7.28	3.52
PM206-16-1	59.93	257.49	22.98	50.06	102.85	12.83	2.72	9.66	3.38	7.26	8.47	20.12	2.70	17.68	0.46	11.20	4.30
PM206-21-1	102.96	293.56	28.04	53.39	142.15	10.28	5.33	12.54	3.16	6.31	10.89	17.25	2.82	10.16	0.53	10.47	2.85
PM207-39	248.36	226.53	50.70	161.41	165.88	13.42	4.00	12.34	1.95	6.13	4.36	6.24	3.79	35.06	0.31	4.47	0.91
WLT324-1	94.38	202.63	34.36	68.11	111.09	14.38	13.78	6.96	1.01	7.82	6.06	15.36	3.69	3.99	0.50	5.90	2.15

注：样品均由沈阳地质调查中心测试中心分析。Q. 石英；An. 钙长石；Ab. 钠长石；Or. 钾长石；A. 碱性长石；P. 斜长石；An%. 钙长石在长石中占比；Cs. 刚玉；Ilm. 钛铁矿；Mt. 磁铁矿；DI. 分异指数；SI. 固结指数；AR. 碱度指数；$R_1=4Si-11(Na+K)-2(Fe+Ti)$；$R_2=6Ca+2Mg+Al$。

(三)晚三叠世中粒二长花岗岩

1. 常量元素特征

(1)岩石富 SiO_2,SiO_2 含量变化在 70.54%~76.92%之间,平均值为 74.23%。

(2)碱质含量高,且相对富 K_2O,Na_2O+K_2O 含量变化在 7.65%~11.21%之间,平均值为 8.9%,K_2O/Na_2O 平均值为 1.3。

(3)Ca、Mg 明显偏低,CaO=0.14%~0.9%,平均值为 0.39%;MgO=0.07%~0.34%,平均值为 0.17%;比 Yan 和 Chi(2005)定义的中国花岗岩的平均成分(CaO=1.34%;MgO=0.64%)要低得多;Ca 是随岩浆演化而流失比较明显的,反映了本区花岗岩经过较强的结晶分异作用。

(4)在 SiO_2 与碱度指数(AR)变异图中(图略),除了个别样品,岩石均属碱性岩石,AR 平均值为 3.7。

(5)岩石在 K_2O-SiO_2 图解(图 3-13)上多数样品落在高钾钙碱性系列岩石区,一小部分样品落在钾玄岩系列岩石区,个别样品落在钙碱性岩石区。

(6)岩石在 Na_2O-K_2O 图解(图 3-14)上基本均落于 A 型花岗岩区。副矿物特征显示富磁铁矿,常见条纹碱性长石。因此,本期二长花岗岩为高钾钙碱性系列,属过铝质花岗岩,成因类型为 A 型花岗岩。

(7)CIPW 标准矿物中碱性长石(A)高和斜长石(P)低,部分样品出现刚玉(Cs),部分样品出现透辉石(Di)。副矿物以出现萤石为特征。

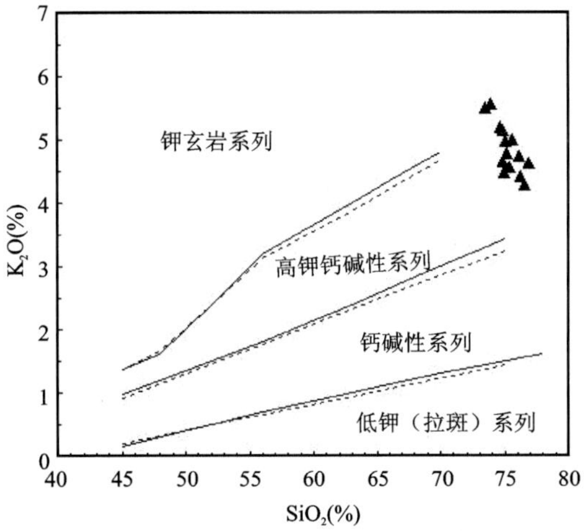

图 3-13 晚三叠世中粒二长花岗岩 K_2O-SiO_2 图解

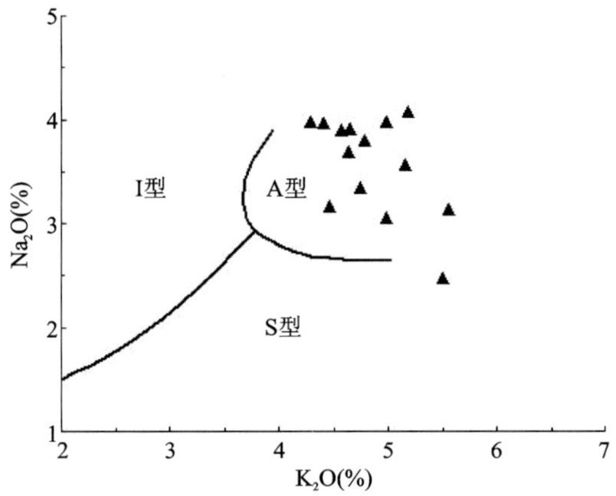

图 3-14 晚三叠世中粒二长花岗岩 Na_2O-K_2O 图解

2. 稀土元素特征

(1)∑REE 含量在 48.9×10^{-6}~547.84×10^{-6}之间,变化大,平均值为 179.19×10^{-6}。

(2)由于轻、重稀土的分馏程度较低[$(La/Yb)_N$=0.3~12.5,平均值为 2.6;LREE/HREE=0.4~2.8,平均值为 1.3],且发育强烈的负铕异常(δEu=0.01~0.33,平均值为 0.14),表明岩浆形成过程中发生过斜长石的分异,其稀土配分曲线呈现向右缓倾的海鸥状(图 3-15),重稀土曲线水平分布且较富集。

3. 微量元素特征

(1)在原始地幔标准化微量元素蛛网图(图 3-16)上,A 型花岗岩类明显富集 Rb、Th、K 等大离子亲石元素，而 Nb、Ta、Ti 等高场强元素和 Sr、P 相对亏损，具有明显的负异常特征。Rb/Sr 和 Rb/Ba 比值分别为 1.61～41.53 和 0.68～8.16，远高于原始地幔的相应值（Rb/Sr 和 Rb/Ba 分别为 0.029 和 0.088；Hofmann，1988），反映出岩浆经历了较高程度的分异演化。Nb/Ta 比值除了个别样品 38.12 外，多数在 0.72～8.2 之间，远低于原始地幔和球粒陨石的 Nb/Ta 比值（17.5±2.0），表明原始岩浆不是来源于地幔。

（2）岩石中 Sr 的含量平均值为 35.09×10^{-6}（12.06×10^{-6}～64.84×10^{-6}），小于 100×10^{-6}；Yb 含量平均值为 10.07×10^{-6}（2.83×10^{-6}～35.36×10^{-6}），大于 2×10^{-6}，此特征属于张旗等（2006a）划分的非常低 Sr、高 Yb 花岗岩类型。

晚三叠世中粒二长花岗岩元素分析结果见表 3-3。

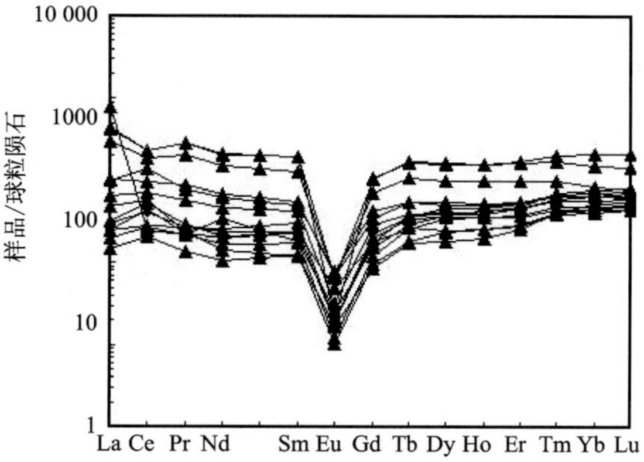

图 3-15 晚三叠世中粒二长花岗岩稀土配分图

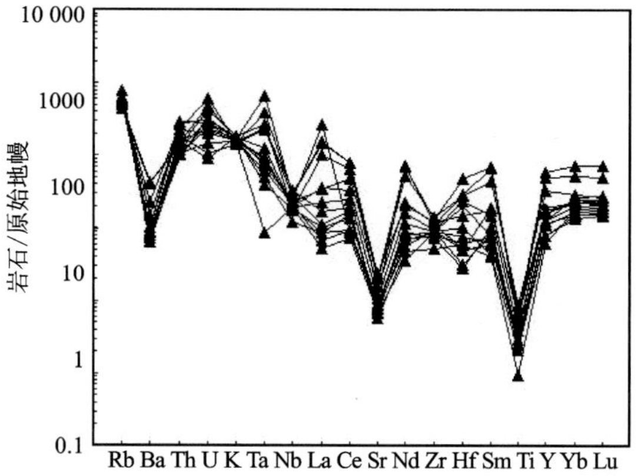

图 3-16 晚三叠世中粒二长花岗岩微量元素蛛网图

（四）晚三叠世似斑状细中粒二长花岗岩

1. 常量元素特征

（1）岩石富 SiO_2，SiO_2 含量变化在 73.77%～77.69%之间，平均值为 75.9%。

（2）碱质含量较高，且相对富 K_2O，Na_2O+K_2O 含量变化在 6.7%～8.81%之间，平均值为 7.82%，K_2O/Na_2O 平均值为 1.32。

（3）Ca、Mg 明显偏低，CaO=0.13%～1.01%，平均值为 0.55%；MgO=0.08%～0.32%，平均值为 0.2%；比 Yan 和 Chi（2005）定义的中国花岗岩的平均成分（CaO=1.34%；MgO=0.64%）要低得多；Ca 是随岩浆演化而流失比较明显的，反映了本区花岗岩经过较强的结晶分异作用。

表 3-3　晚三叠世中粒二长花岗岩元素分析结果及特征参数

中粒二长花岗岩常量元素分析结果及特征参数															
样品编号	填图单位	SiO_2 (%)	TiO_2 (%)	Al_2O_3 (%)	Fe_2O_3 (%)	FeO (%)	MnO (%)	MgO (%)	CaO (%)	Na_2O (%)	K_2O (%)	P_2O_5 (%)	LOI (%)	总计 (%)	Na_2O+K_2O (%)	K_2O/Na_2O
D4120	$\eta\gamma T_3$	75.33	0.07	13.23	0.86	0.81	0.05	0.07	0.38	3.89	4.57	0.04	0.49	99.80	8.47	1.17
D6114	$\eta\gamma T_3$	74.65	0.08	13.48	0.86	0.63	0.03	0.07	0.14	4.08	5.19	0.07	0.50	99.78	9.27	1.27
PM206-51-1	$\eta\gamma T_3$	75.61	0.06	13.25	1.13	0.56	0.02	0.08	0.24	3.98	4.99	0.04	0.42	100.38	8.97	1.25
PM206-51-2	$\eta\gamma T_3$	74.87	0.06	13.03	2.01	1.10	0.04	0.07	0.37	3.91	4.65	0.21	0.61	100.91	8.56	1.19
PM206-51-3	$\eta\gamma T_3$	74.82	0.06	13.49	1.69	0.63	0.05	0.09	0.14	3.56	5.16	0.04	0.78	100.51	8.72	1.45
PM206-53-1	$\eta\gamma T_3$	75.18	0.06	13.23	1.60	0.77	0.05	0.07	0.26	3.80	4.79	0.02	0.89	100.70	8.59	1.26
PM206-54-1	$\eta\gamma T_3$	76.57	0.05	12.57	1.42	0.77	0.03	0.07	0.31	3.98	4.29	0.01	0.60	100.66	8.26	1.08
PM207-22-4	$\eta\gamma T_3$	74.90	0.12	12.68	2.21	1.15	0.05	0.17	0.19	3.17	4.47	0.04	0.86	100.01	7.65	1.41
PM208-7-2	$\eta\gamma T_3$	75.09	0.14	13.19	1.81	1.04	0.03	0.22	0.17	3.05	4.98	0.03	1.10	100.84	8.02	1.63
PM208-30	$\eta\gamma T_3$	73.49	0.19	13.79	2.50	1.37	0.02	0.34	0.22	2.47	5.50	0.09	1.27	101.24	7.97	2.23
WL1118-1	$\eta\gamma T_3$	73.82	0.15	13.56	1.16	0.97	0.04	0.12	0.22	3.14	5.56	0.05	0.98	99.77	8.70	1.77
PM302-1-1	$\eta\gamma T_3$	76.12	0.13	12.38	1.78	0.92	0.05	0.11	0.39	3.35	4.74	0.05	0.66	100.68	8.09	1.42
PM302-1-3	$\eta\gamma T_3$	76.21	0.06	12.93	1.50	0.97	0.06	0.07	0.29	3.96	4.41	0.02	0.35	100.82	8.37	1.11
PM302-2-1	$\eta\gamma T_3$	76.92	0.02	12.47	1.07	0.70	0.02	0.09	0.17	3.69	4.64	0.01	0.73	100.53	8.33	1.26

中粒二长花岗岩 CIPW 标准矿物特征参数															
样品编号	Q (%)	An (%)	Ab (%)	Or (%)	A (%)	P (%)	An% (%)	Cs (%)	Ilm (%)	Mt (%)	DI	A/CNK	SI	AR	R_1	R_2
D4120	34.20	1.62	33.17	27.22	56.87	5.14	30.19	1.3	0.14	1.14	94.59	1.099	0.69	3.67	2536	306
D6114	30.78	0.22	34.74	30.90	65.16	0.70	29.81	1.09	0.16	1.06	96.42	1.072	0.67	3.98	2285	285
PM206-51-1	32.48	0.96	33.70	29.49	61.13	3.02	30.51	0.95	0.11	1.16	95.67	1.070	0.74	3.88	2412	290
PM206-51-2	33.17	0.47	32.96	27.41	59.29	1.55	28.83	1.40	0.10	2.08	93.55	1.075	0.59	3.80	2423	298
PM206-51-3	33.57	0.45	30.25	30.57	59.95	1.31	32.89	1.89	0.12	1.56	94.39	1.153	0.79	3.19	2458	285
PM206-53-1	33.60	1.17	32.23	28.39	58.17	3.62	30.99	1.36	0.11	1.59	94.22	1.111	0.64	3.58	2479	291
PM206-54-1	35.73	1.47	33.64	25.32	55.45	4.98	28.36	0.85	0.09	1.45	94.68	1.070	0.64	4.22	2626	283
PM207-22-4	38.22	0.68	27.09	26.69	52.47	1.98	32.78	2.40	0.22	2.14	92.00	1.218	1.51	2.94	2749	280
PM208-7-2	37.12	0.64	25.86	29.50	54.29	1.71	35.93	2.56	0.26	1.86	92.48	1.232	2.02	2.68	2685	289
PM208-30	36.43	0.52	20.91	32.54	52.80	1.17	43.07	3.59	0.36	2.49	89.88	1.325	2.79	2.09	2629	311
WL1118-1	33.70	0.73	26.93	33.25	59.04	1.87	37.78	2.13	0.29	1.47	93.88	1.171	1.13	2.68	2470	299
PM302-1-1	36.96	1.64	28.34	28.03	53.40	4.61	34.23	1.14	0.25	1.76	93.33	1.091	1.05	3.20	2698	290
PM302-1-3	34.81	1.30	33.37	25.95	56.28	4.35	28.73	1.15	0.10	1.64	94.13	1.094	0.61	3.99	2558	287
PM302-2-1	36.85	0.75	31.30	27.48	57.16	2.39	30.38	1.10	0.04	1.19	95.63	1.094	0.87	3.81	2686	267

续表 3-3

中粒二长花岗岩稀土元素分析结果及特征参数																
样品编号	La ($\times10^{-6}$)	Ce ($\times10^{-6}$)	Pr ($\times10^{-6}$)	Nd ($\times10^{-6}$)	Sm ($\times10^{-6}$)	Eu ($\times10^{-6}$)	Gd ($\times10^{-6}$)	Tb ($\times10^{-6}$)	Dy ($\times10^{-6}$)	Ho ($\times10^{-6}$)	Er ($\times10^{-6}$)	Tm ($\times10^{-6}$)	Yb ($\times10^{-6}$)	Lu ($\times10^{-6}$)	$(La/Yb)_N$	δEu	$\sum$REE ($\times10^{-6}$)
D4120	5.84	27.59	2.14	9.27	3.59	0.11	4.70	1.34	11.54	2.61	8.60	1.63	11.01	1.65	0.36	0.08	91.60
D6114	15.27	43.83	5.45	21.62	6.61	0.19	6.07	1.47	10.46	2.25	7.61	1.55	11.03	1.78	0.93	0.09	135.21
PM206-51-1	5.91	16.78	2.59	11.98	4.57	0.11	4.08	1.28	9.09	2.06	6.23	1.24	8.36	1.30	0.48	0.07	75.58
PM206-51-2	4.62	16.47	2.01	7.76	2.62	0.07	2.42	0.99	6.21	1.46	4.68	1.00	6.83	1.12	0.46	0.09	58.27
PM206-51-3	7.14	24.45	2.52	10.86	3.63	0.11	3.80	0.94	8.73	2.06	6.06	1.13	7.53	1.13	0.64	0.09	80.10
PM206-53-1	184.32	15.09	2.04	15.97	2.74	0.15	3.12	1.09	9.46	2.39	7.66	1.48	9.93	1.54	12.51	0.15	256.99
PM206-54-1	3.54	12.80	1.27	4.86	1.90	0.06	2.02	0.69	5.85	1.42	4.78	1.04	7.40	1.26	0.32	0.10	48.90
PM207-22-4	105.49	142.87	27.61	98.47	29.75	0.13	22.42	6.29	39.70	8.99	27.20	4.40	25.88	3.67	2.75	0.01	542.85
PM208-7-2	100.15	142.88	26.60	95.92	30.35	0.38	21.31	6.30	40.99	9.00	28.01	5.25	35.36	5.35	1.91	0.04	547.84
PM208-30	70.90	116.00	19.38	69.46	19.73	0.38	14.75	4.00	25.10	5.53	16.17	2.52	14.15	1.98	3.38	0.07	380.03
WL1118-1	23.58	83.79	7.19	28.48	7.86	0.46	8.57	2.09	14.18	2.95	9.15	1.75	11.17	1.58	1.42	0.17	202.81
PM302-1-1	24.40	58.80	8.21	31.09	8.56	0.40	7.17	2.06	12.62	2.85	8.85	1.73	11.93	1.85	1.38	0.15	180.53
PM302-1-3	7.51	31.82	2.71	9.69	3.42	0.28	3.66	1.38	9.88	2.38	8.12	1.78	13.01	2.06	0.39	0.24	97.71
PM302-2-1	11.66	34.41	2.28	6.55	1.80	0.10	1.75	0.66	4.67	1.11	4.19	1.06	8.86	1.40	0.89	0.17	80.48

中粒二长花岗岩微量元素分析结果及特征参数																
样品编号	Ba ($\times10^{-6}$)	Rb ($\times10^{-6}$)	Sr ($\times10^{-6}$)	Y ($\times10^{-6}$)	Zr ($\times10^{-6}$)	Th ($\times10^{-6}$)	U ($\times10^{-6}$)	Nb ($\times10^{-6}$)	Ta ($\times10^{-6}$)	Ni ($\times10^{-6}$)	V ($\times10^{-6}$)	Cr ($\times10^{-6}$)	Co ($\times10^{-6}$)	Li ($\times10^{-6}$)	Sr/Y	Rb/Sr	Rb/Ba
D4120	50.74	344.54	15.82	85.25	101.38	8.08	6.81	13.71	3.67	4.87	5.94	15.86	3.09	10.08	0.19	21.78	6.79
D6114	59.47	369.69	22.59	74.00	104.53	8.70	5.71	13.52	5.23	3.42	8.12	14.10	2.71	7.02	0.31	16.37	6.22
PM206-51-1	44.98	364.62	19.13	50.74	82.32	8.94	5.01	8.63	2.05	3.11	3.47	15.83	2.56	41.36	0.38	19.06	8.11
PM206-51-2	60.27	404.27	16.82	36.80	105.55	13.42	4.62	14.89	2.55	3.25	3.70	18.08	2.70	26.56	0.46	24.04	6.71
PM206-51-3	62.24	397.12	18.05	52.36	101.85	10.25	6.44	13.30	1.62	4.05	6.06	14.31	3.02	9.68	0.34	22.00	6.38
PM206-53-1	54.75	380.33	16.37	56.52	102.43	12.49	10.12	17.51	3.28	4.33	4.81	14.25	3.77	8.48	0.29	23.24	6.95
PM206-54-1	51.47	356.02	14.10	35.87	100.67	15.77	2.26	13.89	0.36	2.95	3.58	19.58	1.57	8.43	0.39	25.25	6.92
PM207-22-4	72.71	342.74	26.10	231.55	122.19	24.67	5.73	21.13	15.78	3.30	2.78	5.24	3.45	32.42	0.11	13.13	4.71
PM208-7-2	158.76	329.66	45.49	267.83	147.74	22.91	6.59	19.54	26.97	2.69	5.55	6.36	3.28	44.24	0.17	7.25	2.08
PM208-30	278.90	273.75	42.71	150.14	161.37	13.18	1.89	12.54	11.04	4.18	6.50	8.80	3.34	42.73	0.28	6.41	0.98
WL1118-1	294.18	312.09	49.35	79.90	133.94	10.98	8.96	16.04	2.93	11.58	13.14	14.18	4.11	9.51	0.62	6.32	1.06
PM302-1-1	103.13	375.46	32.41	73.51	130.63	19.25	4.11	14.17	3.82	5.50	7.67	12.34	2.25	24.09	0.44	11.58	3.64
PM302-1-3	70.77	337.73	14.70	58.18	90.05	19.21	13.07	19.47	9.34	4.06	4.34	20.24	2.07	12.03	0.25	22.97	4.77
PM302-2-1	61.38	500.87	12.06	28.21	59.75	9.07	3.04	23.39	9.60	2.68	5.88	17.14	1.35	10.30	0.43	41.53	8.16

注：样品均由沈阳地质调查中心测试中心分析。Q. 石英；An. 钙长石；Ab. 钠长石；Or. 钾长石；A. 碱性长石；P. 斜长石；An%. 钙长石在长石中占比；Cs. 刚玉；Ilm. 钛铁矿；Mt. 磁铁矿；DI. 分异指数；SI. 固结指数；AR. 碱度指数；$R_1 = 4Si - 11(Na+K) - 2(Fe+Ti)$；$R_2 = 6Ca + 2Mg + Al$。

(4)在 SiO_2 与碱度指数(AR)变异图中(图略),除了个别样品,岩石均属碱性岩石,AR平均值为3.2。

(5)岩石在 K_2O-SiO_2 图解(图3-17)上样品均落在高钾钙碱性系列岩石区。

(6)岩石在 Na_2O-K_2O 图解(图3-18)上基本均落于A型花岗岩区。副矿物特征显示富磁铁矿,常见条纹碱性长石。因此,本期二长花岗岩为高钾钙碱性系列,属过铝质花岗岩,成因类型为A型花岗岩。

(7)CIPW标准矿物中碱性长石(A)高和斜长石(P)低,样品普遍出现刚玉(Cs),平均值为1.15%。副矿物以出现萤石为特征。

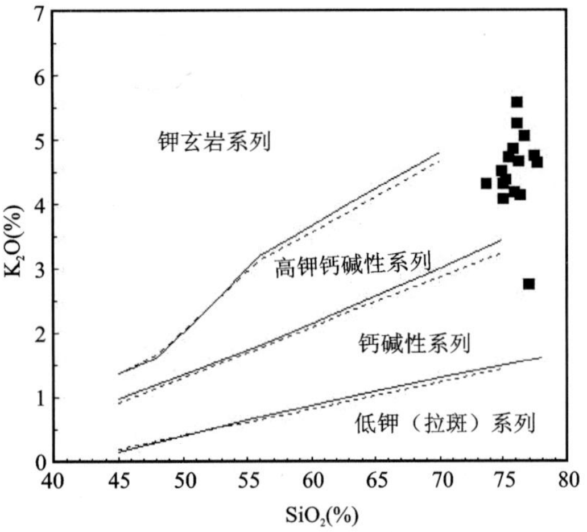

图3-17 晚三叠世似斑状细中粒二长花岗岩 K_2O-SiO_2 图解

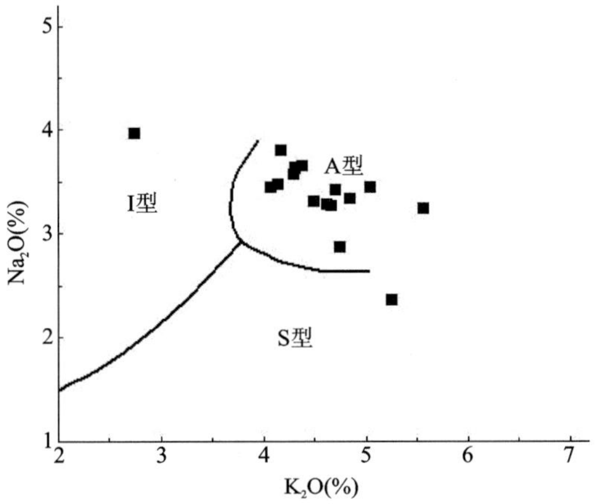

图3-18 晚三叠世似斑状细中粒二长花岗岩 Na_2O-K_2O 图解

2. 稀土元素特征

(1)$\sum$REE含量在 $84.75\times10^{-6}\sim221.58\times10^{-6}$ 之间,变化大,平均值为 146.51×10^{-6}。

(2)由于轻、重稀土的分馏程度较低[$(La/Yb)_N=0.5\sim2.5$,平均值为1.3;LREE/HREE=0.6~1.5,平均值为1.0],且发育强烈的负铕异常($\delta Eu=0.04\sim0.61$,平均值为0.23),表明岩浆形成过程中发生过斜长石的分异,其稀土配分曲线呈现向右缓倾的海鸥状(图3-19),重稀土曲线水平分布且较富集。

3. 微量元素特征

(1)在原始地幔标准化微量元素蛛网图(图3-20)上,A型花岗岩类明显富集Rb、Th、K等大离子亲石元素,而Nb、Ta、Ti等高场强元素和Sr、P相对亏损,具有明显的负异常特征。Rb/Sr和Rb/Ba比值分别为3.92~21.69和1.96~6.36,远高于原始地幔的相应值(Rb/Sr和Rb/Ba分别为0.029和0.088;Hofmann,1988),反映出岩浆经历了较高程度的分异演化。Nb/Ta比值多数在2.7~10.5之间,远低于原始地幔和球粒陨石的Nb/Ta比值(17.5±2.0),表明原始岩浆不是主要来源于地幔。Sr含量随着岩浆的演化,降低趋势加剧,这同 δEu 值的变化相一致,反映岩浆演化晚期发生了以斜长石为主的分离结晶。

(2)岩石中Sr的含量平均值为 37.12×10^{-6}($18.31\times10^{-6}\sim67.91\times10^{-6}$),小于 100×10^{-6};Yb含量平均值为 9.74×10^{-6}($5.09\times10^{-6}\sim17.33\times10^{-6}$),大于 2×10^{-6}。此特征属于张旗等(2006a)在研究中酸性岩浆岩(包括 SiO_2 大于56%的中酸性火山岩和侵入岩)时,按Sr和Yb两个非常有地质意义的地球化学指标分类中的非常低Sr、高Yb花岗岩类型。

晚三叠世似斑状细中粒二长花岗岩元素岩石化学分析结果见表3-4。

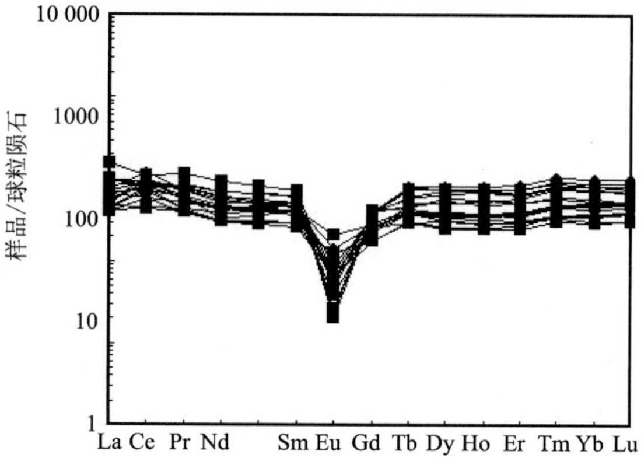

图 3-19 晚三叠世似斑状细中粒二长花岗岩稀土配分图

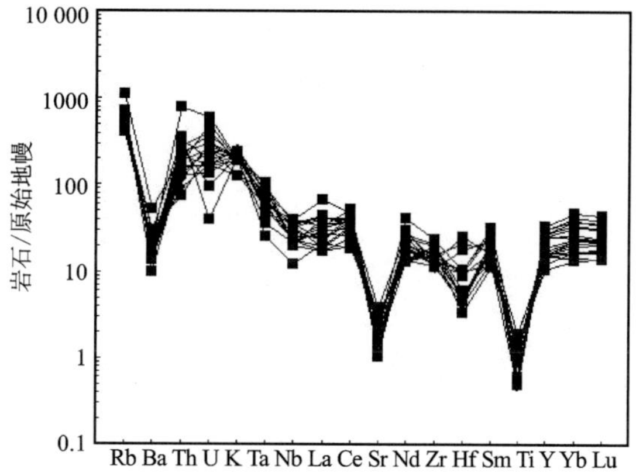

图 3-20 晚三叠世似斑状细中粒二长花岗岩微量元素蛛网图

三、晚三叠世花岗岩岩石成因

由前述可知，本期二长花岗岩与正长花岗岩的化学成分相近，并且都属于过铝质高钾钙碱性系列花岗岩，成因类型均为A型花岗岩。二长花岗岩与正长花岗岩的稀土和微量元素配分曲线图型式一致，推测其源区具有相似的物质组成及温压条件，说明该花岗岩具有较强的亲缘性。岩石由似斑状粗中粒二长花岗岩-中粒二长花岗岩-似斑状细粒二长花岗岩-巨晶正长花岗岩组成，认为岩浆受北东向剪切拉张作用的影响下，岩浆发生节律性的变化，表现为相对早期的似斑状粗中粒二长花岗岩、晚期的中粒二长花岗岩-似斑状细粒二长花岗岩及更晚些的巨晶正长花岗岩。

在二长花岗岩向正长花岗岩演化岩石系列中，K_2O、REE含量升高，Eu、Sr具低异常，SiO_2含量高，表明岩浆发生斜长石分离结晶作用。正长花岗岩的分异指数(DI)高于二长花岗岩，反映正长花岗岩浆经历了较高程度的分异演化作用。随着岩浆的分异，二长花岗岩向正长花岗岩演化表现出残余岩浆(正长花岗岩浆)富硅、富碱和贫镁的规律，由于斜长石的结晶分离，花岗岩的铕强烈亏损。二长花岗岩-正长花岗岩整个岩石系列在La/Sm-La图解中(图3-21)，呈现较好的正相关分布，反映该岩体不同岩石类型(二长花岗岩-正长花岗岩)系列为以平衡部分熔融为主，岩浆演化后期经历结晶分异作用形成的产物。综上所述，本期二长花岗岩-正长花岗岩是同源岩浆经历了平衡部分熔融-结晶分异作用形成的，巨晶正长花岗岩是同期二长花岗岩浆经高度结晶分异作用的产物。

表 3-4 晚三叠世似斑状细中粒二长花岗岩元素分析结果及特征参数

似斑状细中粒二长花岗岩常量元素分析结果及特征参数															
样品编号	填图单位	SiO_2 (%)	TiO_2 (%)	Al_2O_3 (%)	Fe_2O_3 (%)	FeO (%)	MnO (%)	MgO (%)	CaO (%)	Na_2O (%)	K_2O (%)	P_2O_5 (%)	LOI (%)	总计 (%)	Na_2O+K_2O (%)	K_2O/Na_2O
D7089	$\eta\gamma^{bx}T_3$	77.45	0.08	11.97	0.64	0.86	0.03	0.08	0.33	2.87	4.75	0.04	0.54	99.62	7.62	1.66
D6143	$\eta\gamma^{bx}T_3$	76.00	0.14	12.55	0.37	1.24	0.06	0.19	0.59	3.80	4.17	0.06	0.37	99.53	7.96	1.10
D4118	$\eta\gamma^{bx}T_3$	76.36	0.19	12.10	0.46	1.46	0.05	0.26	0.87	3.47	4.14	0.09	0.27	99.71	7.61	1.19
PM206-23-1	$\eta\gamma^{bx}T_3$	75.49	0.17	12.83	2.05	1.13	0.05	0.18	0.36	3.41	4.71	0.06	0.49	100.92	8.12	1.38
PM206-27-1	$\eta\gamma^{bx}T_3$	75.32	0.20	12.62	2.11	0.93	0.06	0.28	0.92	3.65	4.38	0.07	0.59	101.13	8.03	1.20
PM206-31-1	$\eta\gamma^{bx}T_3$	77.01	0.31	11.27	2.68	1.19	0.07	0.28	0.58	3.97	2.74	0.12	0.76	100.95	6.71	0.69
PM206-31-2	$\eta\gamma^{bx}T_3$	77.08	0.31	11.30	2.68	1.06	0.07	0.28	0.58	3.96	2.74	0.12	1.46	101.62	6.70	0.69
PM206-38-1	$\eta\gamma^{bx}T_3$	73.77	0.22	13.22	2.61	1.53	0.07	0.29	0.85	3.63	4.31	0.09	0.77	101.34	7.94	1.18
PM206-42-1	$\eta\gamma^{bx}T_3$	73.79	0.22	13.24	2.61	1.49	0.07	0.29	0.86	3.62	4.31	0.09	0.25	100.84	7.93	1.19
PM206-49-1	$\eta\gamma^{bx}T_3$	75.03	0.23	12.53	2.58	1.96	0.06	0.32	1.01	3.56	4.30	0.09	0.13	101.80	7.85	1.21
PM206-49-3	$\eta\gamma^{bx}T_3$	75.06	0.22	12.23	2.65	1.67	0.07	0.30	0.83	3.44	4.07	0.12	0.64	101.30	7.51	1.18
PM203-7-1	$\eta\gamma^{bx}T_3$	76.20	0.09	12.84	0.66	0.83	0.04	0.11	0.31	2.36	5.25	0.03	0.98	99.69	7.61	2.22
PM203-7-3	$\eta\gamma^{bx}T_3$	76.30	0.10	12.47	0.62	0.90	0.04	0.12	0.39	3.27	4.66	0.04	0.82	99.72	7.93	1.42
PM203-15-1	$\eta\gamma^{bx}T_3$	74.93	0.18	12.65	1.46	0.97	0.03	0.15	0.44	3.30	4.50	0.07	0.97	99.66	7.80	1.37
PM205-1	$\eta\gamma^{bx}T_3$	75.82	0.09	12.63	2.38	1.73	0.03	0.09	0.16	3.34	4.84	0.03	0.33	101.46	8.18	1.45
PM205-9	$\eta\gamma^{bx}T_3$	76.75	0.08	12.24	1.57	0.77	0.03	0.10	0.13	3.44	5.04	0.02	0.44	100.61	8.48	1.46
PM205-17	$\eta\gamma^{bx}T_3$	77.69	0.08	11.44	1.31	0.84	0.03	0.11	0.52	3.28	4.62	0.03	0.69	100.63	7.90	1.41
PM205-21	$\eta\gamma^{bx}T_3$	76.16	0.08	12.61	1.41	0.88	0.03	0.11	0.15	3.24	5.57	0.04	0.48	100.76	8.81	1.72

续表 3-4

细中粒二长花岗岩 CIPW 标准矿物特征参数															
样品编号	Q (%)	An (%)	Ab (%)	Or (%)	A (%)	P (%)	An% (%)	Cs (%)	Ilm (%)	Mt (%)	DI	A/CNK	SI	AR	R_1	R_2
D7089	41.80	1.38	24.51	28.34	50.67	3.56	37.41	1.62	0.15	0.94	94.65	1.144	0.83	2.75	3012	276
D6143	36.05	2.57	32.38	24.84	51.67	8.12	30.37	0.87	0.27	0.55	93.28	1.061	1.92	3.73	2713	321
D4118	37.62	3.74	29.52	24.58	47.21	10.62	33.84	0.56	0.36	0.67	91.72	1.029	2.65	3.30	2844	345
PM206-23-1	35.86	1.40	28.72	27.74	53.83	4.03	33.37	1.60	0.32	2.07	92.32	1.130	1.57	3.14	2618	298
PM206-27-1	34.26	4.06	30.75	25.77	49.15	11.43	34.18	0.37	0.38	1.95	90.78	1.016	2.44	3.34	2598	358
PM206-31-1	41.06	2.09	33.54	16.18	42.84	8.96	22.24	1.01	0.58	2.31	90.78	1.070	2.61	3.61	2967	296
PM206-31-2	41.23	2.09	33.50	16.17	42.80	8.96	22.25	1.05	0.58	2.23	90.90	1.074	2.64	3.59	2978	297
PM206-38-1	32.91	3.64	30.60	25.32	49.08	10.49	33.42	1.23	0.41	2.65	88.83	1.084	2.36	3.14	2488	363
PM206-42-1	33.00	3.66	30.47	25.35	48.98	10.49	33.56	1.26	0.41	2.62	88.81	1.087	2.40	3.11	2494	364
PM206-49-1	33.79	4.39	29.60	24.99	46.90	12.08	34.95	0.39	0.44	2.89	88.38	1.015	2.55	3.21	2561	364
PM206-49-3	36.17	3.34	28.94	23.93	46.56	9.66	33.26	0.92	0.42	2.71	89.05	1.056	2.52	3.23	2687	342
PM203-7-1	41.79	1.32	20.25	31.40	50.07	2.90	44.20	2.83	0.17	0.97	93.44	1.269	1.15	2.12	3005	294
PM203-7-3	38.48	1.75	27.97	27.83	52.69	4.86	34.54	1.43	0.18	0.90	94.28	1.120	1.28	3.07	2818	296
PM203-15-1	37.46	1.75	28.28	26.98	52.01	5.00	33.68	1.74	0.35	1.58	92.72	1.140	1.47	3.03	2734	307
PM205-1	36.01	0.61	27.97	28.28	55.08	1.78	33.2	1.65	0.16	2.69	92.25	1.145	0.69	3.19	2593	266
PM205-9	36.49	0.48	29.09	29.73	57.91	1.38	33.19	0.95	0.15	1.57	95.31	1.079	0.93	3.51	2645	258
PM205-17	39.21	2.40	27.79	27.31	50.94	6.57	35.25	0.16	0.14	1.40	94.31	1.009	1.04	3.43	2873	286
PM205-21	35.01	0.50	27.32	32.83	59.33	1.32	36.84	1.07	0.16	1.57	95.16	1.085	0.99	3.06	2552	268

续表 3-4

似斑状细中粒二长花岗岩微量元素分析结果及特征参数																	
样品编号	Ba ($\times10^{-6}$)	Rb ($\times10^{-6}$)	Sr ($\times10^{-6}$)	Y ($\times10^{-6}$)	Zr ($\times10^{-6}$)	Th ($\times10^{-6}$)	U ($\times10^{-6}$)	Nb ($\times10^{-6}$)	Ta ($\times10^{-6}$)	Ni ($\times10^{-6}$)	V ($\times10^{-6}$)	Cr ($\times10^{-6}$)	Co ($\times10^{-6}$)	Li ($\times10^{-6}$)	Sr/Y	Rb/Sr	Rb/Ba
D7089	80.42	343.31	26.71	87.33	91.34	8.24	4.76	17.82	2.61	6.24	8.73	13.89	3.29	23.60	0.31	12.86	4.27
D6143	50.07	318.39	28.60	54.71	111.42	10.61	2.97	12.81	2.91	2.43	8.57	17.48	1.02	94.95	0.52	11.13	6.36
D4118	98.26	240.98	53.35	66.02	128.75	11.49	8.95	11.26	4.21	2.97	11.85	23.61	2.26	84.99	0.81	4.52	2.45
PM206-23-1	92.93	246.86	34.64	58.05	121.26	10.35	3.07	13.72	2.26	6.50	9.70	13.21	2.41	22.78	0.60	7.13	2.66
PM206-27-1	155.07	304.40	38.61	52.23	165.86	4.72	4.30	12.51	2.10	4.64	13.11	20.38	2.68	38.31	0.74	7.88	1.96
PM206-31-1	115.36	231.15	42.85	54.84	163.02	12.22	4.74	13.19	2.23	5.21	14.48	22.76	3.93	73.19	0.78	5.39	2.00
PM206-31-2	265.33	625.50	67.91	50.52	168.52	13.35	3.04	11.41	3.58	2.10	12.22	17.34	2.53	188.79	1.34	9.21	2.36
PM206-38-1	94.59	260.27	44.76	51.96	137.44	14.60	6.83	14.29	2.91	4.64	8.25	22.39	3.90	90.92	0.86	5.81	2.75
PM206-42-1	76.99	285.93	45.38	41.03	131.35	15.42	5.43	12.53	2.34	3.99	10.69	18.52	5.50	134.32	1.11	6.30	3.71
PM206-49-1	107.58	223.89	57.10	35.44	126.41	50.25	10.86	6.78	1.02	4.09	10.09	22.12	3.70	88.14	1.61	3.92	2.08
PM206-49-3	96.96	222.16	53.97	51.13	144.58	18.02	7.42	11.73	1.42	3.83	11.21	16.33	3.93	66.61	1.06	4.12	2.29
PM203-7-1	80.89	391.24	20.75	91.98	106.94	21.52	3.58	19.22	2.37	6.89	6.65	27.36	1.66	27.83	0.23	18.85	4.84
PM203-7-3	82.89	366.34	23.41	90.43	102.27	17.97	1.71	20.11	1.91	7.31	5.08	34.31	2.80	102.94	0.26	15.65	4.42
PM203-15-1	143.91	305.91	39.86	83.15	192.26	22.39	0.71	22.06	2.24	7.60	9.56	41.65	2.33	87.67	0.48	7.67	2.13
PM205-1	69.23	397.16	18.31	103.46	94.39	8.41	2.40	22.01	3.16	7.73	7.92	12.54	6.09	34.09	0.18	21.69	5.74
PM205-9	86.94	340.33	21.45	113.07	101.01	9.31	4.43	20.33	3.74	11.06	6.90	14.16	3.86	11.82	0.19	15.87	3.91
PM205-17	98.43	275.12	24.62	85.56	98.90	7.26	5.47	18.13	2.67	7.66	5.23	26.30	3.69	5.86	0.29	11.17	2.80
PM205-21	103.44	343.77	25.93	106.47	98.17	5.89	3.06	16.09	3.16	7.52	3.89	18.16	2.74	6.30	0.24	13.26	3.32

续表 3-4

似斑状细中粒二长花岗岩稀土元素分析结果及特征参数																
样品编号	La ($\times10^{-6}$)	Ce ($\times10^{-6}$)	Pr ($\times10^{-6}$)	Nd ($\times10^{-6}$)	Sm ($\times10^{-6}$)	Eu ($\times10^{-6}$)	Gd ($\times10^{-6}$)	Tb ($\times10^{-6}$)	Dy ($\times10^{-6}$)	Ho ($\times10^{-6}$)	Er ($\times10^{-6}$)	Tm ($\times10^{-6}$)	Yb ($\times10^{-6}$)	Lu ($\times10^{-6}$)	$(La/Yb)_N$	δEu	ΣREE ($\times10^{-6}$)
D7089	22.67	58.26	7.19	28.11	7.91	0.14	8.06	1.75	13.57	2.85	8.51	1.51	9.14	1.35	1.67	0.05	171.01
D6143	15.61	36.35	4.91	20.15	5.64	0.40	5.46	1.12	7.93	1.64	5.05	0.92	6.34	0.98	1.66	0.22	112.51
D4118	9.49	28.06	4.13	17.98	6.17	0.22	5.65	1.38	9.64	2.07	6.59	1.26	8.66	1.31	0.74	0.11	102.59
PM206-23-1	17.45	54.60	5.83	22.11	6.26	1.21	5.80	1.62	9.53	2.18	6.67	1.27	8.33	1.32	1.41	0.61	144.17
PM206-27-1	10.73	48.15	3.89	14.71	4.52	0.68	4.72	1.41	9.01	2.06	5.92	1.14	7.37	1.15	0.98	0.45	115.48
PM206-31-1	19.74	53.97	6.84	26.14	6.91	0.54	6.12	1.49	10.00	2.13	6.40	1.20	7.99	1.24	1.66	0.25	150.72
PM206-31-2	22.30	56.44	7.59	28.74	6.86	0.83	5.63	1.42	7.74	1.66	4.81	0.90	6.10	0.96	2.46	0.40	151.99
PM206-38-1	14.07	49.93	5.29	20.93	6.02	0.40	5.32	1.48	9.25	1.99	6.08	1.20	8.46	1.34	1.12	0.21	131.77
PM206-42-1	9.49	35.22	3.60	14.05	3.97	0.38	3.73	1.15	6.76	1.46	4.58	0.94	6.38	1.02	1.00	0.30	92.71
PM206-49-1	11.62	26.60	3.86	14.68	4.04	0.73	3.69	1.10	6.30	1.39	4.09	0.78	5.09	0.80	1.54	0.57	84.75
PM206-49-3	16.35	43.88	5.71	15.11	6.17	0.34	5.45	1.46	8.69	1.80	5.16	0.87	5.33	0.79	2.07	0.18	117.13
PM203-7-1	23.82	51.17	7.96	31.93	9.71	0.15	8.09	2.21	17.03	3.89	10.41	2.01	12.99	1.78	1.24	0.05	183.15
PM203-7-3	24.61	45.96	8.23	32.31	9.44	0.12	8.01	2.28	18.02	4.11	11.16	2.14	14.04	1.95	1.18	0.04	182.40
PM203-15-1	36.18	68.73	10.99	44.12	11.08	0.26	8.65	1.73	15.06	3.23	8.53	1.53	10.16	1.32	2.40	0.08	221.58
PM205-1	18.28	74.95	6.76	24.30	7.77	0.42	8.03	2.93	18.90	4.16	12.61	2.34	15.33	2.25	0.80	0.16	199.04
PM205-9	12.40	57.04	5.29	20.35	7.94	0.34	8.14	3.06	20.52	4.63	14.08	2.67	17.33	2.55	0.48	0.13	176.33
PM205-17	10.50	43.99	3.93	14.22	4.49	0.35	4.58	1.91	13.16	3.08	9.51	1.90	12.18	1.78	0.58	0.24	125.58
PM205-21	12.34	64.84	5.09	19.57	7.25	0.34	7.73	2.85	19.22	4.19	12.37	2.27	14.17	2.05	0.59	0.14	174.29

注：样品均由沈阳地质调查中心测试中心分析。Q. 石英；An. 钙长石；Ab. 钠长石；Or. 钾长石；A. 碱性长石；P. 斜长石；An%. 钙长石在长石中占比；Cs. 刚玉；Ilm. 钛铁矿；Mt. 磁铁矿；DI. 分异指数；SI. 固结指数；AR. 碱度指数；$R_1=4Si-11(Na+K)-2(Fe+Ti)$；$R_2=6Ca+2Mg+Al$。

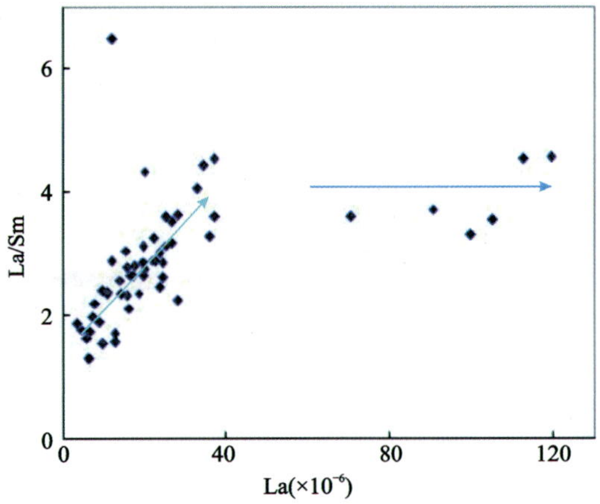

图 3-21 晚三叠世二长花岗岩-正长花岗岩系列在 La/Sm-La 图解

第三节 中侏罗世花岗岩的同位素年代学及地球化学特征

一、中侏罗世花岗岩锆石 U-Pb 年龄

本次研究采取了2件中侏罗世花岗岩进行锆石 U-Pb(LA-ICP-MS)定年分析，其中晶洞碱长花岗岩1件、花岗斑岩1件。锆石的阴极发光(CL)图像见图3-22，年龄谐和图见图3-23。

样品 D7075 采自白音温都尔一带，岩性为晶洞碱长花岗岩，对该样品测定了25个单颗粒锆石。锆石多为短柱状，粒径为100～200μm，长宽比为1∶1～2∶1。CL图像(图3-22a)显示这些锆石内部具有典型的环带结构，Th/U平均值为0.72，为岩浆结晶形成。锆石样品 Pb 含量为 $4\times10^{-6}\sim31\times10^{-6}$，U含量为 $151\times10^{-6}\sim959\times10^{-6}$，25个测点均落在谐和线上，25个分析数据 $^{206}Pb/^{238}U$ 加权平均年龄为 166±1Ma(图3-23a)，代表岩体的岩浆结晶时代。

样品 PM205-24-2 也采自白音温都尔一带，岩性为花岗斑岩，测定了25个单颗粒锆石。锆石多为短柱状，粒径为100～200μm，长宽比为1∶1～2∶1，最大长宽比为5∶1。CL图像(图3-23b)显示，锆石内部具有典型的环带结构，Th/U平均值为0.74，为岩浆结晶形成。锆石样品 Pb 含量为 $8\times10^{-6}\sim49\times10^{-6}$，U含量为 $235\times10^{-6}\sim1406\times10^{-6}$，25个测点均落在谐和线上，除2个点(11、22)偏离谐和线外，其余测点均落在谐和线上，表面年龄介于180～160Ma之间，$^{206}Pb/^{238}U$ 加权平均年龄为 163.3±2.9Ma，代表岩体的岩浆结晶时代。

综合接触关系特征及上述同位素测年结果，该套岩体形成时代为中侏罗世。

二、中侏罗世花岗岩地球化学特征

(一)中侏罗世晶洞碱长花岗岩

1.主量元素特征

岩石富硅(SiO_2 含量为74.80%～76.34%，平均值为75.48%)、富碱(Na_2O+K_2O 含量为7.94%～8.71%，平均值为8.29%)，且相对富 K_2O(K_2O/Na_2O 平均值为1.5)；贫钙(CaO 含量为0.10%～

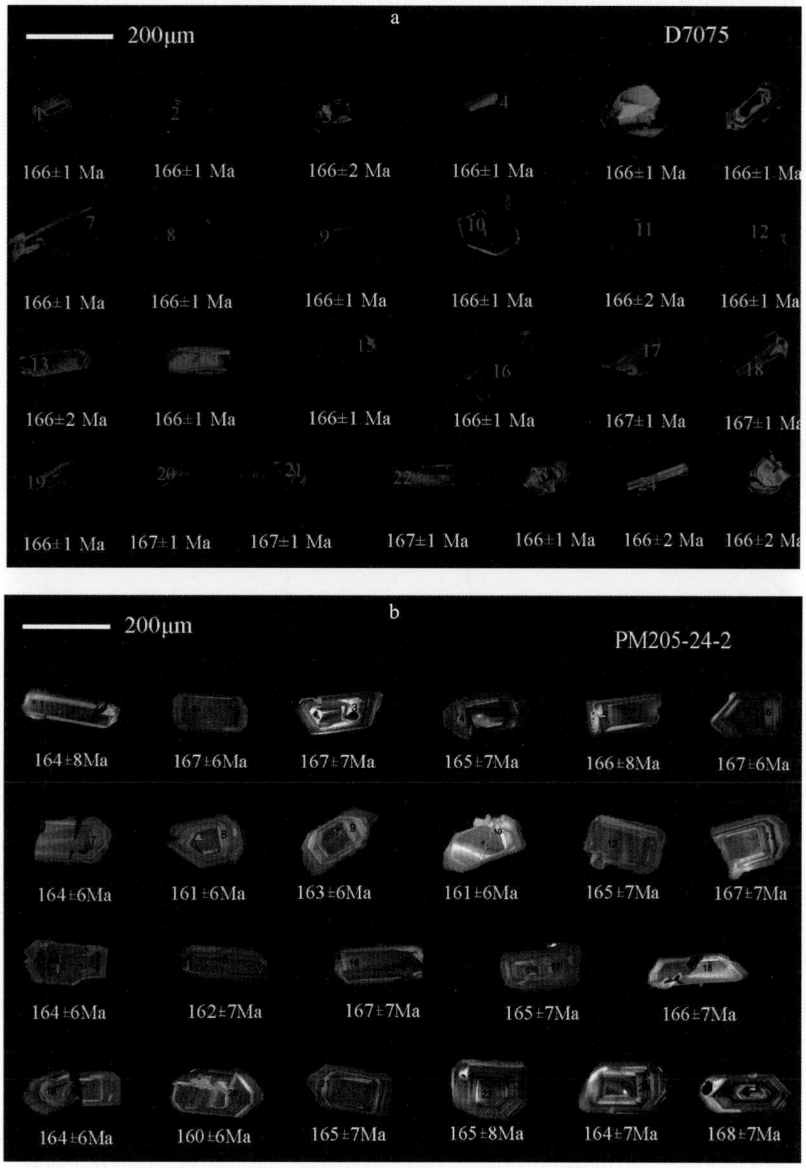

图 3-22 中侏罗世花岗岩锆石 CL 图像

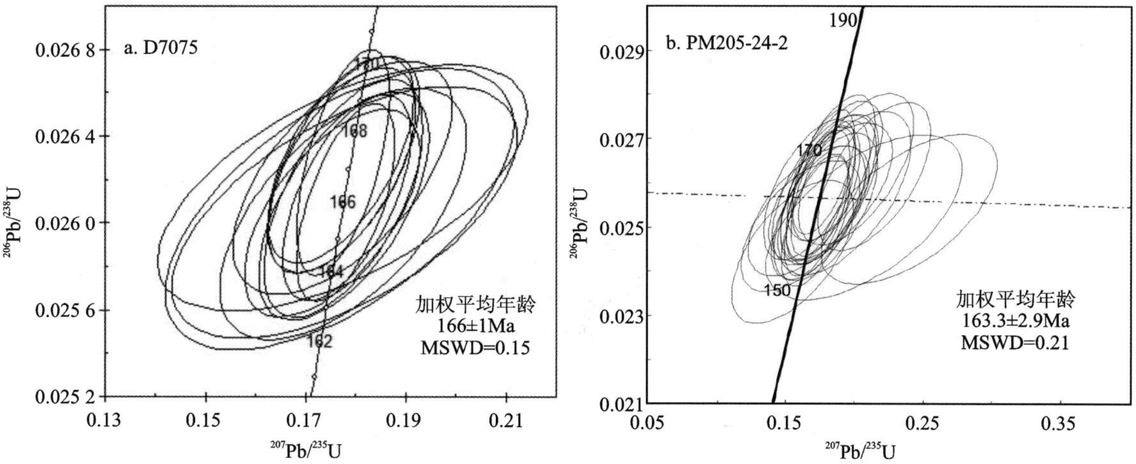

图 3-23 中侏罗世花岗岩锆石年龄谐和图

0.21%，平均值为 0.15%）、贫镁（MgO 含量为 0.08%～0.16%，平均值为 0.13%），比 Yan 和 Chi (2005)定义的中国花岗岩的平均成分(CaO=1.34%；MgO =0.64%)要低得多；Ca 是随岩浆演化而流失比较明显的，反映了花岗岩经过较强的结晶分异作用；CIPW 标准矿物中普遍出现刚玉(Cs)，含量为 8.28%～9.90%，平均值为 9.00%，副矿物特征显示富磁铁矿，条纹碱性长石常见；在 SiO_2 与碱度指数(AR)变异图（图 3-24）中，样品均落在碱性岩石区域内，AR 平均值为 3.4；在 Na_2O-K_2O 图解(图 3-25)中，样品均落于 A 型花岗岩区。

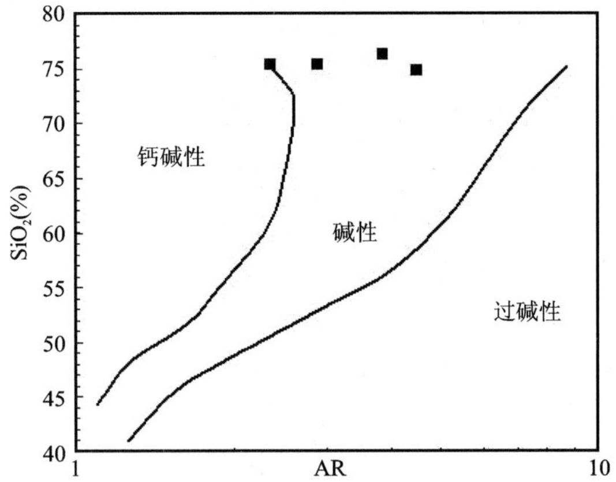

图 3-24 中侏罗世晶洞碱长花岗岩 SiO_2-AR 关系图

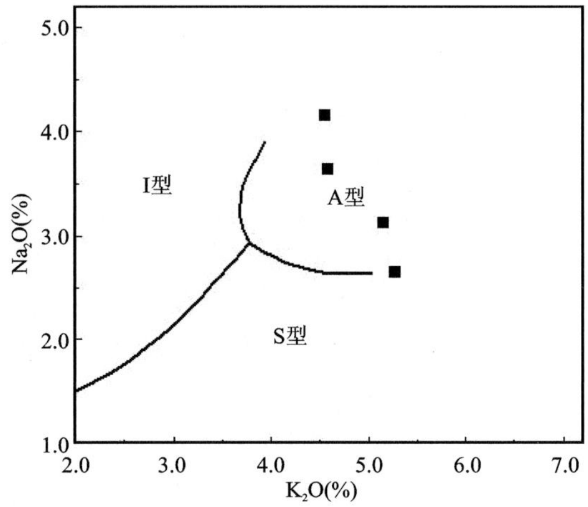

图 3-25 中侏罗世晶洞碱长花岗岩 Na_2O-K_2O 关系图

2. 微量元素特征

岩石∑REE 含量为 106.34×10^{-6}～242.99×10^{-6}，相对变化大，平均值为 168.85×10^{-6}。

由于轻、重稀土的分馏程度较低(LREE/HREE=1.3～2.2，平均值为 1.7)，且发育强烈的负铕异常(δEu=0.09～0.17，平均值为 0.14)，表明岩浆形成过程中发生过斜长石的分异，其稀土配分曲线呈现向右缓倾的海鸥状(图 3-26)，重稀土曲线水平分布且较富集，可能表明岩浆源区不存在石榴子石等重稀土的矿物。

在原始地幔标准化微量元素蛛网图(图 3-27)上，岩石明显富集 Rb、Th、K 等大离子亲石元素，而 Nb、Ta、Ti 等高场强元素和 Sr、Ba 相对亏损，具有明显的负异常特征。Rb/Sr 和 Rb/Ba 比值分别为 4.26～7.81 和 0.78～1.08，远高于原始地幔(Rb/Sr 为 0.029，Rb/Ba 为 0.088；Hofmann，1988)的相应值，反映出岩浆经历了较高程度的分异演化。Nb/Ta 值为 6.7～12.2，远低于原始地幔和球粒陨石的 Nb/Ta 值(17.5±2.0)，表明原始岩浆不是主要来源于地幔。

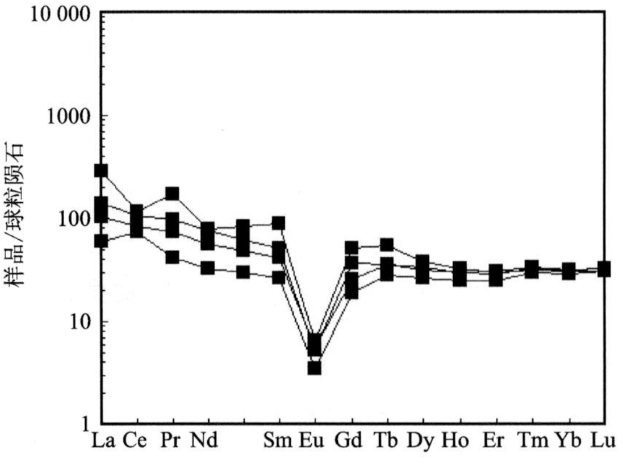

图 3-26 中侏罗世晶洞碱长花岗岩稀土元素配分曲线图

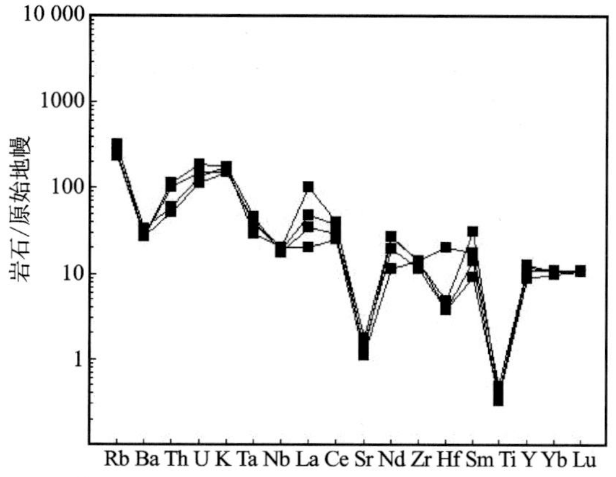

图 3-27 中侏罗世晶洞碱长花岗岩微量元素蛛网图

岩石中 Sr 的含量为 $23.16\times10^{-6}\sim37.14\times10^{-6}$，平均值为 29.07×10^{-6}，小于 100.00×10^{-6}；Yb 含量为 $4.93\times10^{-6}\sim5.35\times10^{-6}$，平均值为 5.19×10^{-6}，大于 2.00×10^{-6}。此特征属于张旗等(2006a)在研究中酸性岩浆岩[包括 SiO_2 大于 56%的中酸性火山岩和侵入岩]时，按 Sr 和 Yb 两个非常有地质意义的地球化学指标分类中的非常含量低 Sr、高 Yb 花岗岩类型。

中侏罗世晶洞碱长花岗岩元素分析结果见表 3-5。

(二)中侏罗世花岗斑岩

1. 主量元素特征

(1)富 SiO_2，SiO_2 含量变化在 75.73%～76.72%之间，平均值为 76.33%。

(2)碱质含量高，且相对富 K_2O，Na_2O+K_2O 含量变化在 7.98～8.51%之间，平均值为 8.31%，K_2O/Na_2O 平均值为 1.25。

(3)Ca、Mg 明显偏低，CaO=0.08～0.16%，平均值为 0.12%；MgO=0.08%～0.18%，平均值为 0.11%；比 Yan 和 Chi 定义(2005)的中国花岗岩的平均成分(CaO=1.34%；MgO=0.64%)要低得多；Ca 是随岩浆演化而流失比较明显的，反映了花岗岩经过较强的结晶分异作用。

(4)在 SiO_2 与碱度指数(AR)变异图中(图略)，属碱性岩石，AR 平均值为 3.95。

(5)岩石在 K_2O-SiO_2 图解(图 3-28)上显示高钾钙碱性系列岩石；结合矿物特征，可以对比于 BarBarin 分类中的高钾钙碱性花岗岩类(KCG)。

(6)岩石在 Na_2O-K_2O 图解(图 3-29)上均落于 A 型花岗岩区。

因此，本期花岗斑岩为高钾钙碱性系列，成因类型为 A 型岩。

2. 微量元素特征

(1)$\sum$REE 含量为 $52.40\times10^{-6}\sim152.81\times10^{-6}$，变化大，平均值为 92.25×10^{-6}。

(2)由于轻、重稀土的分馏程度较低(LREE/HREE=0.8～2.1，平均值为 1.3)，且发育强烈的负铕异常(δEu=0.10～0.52，平均值为 0.37)，表明岩浆形成过程中发生过斜长石的分异，其稀土配分曲线呈现向右缓倾的海鸥状(图 3-30)，重稀土曲线水平分布且较富集，可能表明岩浆源区不存在石榴子石等重稀土矿物。源区存在斜长石而缺乏石榴子石的标志，表明本期岩浆源区比较浅。

(3)在原始地幔标准化微量元素蛛网图(图 3-31)上，岩石明显富集 Rb、Th、K 等大离子亲石元素，而 Nb、Ta、Ti 等高场强元素和 Sr、Ba 相对亏损，具有明显的负异常特征。Rb/Sr 和 Rb/Ba 比值分别为 5.14～10.6 和 0.43～3.3，远高于原始地幔的相应值(分别为 0.029 和 0.088；Hofmann，1988)，反映出

表 3-5 中侏罗世花岗岩元素分析结果及特征参数

花岗岩常量元素分析结果及特征参数

样品编号	填图单位	岩性	SiO_2 (%)	TiO_2 (%)	Al_2O_3 (%)	Fe_2O_3 (%)	FeO (%)	MnO (%)	MgO (%)	CaO (%)	Na_2O (%)	K_2O (%)	P_2O_5 (%)	LOI (%)	总计 (%)	Na_2O+K_2O (%)	K_2O/Na_2O
PM205-20	$\gamma\pi J_3$	花岗斑岩	75.73	0.08	12.39	2.50	1.49	0.04	0.13	0.14	3.33	4.64	0.02	0.71	101.20	7.98	1.39
PM205-22	$\gamma\pi J_3$	花岗斑岩	76.26	0.07	12.32	1.96	0.81	0.02	0.10	0.08	3.73	4.75	0.01	0.58	100.69	8.48	1.27
PM205-24-1	$\gamma\pi J_3$	花岗斑岩	76.72	0.06	12.40	1.51	0.68	0.02	0.09	0.11	4.07	4.44	0.01	0.32	100.42	8.51	1.09
PM205-24-2	$\gamma\pi J_3$	花岗斑岩	76.53	0.06	12.31	1.84	0.81	0.03	0.08	0.09	3.78	4.56	0.01	0.55	100.66	8.34	1.21
PM205-24-3	$\gamma\pi J_3$	花岗斑岩	76.48	0.06	12.41	1.56	0.74	0.02	0.09	0.14	3.63	4.80	0.01	0.57	100.51	8.43	1.32
PM205-24-4	$\gamma\pi J_3$	花岗斑岩	76.48	0.06	12.53	1.56	0.79	0.03	0.10	0.12	3.60	4.62	0.01	0.71	100.60	8.22	1.28
D6063	$\gamma\pi J_3$	花岗斑岩	76.08	0.08	12.25	1.17	1.13	0.08	0.18	0.16	3.79	4.47	0.03	0.30	99.72	8.26	1.18
D7075	$A\gamma J_2$	晶洞碱长花岗岩	74.80	0.10	12.87	1.16	1.08	0.08	0.16	0.17	4.15	4.56	0.05	0.52	99.70	8.71	1.10
PM205-25	$A\gamma J_2$	晶洞碱长花岗岩	76.34	0.07	12.28	1.64	0.54	0.03	0.08	0.10	3.64	4.58	0.03	0.93	100.27	8.22	1.26
PM205-29-1	$A\gamma J_2$	晶洞碱长花岗岩	75.40	0.08	12.94	1.81	0.55	0.04	0.16	0.21	2.65	5.28	0.04	1.16	100.30	7.94	1.99
PM205-29-2	$A\gamma J_2$	晶洞碱长花岗岩	75.40	0.07	12.73	1.70	0.59	0.02	0.14	0.12	3.12	5.16	0.25	1.04	100.33	8.28	1.65

花岗岩主量元素换算 CIPW 标准矿物特征参数

样品编号	Q (%)	An (%)	Ab (%)	Or (%)	A (%)	P (%)	An% (%)	Cs (%)	Ilm (%)	Mt (%)	DI	A/CNK	SI	AR	R_1	R_2
PM205-20	36.90	0.56	28.10	27.33	54.31	1.67	32.30	1.66	0.15	2.59	92.32	1.152	1.06	3.28	2655	263
PM205-22	35.41	0.31	31.56	28.05	58.93	0.98	29.96	0.93	0.13	1.84	95.02	1.079	0.84	4.02	2569	255
PM205-24-1	35.17	0.48	34.44	26.21	59.44	1.68	27.08	0.72	0.11	1.46	95.81	1.060	0.79	4.74	2566	259
PM205-24-2	36.13	0.39	31.94	26.94	57.97	1.30	29.03	1.02	0.12	1.75	95.00	1.087	0.76	4.11	2617	256
PM205-24-3	36.09	0.62	30.71	28.41	57.84	1.89	31.26	1.02	0.11	1.54	95.20	1.087	0.83	3.74	2625	263
PM205-24-4	36.94	0.52	30.53	27.33	56.73	1.64	30.45	1.42	0.11	1.55	94.79	1.124	0.90	3.64	2676	264
D6063	36.00	0.59	32.22	26.57	57.42	1.96	28.85	0.98	0.15	1.55	94.79	1.079	1.71	4.13	2628	268
D7075	32.44	0.54	35.44	27.15	61.24	1.89	27.28	0.92	0.20	1.55	95.03	1.066	1.41	4.51	2397	281
PM205-25	37.09	0.35	31.04	27.26	57.52	1.13	29.79	1.22	0.14	1.43	95.38	1.103	0.80	3.86	2681	258
PM205-29-1	38.89	0.81	22.66	31.52	53.07	1.92	40.79	2.58	0.15	1.52	93.07	1.236	1.55	2.35	2806	287
PM205-29-2	37.04	0	26.59	30.73	57.32	0	0	2.03	0.14	1.51	94.35	1.164	1.28	2.88	2667	272

续表 3-5

花岗岩稀土元素分析结果及特征参数

样品编号	La (×10⁻⁶)	Ce (×10⁻⁶)	Pr (×10⁻⁶)	Nd (×10⁻⁶)	Sm (×10⁻⁶)	Eu (×10⁻⁶)	Gd (×10⁻⁶)	Tb (×10⁻⁶)	Dy (×10⁻⁶)	Ho (×10⁻⁶)	Er (×10⁻⁶)	Tm (×10⁻⁶)	Yb (×10⁻⁶)	Lu (×10⁻⁶)	$(La/Yb)_N$	δEu	ΣREE (×10⁻⁶)
PM205-20	8.09	25.62	2.78	10.42	2.89	0.35	2.76	0.83	5.40	1.16	3.49	0.68	4.51	0.71	1.21	0.37	69.69
PM205-22	4.86	32.70	1.82	7.22	2.38	0.24	2.45	0.78	6.03	1.37	4.30	0.81	5.51	0.86	0.59	0.30	71.33
PM205-24-1	3.57	32.00	1.24	30.73	1.60	0.26	1.70	0.35	4.67	1.09	3.29	0.63	4.20	0.64	0.57	0.48	85.97
PM205-24-2	7.24	60.77	2.64	9.84	3.18	0.43	3.12	0.96	6.88	1.60	4.92	0.98	6.19	0.99	0.79	0.42	109.74
PM205-24-3	3.61	25.94	1.08	4.41	1.37	0.25	1.57	0.50	4.12	1.01	3.12	0.61	4.18	0.66	0.58	0.52	52.40
PM205-24-4	4.56	67.93	1.54	6.01	2.21	0.29	2.45	0.76	5.86	1.35	4.13	0.79	5.12	0.79	0.60	0.38	103.79
D6063	27.08	58.44	7.74	28.83	6.97	0.22	6.21	1.03	6.47	1.26	3.71	0.59	3.73	0.53	4.89	0.10	152.81
D7075	33.38	65.84	9.08	35.95	7.74	0.31	7.57	1.34	8.45	1.71	5.15	0.85	5.32	0.82	4.23	0.12	183.51
PM205-25	14.00	45.19	4.00	15.31	4.06	0.20	3.89	1.06	6.62	1.42	4.13	0.75	4.93	0.77	1.91	0.16	106.34
PM205-29-1	68.92	70.97	16.39	36.70	13.74	0.38	10.57	2.07	9.76	1.85	4.89	0.81	5.15	0.79	9.02	0.09	242.99
PM205-29-2	24.07	50.68	6.96	26.19	6.33	0.33	5.24	1.32	8.00	1.66	4.81	0.84	5.35	0.79	3.03	0.17	142.57

花岗岩微量元素分析结果及特征参数

样品编号	Ba (×10⁻⁶)	Rb (×10⁻⁶)	Sr (×10⁻⁶)	Y (×10⁻⁶)	Zr (×10⁻⁶)	Th (×10⁻⁶)	U (×10⁻⁶)	Nb (×10⁻⁶)	Ta (×10⁻⁶)	Ni (×10⁻⁶)	V (×10⁻⁶)	Cr (×10⁻⁶)	Co (×10⁻⁶)	Li (×10⁻⁶)	Sr/Y	Rb/Sr	Rb/Ba
PM205-20	185.22	183.86	31.85	30.87	154.93	4.66	3.47	13.39	2.04	3.63	6.02	15.24	3.67	11.59	1.03	5.77	0.99
PM205-22	75.29	187.69	24.89	36.77	186.36	3.82	1.86	14.33	2.10	4.24	6.73	13.28	3.23	5.37	0.68	7.54	2.49
PM205-24-1	66.53	151.14	18.24	28.82	148.89	4.64	3.86	10.51	0.72	3.34	3.33	17.98	1.57	3.13	0.63	8.29	2.27
PM205-24-2	54.22	178.81	17.69	44.09	188.10	4.02	1.82	13.11	1.97	4.19	5.11	17.66	2.17	5.46	0.40	10.11	3.30
PM205-24-3	77.18	187.96	17.74	25.64	160.79	6.30	2.02	13.19	1.98	3.84	4.36	15.28	2.52	5.70	0.69	10.60	2.44
PM205-24-4	55.70	172.90	16.93	35.33	135.25	4.91	2.78	16.52	2.76	5.39	3.86	19.05	2.43	5.02	0.48	10.21	3.10
D6063	355.48	153.40	29.85	38.78	107.98	8.70	3.00	11.44	1.08	3.70	11.53	12.36	0.91	4.74	0.77	5.14	0.43
D7075	186.90	158.38	37.14	52.93	156.32	8.77	3.15	13.21	1.57	5.00	11.04	13.93	2.34	9.32	0.70	4.26	0.85
PM205-25	187.20	145.92	23.16	40.93	155.60	4.37	2.38	14.25	1.62	2.55	1.47	12.76	3.03	6.32	0.57	6.30	0.78
PM205-29-1	186.10	200.25	25.64	56.75	153.48	9.60	3.98	14.63	1.20	4.80	7.19	20.39	0.69	9.21	0.45	7.81	1.08
PM205-29-2	231.30	185.63	30.33	50.33	128.95	4.97	2.79	12.61	1.87	2.59	6.96	21.03	1.49	5.85	0.60	6.12	0.80

注：样品均由沈阳地质调查中心测试中心分析。Q. 石英；An. 钙长石；Ab. 钠长石；Or. 钾长石；A. 碱性长石；P. 斜长石；An%. 钙长石在长石中占比；Cs. 刚玉；Ilm. 钛铁矿；Mt. 磁铁矿；DI 分异指数；SI. 固结指数；AR. 碱度指数；$R_1=4Si-11(Na+K)-2(Fe+Ti)$；$R_2=6Ca+2Mg+Al$。

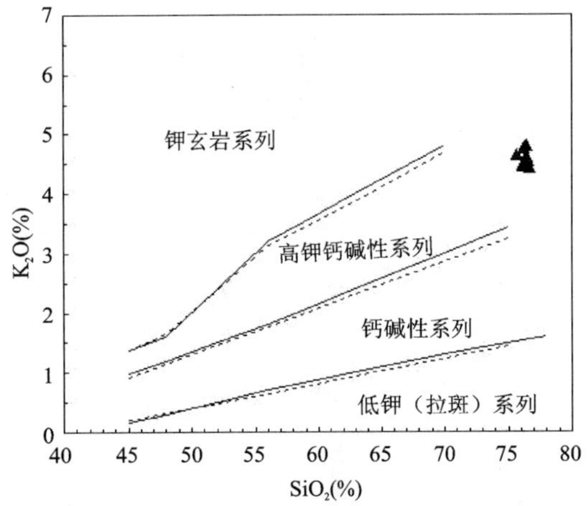

图 3-28　中侏罗世花岗斑岩 K_2O-SiO_2 关系图

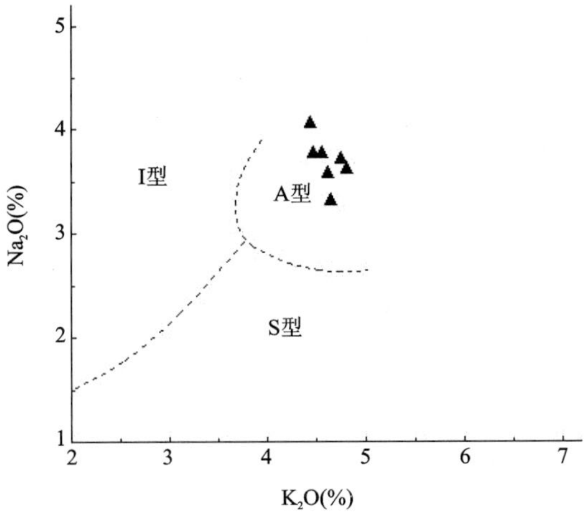

图 3-29　中侏罗世花岗斑岩 Na_2O-K_2O 关系图

岩浆经历了较高程度的分异演化。Nb/Ta 比值在 6.0～14.6 之间，远低于原始地幔和球粒陨石的 Nb/Ta 比值(17.5±2.0)，表明原始岩浆不是主要来源于地幔。Sr 含量随着岩浆的演化，降低趋势加剧，这同 δEu 值的变化相一致，反映岩浆演化晚期发生了以斜长石为主的分离结晶。

(4) 岩石中 Sr 的含量平均值为 22.46×10^{-6}，小于 100×10^{-6}；Yb 含量平均值为 4.78×10^{-6}，大于 2×10^{-6}。此特征属于张旗(2006)在研究中酸性岩浆岩(包括 SiO_2 大于 56% 的中酸性火山岩和侵入岩)时，按 Sr 和 Yb 两个非常有地质意义的地球化学指标分类中的非常低 Sr、高 Yb 花岗岩类型。

中侏罗世花岗斑岩元素分析结果见表 3-5。

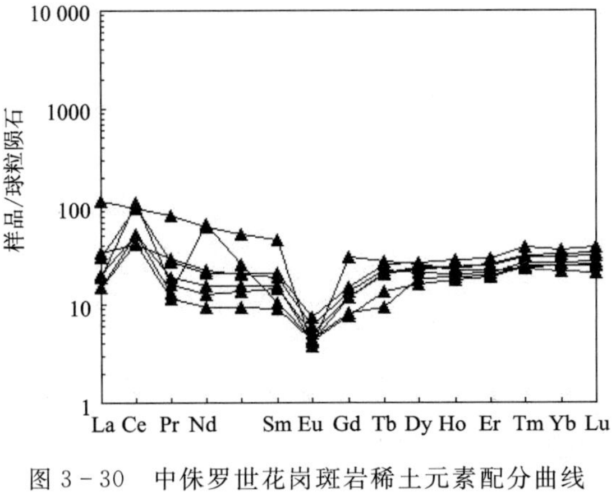

图 3-30　中侏罗世花岗斑岩稀土元素配分曲线

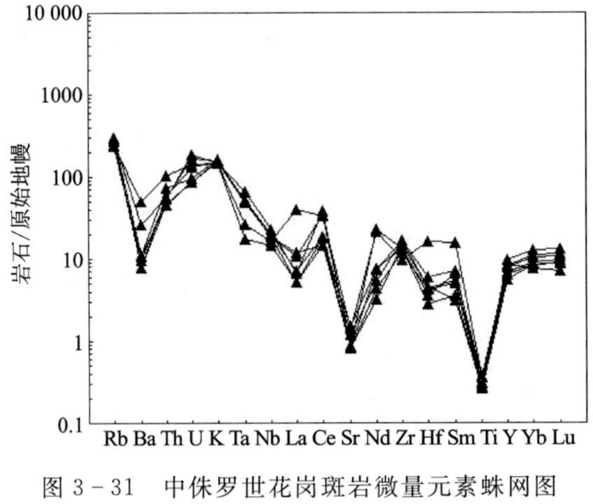

图 3-31　中侏罗世花岗斑岩微量元素蛛网图

三、中侏罗世花岗岩岩石成因

碱长花岗岩主量元素显示高硅、高碱、相对富钾,贫钙、贫镁和低钛的特征,其 FeO^T/MgO 值高(平均值为 16.75),与 A 型花岗岩具高铁镁比值的特征吻合(Whalen et al.,1987)。微量元素同样具有 A 型花岗岩的特征,如较高的 Zr、Y 和 Yb 质量分数和较低的 Ba、Sr、Eu 和 Ti 质量分数,表明源区残留相有斜长石,指示源区深度较浅,与埃达克岩形成鲜明的对比(张旗等,2006b)。由于高分异的 I 型、S 型花岗岩的诸多特征与 A 型花岗岩十分相似,因此有必要在化学成分上加以区分。与 A 型花岗岩比较,高分异的 I 型花岗岩则具有很低的($FeO^T<1.00\%$);本区碱长花岗岩较高的 FeO^T(平均值为2.11%)可区别于高分异的 I 型花岗岩;高分异的 S 型花岗岩具有更低的 Na_2O(平均值为 0.14%)和更高的 P_2O_5(平均值为 2.81%)(贾小辉等,2009)。本区碱长花岗岩较低的 P_2O_5(平均值为 0.09%)和较高的 Na_2O(平均值为 3.39%),明显区别于高分异的 S 型花岗岩。在 Na_2O-K_2O 图解(图 3-29)、$(Na_2O+K_2O)/CaO-(Zr+Nb+Ce+Y)$图解(图 3-32)、$FeO^T/MgO-SiO_2$图解(图 3-33)上均落于 A 型花岗岩区域。因此,本区碱长花岗岩属于 A 型花岗岩。

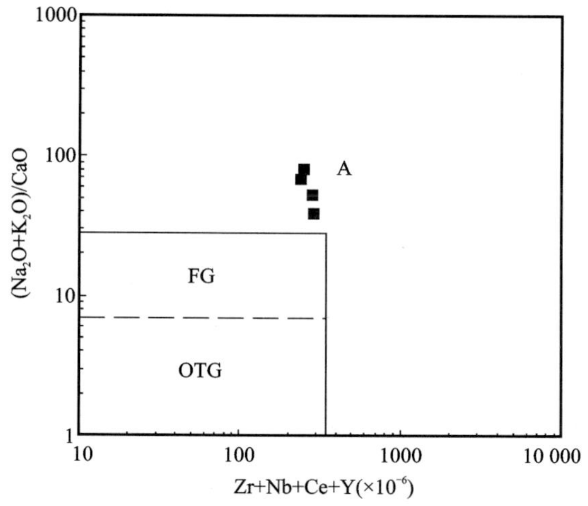

图 3-32 碱长花岗岩$(Na_2O+K_2O)/CaO-(Zr+Nb+Ce+Y)$图解

FG. 分异型 I 型花岗岩;OTG. I、S、M 型花岗岩;A. A 型花岗岩

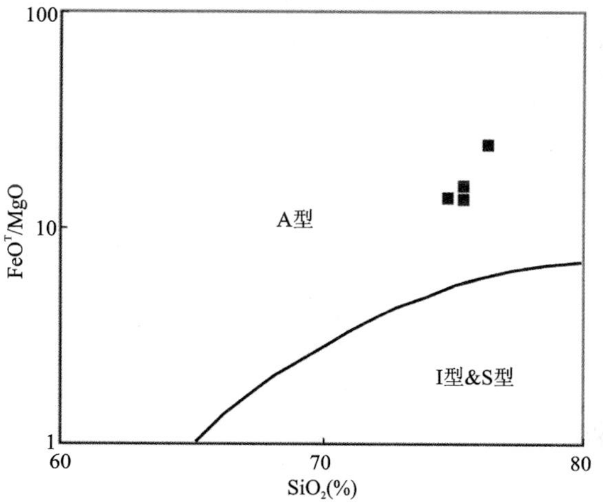

图 3-33 碱长花岗岩 $FeO^T/MgO-SiO_2$图解

关于 A 型花岗岩的成因主要有以下 4 种观点:①熔出含水长英质岩浆之后的富 F、Cl 麻粒岩相下地壳的低程度部分熔融(Collins et al.,1982;Clemens et al.,1986);②幔源岩浆与深熔形成的壳源岩浆的混合与交代作用(Harris et al.,1999;Yang et al.,2006);③地幔碱性岩浆的分离结晶作用(Turner et al.,1992;Mushkin et al.,2003);④低压下钙碱性岩石的部分熔融(Skjerlie and Johnston,1992)。实验岩石学研究表明,下地壳麻粒岩物质发生部分熔融后形成富铝贫碱、富镁贫钛的耐熔下地壳,这种残余下地壳物质的部分熔融不可能生成 A 型花岗质岩浆(Creaser et al.,1991)。野外观察碱长花岗岩并不发育镁铁质包体,因此幔源岩浆与地壳熔体的混合成因可能也不是其主要形成机制。本区晶洞碱长花岗岩未见碱性暗色矿物,具有铝质 A 型花岗岩的岩相学特征(Auwera et al.,2003),强烈亏损的 Sr 和明显的负铕异常以及平坦的 HREE 分布特征(图 3-30)暗示岩浆形成于富集斜长石且无石榴子石残留的浅部低压地区($p<10^9$ Pa)(Rapp and Watson,1995)。从微量元素特征分析,碱长花岗岩 Rb/Sr 值为 4.26~7.81(平均值为 6.12),Rb/Nb 值为 10.2~14.7(平均值为 12.7),都高于全球上地壳的平均值

(Rb/Sr平均值为0.32,Rb/Nb平均值为4.5)(Taylor and Mclennan,1985),暗示其岩浆源区主要为壳源岩浆。在$(La/Yb)_N$-δEu图解(图3-34)上,样品均落在壳源型花岗岩区域内。

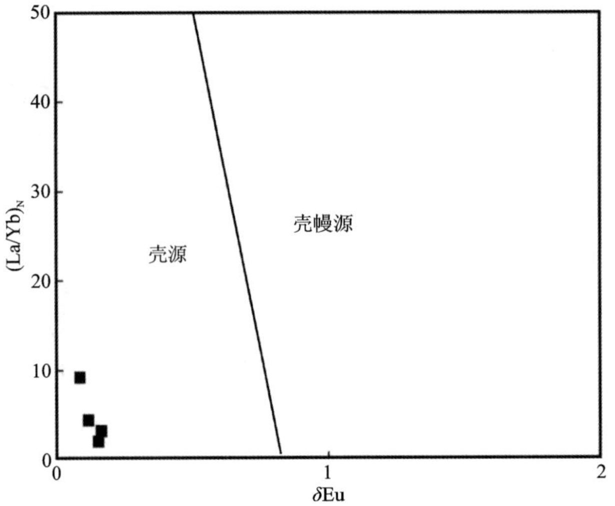

图3-34 碱长花岗岩$(La/Yb)_N$-δEu图解

由上述分析推测,低压下长英质地壳物质的部分熔融,很可能是本区A型花岗岩的重要形成机制。

A型花岗岩是近年来花岗岩研究的热点话题,A型花岗岩原先是指出现于非造山环境下的碱性和无水特征的花岗质岩石(Loiselle and Wones,1979),后来发现A型花岗岩也可以出现在造山后环境(Sylvester,1989;Eby,1992;Whalen et al.,1996)。Eby(1992)根据地球化学特征将A型花岗岩分为非造山环境的A_1型和造山后环境的A_2型花岗岩。洪大卫等(1995)将A型花岗岩分为AA和PA两类,或许相当于A_1型和A_2型。张旗等(2008)分析数百个A型花岗岩地球化学资料认为,A_1型花岗岩具有非常明显的负铕异常,δEu通常小于0.1,而A_2型花岗岩的δEu为0.1~0.8,变化很大。

本区碱长花岗岩在Pearce等(1984)定义的Rb-(Yb+Ta)、Rb-(Y+Nb)、Ta-Yb、Nb-Y构造判别图解(图3-35)均落于板内花岗岩区。在R_2-R_1图解(图3-36)上全部落入造山后A型花岗岩区域;在Nb-Y-Ce三角图解(图3-37)、Ce/Nb-Y/Nb图解、Ce/Nb-Yb/Ta图解(图3-38)中均落到A_2型花岗岩区域内,反映其形成于造山后的伸展环境,代表着碰撞造山作用的结束。位于松辽盆地西科尔沁右翼中旗地区的碱长花岗岩形成于166±1Ma,这与葛文春等(2005)在大兴安岭乌兰浩特地区的中生代花岗岩浆活动的早—中侏罗世花岗岩岩浆侵位结晶年龄相一致,代表此次岩浆活动的晚期阶段。中侏罗世岩浆事件不仅在张广才岭、华北克拉通东部,另外在延边地区也是广泛存在的(孙德有,2001;Zhang et al.,2004;Wu et al.,2005),且与松辽盆地基底中侏罗世岩浆事件相吻合。在松辽盆地北部,吴福元等(2000)认为基底花岗岩形成于晚古生代(305Ma)和晚中生代(165Ma),且基本不含古老锆石残留,表明松辽盆地不存在大规模前寒武纪结晶基底。在松辽盆地南部,高福红等(2007)认为基底花岗质岩石所显示的岩浆活动包括晚泥盆世岩浆活动(361Ma)、早石炭世岩浆活动(319Ma)、中三叠世岩浆活动(236Ma)和中侏罗世(164Ma)岩浆活动。由此可见,中侏罗世岩浆在松辽盆地演化过程中占有重要地位,构成了松辽盆地基底花岗岩的主体,同时暗示了松辽盆地是在中生代中侏罗世造山作用之后伸展的构造环境下形成的陆内盆地。

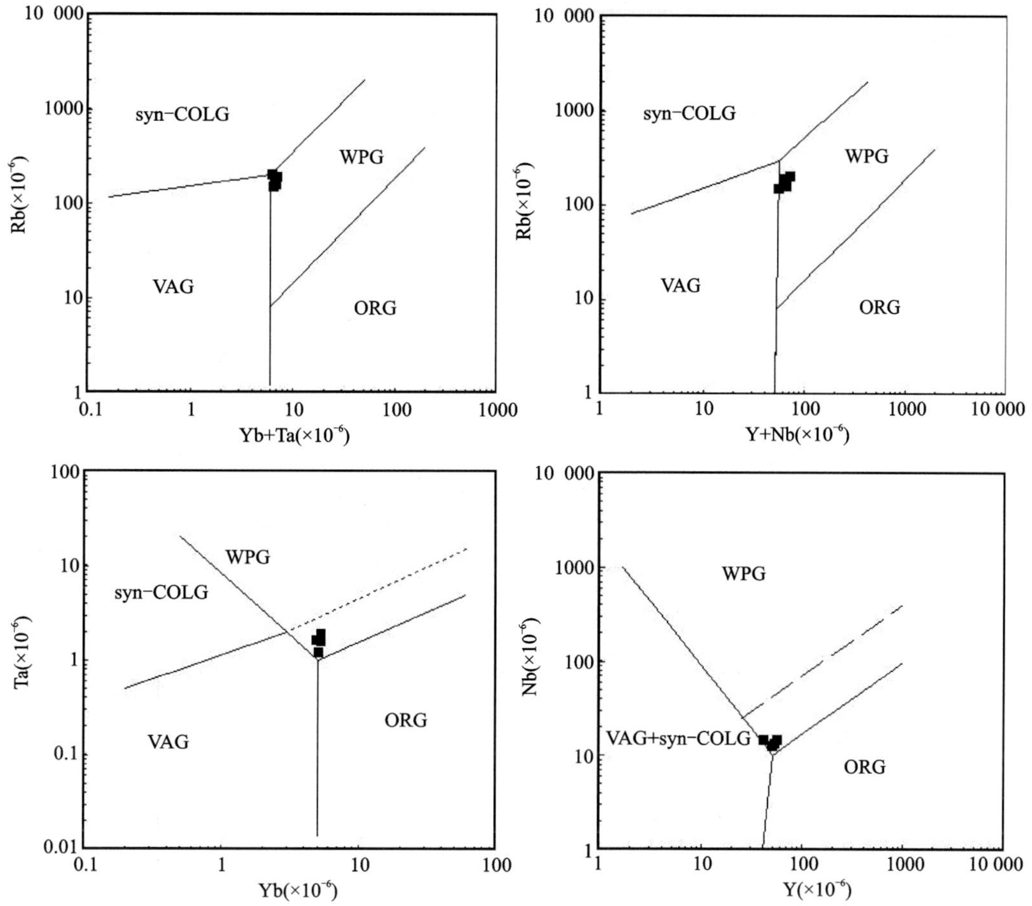

图 3-35　碱长花岗岩 Rb-(Yb+Ta)、Rb-(Y+Nb)、Ta-Yb、Nb-Y 构造判别图解

WPG. 板内花岗岩；syn-COLG. 同碰撞花岗岩；VAG. 火山弧花岗岩；ORG. 洋脊花岗岩

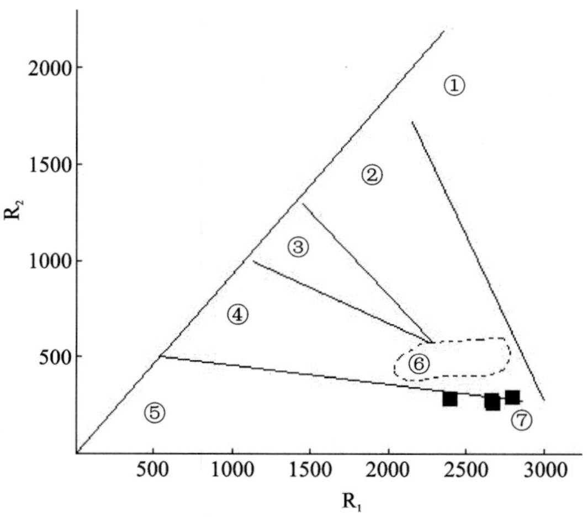

图 3-36　碱长花岗岩类构造环境判别图解

①幔斜长花岗岩；②破坏性活动板块边缘（板块碰撞前）花岗岩；③板块碰撞后隆起期花岗岩；④晚造山期花岗岩；⑤非造山区 A 型花岗岩；⑥同碰撞（S 型）花岗岩；⑦造山期后 A 型花岗岩

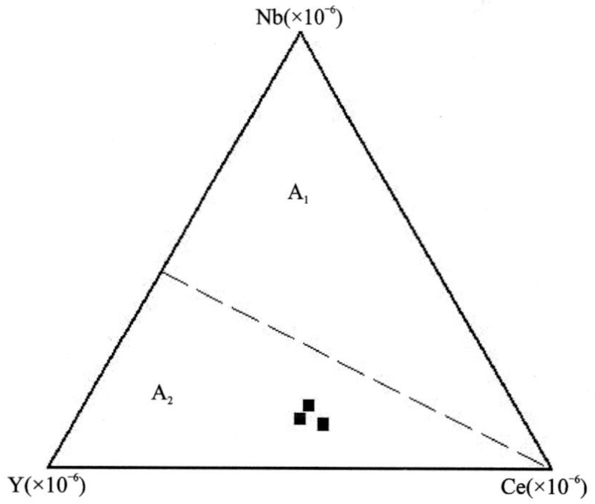

图 3-37　碱长花岗岩 Nb-Y-Ce 图解

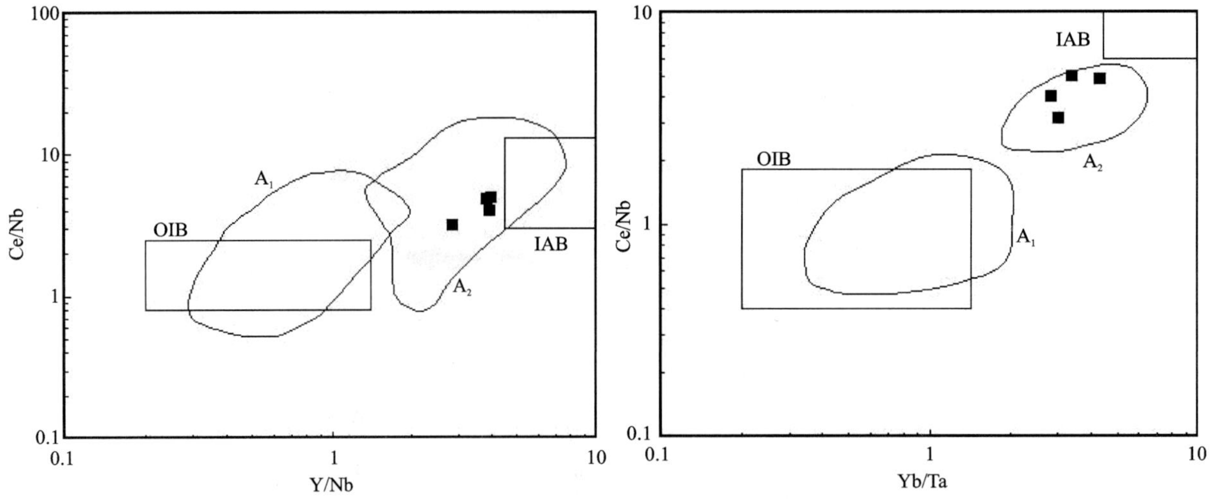

图 3-38 碱长花岗岩 Ce/Nb-Y/Nb、Ce/Nb-Yb/Ta 判别图解

OIB. 洋岛玄武岩；IAB. 岛弧玄武岩；A_1. A_1 型花岗岩；A_2. A_2 型花岗岩

第四节 晚侏罗世花岗岩的同位素年代学及地球化学特征

一、晚侏罗世花岗岩锆石 U-Pb 年龄

晚侏罗世花岗岩锆石 CL 图见图 3-39，锆石 U-Pb 年龄谐和图见图 3-39。

样品 G006：采自双山屯一带，岩性为花岗闪长斑岩，对该样品测定了 18 个单颗粒锆石。锆石多为长、短柱状，少量粒状，粒径为 100～400μm，长宽比为 1∶1～4∶1。CL 图像（图 3-39）显示，这些锆石内部具有典型的环带结构，为岩浆结晶形成的。锆石样品 Pb 含量为 9×10^{-6}～82×10^{-6}，U 含量为 22×10^{-6}～151×10^{-6}，18 个测点均落在谐和线上，其 $^{206}Pb/^{238}U$ 加权平均年龄为 155±1Ma（图 3-40a），可以代表岩体的形成时代。

样品 G014-1：采自招哥营子一带，岩性为英云闪长岩，对该样品测定了 14 个单颗粒锆石。锆石多为长、短柱状，粒径为 100～300μm，长宽比为 1∶1～3∶1，最大长宽比为 4∶1。CL 图像（图 3-39）显示，这些锆石内部具有典型的环带结构，为岩浆结晶形成。锆石样品 Pb 含量为 3×10^{-6}～6×10^{-6}，U 含量为 41×10^{-6}～91×10^{-6}，14 个测点均落在谐和线上，其 $^{206}Pb/^{238}U$ 加权平均年龄为 146±1Ma（图 3-40b）；可以代表岩体的岩浆结晶时代。

样品 G014-2：也采自招哥营子一带，岩性为英云闪长岩，对该样品测定了 13 个单颗粒锆石。锆石多为长、短柱状，粒径为 100～350μm，长宽比为 1∶1～3∶1，最大长宽比为 4∶1。CL 图像（图 3-39）显示，这些锆石内部具有典型的环带结构，是岩浆结晶形成的。锆石样品 Pb 含量为 3×10^{-6}～7×10^{-6}，U 含量为 42×10^{-6}～101×10^{-6}，13 个测点均落在谐和线上，其 $^{206}Pb/^{238}U$ 加权平均年龄为 146±1Ma（图 3-40c），代表岩体的岩浆结晶时代。

综合野外调研接触关系及同位素测年结果，该套岩体形成时代为晚侏罗世。

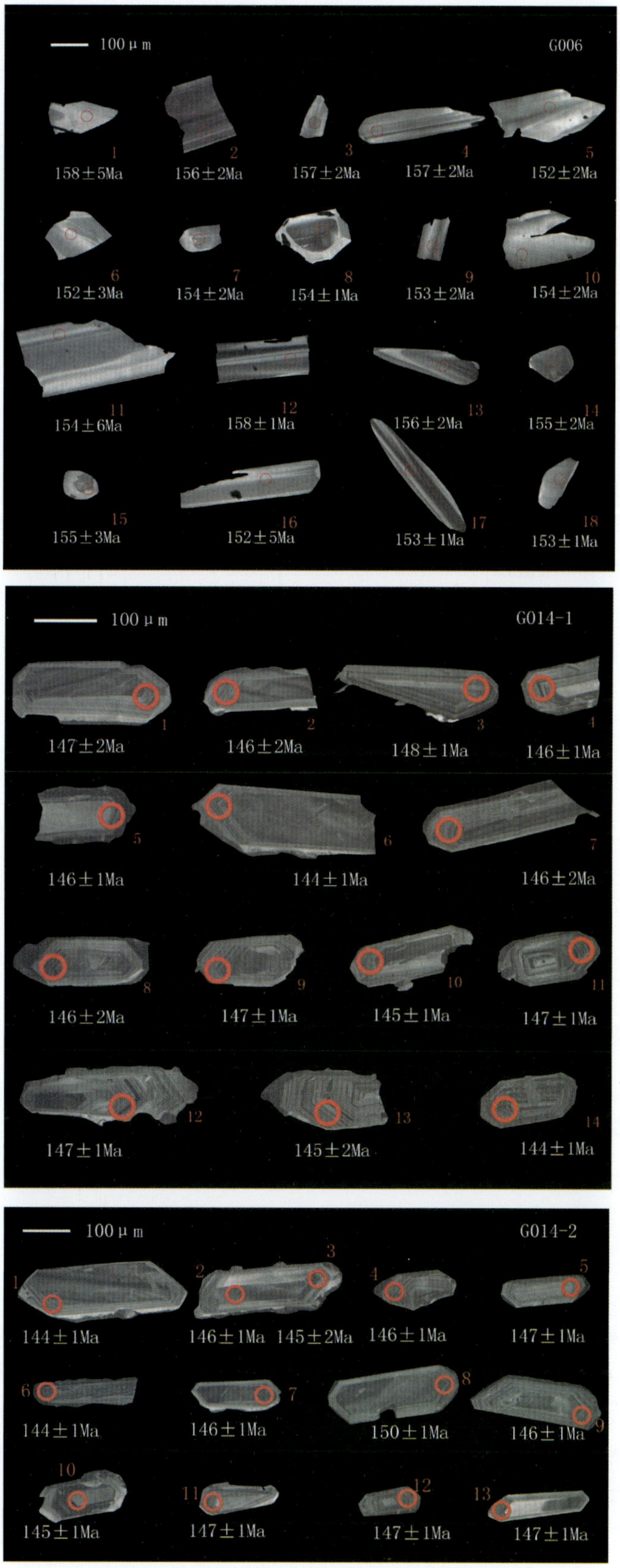

图 3-39 晚侏罗世花岗岩锆石 CL 图像

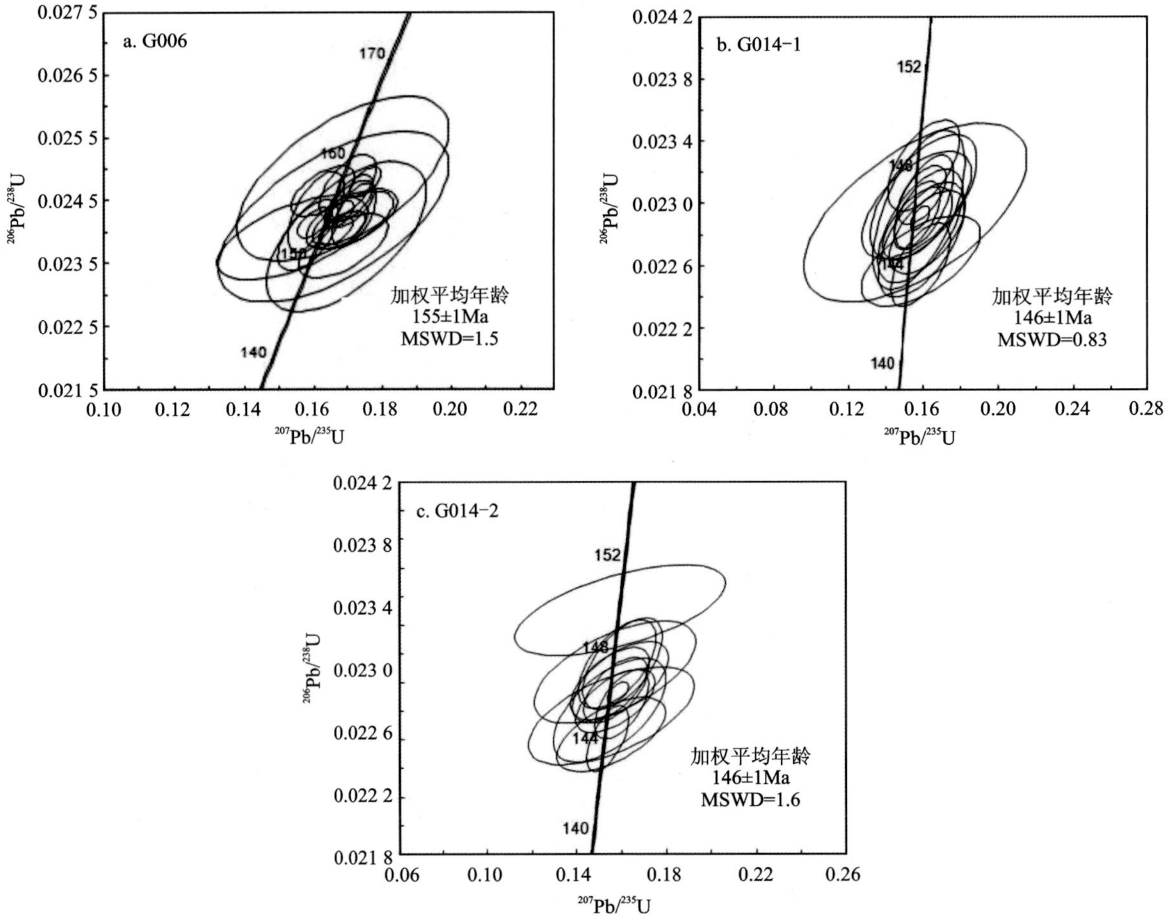

图 3-40 晚侏罗世花岗岩锆石年龄谐和图

二、晚侏罗世花岗岩地球化学特征

(一)晚侏罗世花岗斑岩地球化学特征

1. 常量元素特征

(1)SiO_2含量高,SiO_2含量变化在75.63%~77%之间,平均值为76.2%。

(2)碱质含量相对较高,Na_2O+K_2O含量变化为6.45%~7.97%,平均值为7.36%;相对富钾,K_2O/Na_2O平均值为1.18。

(3)岩石分异指数(DI)平均值为93.4;Mg偏低,MgO=0.2%~0.35%,平均值为0.25%;比Yan和Chi(2005)定义的中国天山-兴安造山区花岗岩类的平均成分(MgO=0.46%)明显要低;Ca偏高,CaO=0.12%~0.4%,平均值为0.25%;比Yan和Chi(2005)定义的中国天山-兴安造山区花岗岩类的平均成分(CaO=1.32%)明显低,反映了花岗斑岩经过较强的结晶分异作用。

(4)岩石里特曼指数平均值为1.64,且在SiO_2与碱度指数(AR)变异图中(图略),AR平均值为3.51,属钙碱性岩石。

(5)岩石在K_2O-SiO_2图解(图3-41)上投到高钾钙碱性—钙碱性系列范畴。

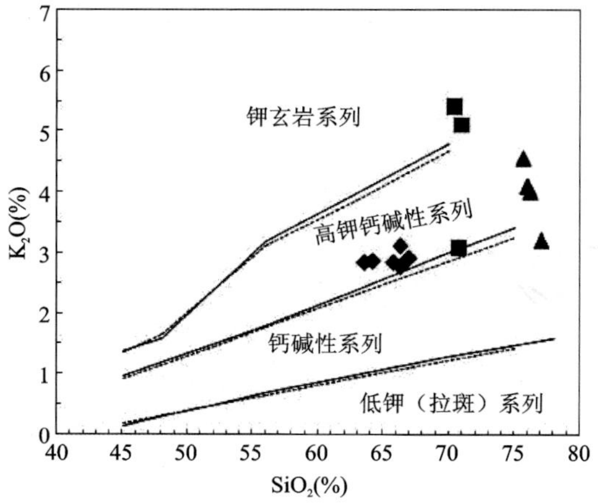

图 3-41 晚侏罗世花岗岩类 K_2O-SiO_2 图解

▲晚侏罗世花岗斑岩 ■ 晚侏罗世花岗闪长斑岩 ◆ 晚侏罗世英云闪长岩

2. 稀土元素特征

稀土元素分析表明，岩体的 $\sum$REE 变化为 $39.9\times10^{-6}\sim67.26\times10^{-6}$，平均值为$53.58\times10^{-6}$，轻、重稀土分馏程度较低[$(La/Yb)_N=7.8$；LREE/HREE=9.4]（图 3-42），属于轻稀土富集型，重稀土亏损，其亏损可能与源区残留石榴子石有关，配分模式显示不同程度的右倾型。在铕亏损方面，岩体铕的异常为负异常，δEu 平均值为 0.67，反映岩浆结晶过程中斜长石结晶分离程度不明显，即形成该岩体的岩浆很可能是下地壳低程度重熔形成的。

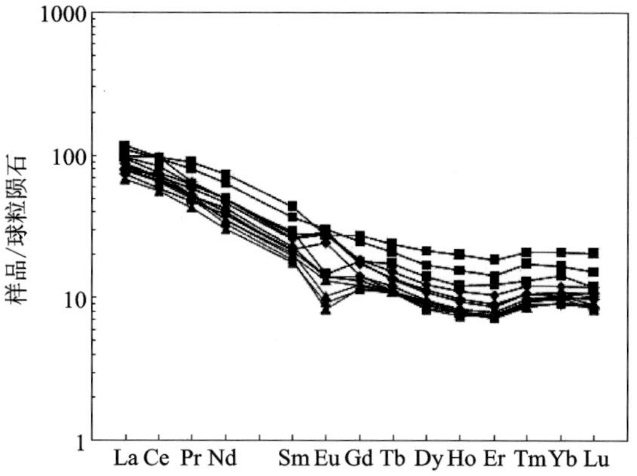

图 3-42 晚侏罗世花岗岩类稀土配分图

▲晚侏罗世花岗斑岩 ■ 晚侏罗世花岗闪长斑岩 ◆ 晚侏罗世英云闪长岩

3. 微量元素特征

(1)在原始地幔标准化微量元素蛛网图(图 3-43)上，岩石明显富集 Rb、Th、K 等大离子亲石元素和 Sr、Ba 相对富集，而 Nb、Ta、Ti 等高场强元素具有明显的负异常特征。Nb/Ta 比值在 7.52～20.84 之间，平均值为 14.18，低于原始地幔的 Nb/Ta 比值(17.5±2.0)，表明原始岩浆可能主要来源于下地壳。

(2)岩石中 Sr 的含量平均值为 42.58×10^{-6}($34.6\times10^{-6}\sim56.4\times10^{-6}$)，小于 100×10^{-6}；Yb 含量平均值为 1.65×10^{-6}($1.56\times10^{-6}\sim1.73\times10^{-6}$)，小于 2×10^{-6}。此特征属于张旗等(2006a)在研究中酸性岩浆岩(包括 SiO_2 大于 56%的中酸性火山岩和侵入岩)时，按 Sr 和 Yb 两个非常有地质意义的地球

化学指标分类中的低 Sr、低 Yb 花岗岩类型。Zr/Y 比值在 7.79～9.19 之间；Th/Yb 比值在 2.65～3.86之间；Ta/Yb 比值在 0.4～0.53 之间；Sr/Y 比值在 2.37～3.81 之间；Ti/Zr 比值在 3.82～4.46 之间。

晚侏罗世花岗斑岩元素分析结果见表 3-6。

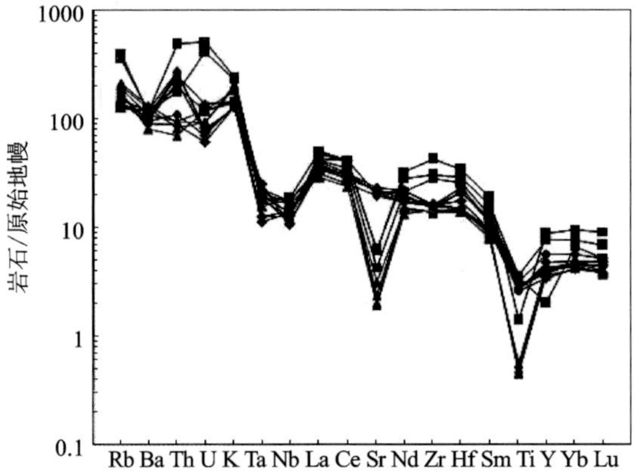

图 3-43 晚侏罗世花岗岩类微量元素蛛网图

▲晚侏罗世花岗斑岩 ■ 晚侏罗世花岗闪长斑岩 ◆ 晚侏罗世英云闪长岩

(二)花岗闪长斑岩地球化学特征

1. 常量元素特征

(1)SiO_2含量较高，SiO_2含量变化在 70.33%～70.89%之间，平均值为 70.63%。

(2)碱质含量相对较高，Na_2O+K_2O 含量变化为 6.52%～6.86%，平均值为 6.7%；相对富钾，K_2O/Na_2O 平均值为 2.64。

(3)岩石分异指数(DI)平均值为 84.82；Mg 偏高，MgO＝0.56%～0.89%，平均值为 0.67%；比 Yan 和 Chi(2005)定义的中国天山-兴安造山区花岗岩类的平均成分(MgO＝0.46%)明显偏高；Ca 偏高，CaO＝0.54%～1.17%，平均值为 0.78%；比 Yan 和 Chi(2005)定义的中国天山-兴安造山区的花岗岩类的平均成分(CaO＝1.32%)明显低，反映了花岗闪长斑岩经过较强的结晶分异作用。

(4)岩石里特曼指数平均值为 1.6，且在 SiO_2与碱度指数(AR)变异图中(图略)，AR 平均值为 2.7，属钙碱性岩石。

(5)岩石在 K_2O-SiO_2图解(图 3-41)上投到高钾钙碱性—钾玄岩系列范畴。

2. 稀土元素特征

稀土元素分析表明，岩体的稀土元素总量变化为 122.03×10^{-6}～161.04×10^{-6}，平均值为143.4×10^{-6}，轻、重稀土分馏程度较高[$(La/Yb)_N$＝5.97；LREE/HREE＝7.4](图 3-42)，属于轻稀土富集型，重稀土亏损，其亏损可能与源区残留石榴子石有关，配分模式显示不同程度的右倾型。在铕亏损方面，岩体铕的异常为中等负铕异常，δEu 平均值为 0.8，反映岩浆结晶过程中斜长石结晶分离程度不明显，即形成该岩体的岩浆很可能是下地壳低程度重熔形成的。

3. 微量元素特征

(1)在原始地幔标准化微量元素蛛网图(图 3-43)上，岩石明显富集 Rb、Th、K 等大离子亲石元素相对富集，而 Nb、Ta、Ti 等高场强元素和 Sr、Ba 具有明显的负异常特征。Nb/Ta 比值在 9.76～14.38 之间，平均值为 11.35，低于原始地幔的 Nb/Ta 比值(17.5±2.0)，表明原始岩浆可能主要来源于下地壳。

表 3-6 晚侏罗侏世花岗岩元素分析结果及特征参数

主量元素分析结果及特征参数																
样品编号	填图单元	岩性	SiO_2 (%)	TiO_2 (%)	Al_2O_3 (%)	Fe_2O_3 (%)	FeO (%)	MnO (%)	MgO (%)	CaO (%)	Na_2O (%)	K_2O (%)	P_2O_5 (%)	LOI (%)	总计 (%)	Na_2O+K_2O (%)	K_2O/Na_2O
G14-1	$\gamma\delta oJ_3$	黑云母英云闪长岩	66.93	0.45	14.94	2.33	1.60	0.07	1.34	3.39	4.18	2.91	0.14	1.39	99.67	7.09	0.70
G14-2	$\gamma\delta oJ_3$	黑云母英云闪长岩	65.79	0.43	15.20	3.05	1.08	0.07	1.13	3.32	4.07	2.85	0.15	2.59	99.73	6.92	0.70
PM203-4-1	$\gamma\delta oJ_3$	含角闪石黑云母英云闪长岩	63.48	0.42	14.58	2.85	0.81	0.06	0.94	5.60	4.02	2.85	0.08	4.08	99.77	6.87	0.71
PM203-4-2	$\gamma\delta oJ_3$	含角闪石黑云母英云闪长岩	64.17	0.45	15.95	3.30	0.58	0.08	1.89	3.20	3.79	2.86	0.05	3.47	99.79	6.65	0.75
PM203-4-3	$\gamma\delta oJ_3$	含角闪石黑云母英云闪长岩	66.30	0.42	15.49	3.19	0.76	0.06	0.94	2.85	3.91	2.78	0.03	3.04	99.78	6.69	0.71
PM203-4-4	$\gamma\delta oJ_3$	含角闪石黑云母英云闪长岩	66.26	0.50	15.29	3.06	1.26	0.09	1.22	3.14	4.24	3.12	0.15	1.40	99.72	7.36	0.74
PM201-7-1	$\gamma\delta\pi J_3$	土黄色花岗闪长斑岩	70.33	0.59	13.63	4.30	0.27	0.25	0.56	0.54	1.32	5.41	0.14	2.41	99.74	6.73	4.10
PM201-7-2	$\gamma\delta\pi J_3$	土黄色花岗闪长斑岩	70.66	0.22	13.70	3.49	0.54	0.03	0.57	1.17	3.45	3.07	0.04	2.86	99.80	6.52	0.89
G006	$\gamma\delta\pi J_3$	花岗闪长斑岩	70.89	0.56	14.19	2.79	0.66	0.12	0.89	0.62	1.74	5.12	0.14	2.10	99.82	6.86	2.94
D7080-1	$\gamma\pi J_3$	肉红色花岗斑岩	77.00	0.09	12.41	1.32	0.31	0.05	0.35	0.33	3.24	3.21	0.04	1.54	99.89	6.45	0.99
D7080-2	$\gamma\pi J_3$	肉红色花岗斑岩	76.01	0.07	13.28	1.15	0.31	0.04	0.20	0.15	3.74	4.11	0.03	0.78	99.87	7.85	1.10
D7080-3	$\gamma\pi J_3$	肉红色花岗斑岩	75.63	0.07	13.37	1.06	0.41	0.03	0.21	0.12	3.41	4.56	0.03	0.95	99.85	7.97	1.34
D7080-4	$\gamma\pi J_3$	肉红色花岗斑岩	76.17	0.08	13.10	1.07	0.36	0.07	0.25	0.40	3.16	4.01	0.03	1.15	99.85	7.17	1.27

续表 3-6

CIPW 标准矿物特征参数															
样品编号	Q (%)	An (%)	Ab (%)	Or (%)	A (%)	P (%)	Ap (%)	Cs (%)	Ilm (%)	Mt (%)	DI	A/CNK	SI	AR	R_1	R_2
G14-1	22.57	13.65	36.02	17.51	37.75	29.43	0.33	2.07	0.87	2.38	76.10	0.92	10.90	2.26	2218	735
G14-2	22.59	15.25	35.51	17.36	36.26	31.86	0.36	0.60	0.84	2.46	75.46	0.96	9.39	2.19	2219	731
PM203-4-1	18.92	13.94	35.60	17.63	37.51	29.66	0.19	9.35	0.83	2.17	72.15	0.73	8.30	2.03	2124	975
PM203-4-2	21.45	16.18	33.36	17.58	34.95	32.17	0.12	0	0.89	2.24	72.39	1.05	15.44	2.06	2235	779
PM203-4-3	25.33	14.42	34.26	17.01	35.55	30.14	0.08	0	0.83	2.31	76.60	1.06	8.23	2.15	2346	679
PM203-4-4	21.11	13.72	36.54	18.78	39.89	29.15	0.35	0.94	0.97	2.63	76.43	0.95	9.55	2.33	2091	709
PM201-7-1	40.31	1.83	11.51	32.93	43.83	2.44	0.33	0	1.15	2.67	84.75	1.51	4.82	2.81	2905	364
PM201-7-2	35.60	5.72	30.18	18.75	41.88	12.77	0.10	0	0.43	2.35	84.53	1.23	5.22	2.56	2744	436
G006	39.09	2.21	15.09	31.01	45.10	3.21	0.33	0	1.09	2.06	85.19	1.49	8.05	2.73	2874	398
D7080-1	45.03	1.41	27.90	19.30	45.30	3.31	0.09	0	0.17	0.96	92.23	1.32	4.18	3.05	3238	301
D7080-2	37.97	0.57	31.95	24.52	55.74	1.30	0.07	0	0.14	0.94	94.44	1.22	2.11	3.81	2760	289
D7080-3	37.92	0.42	29.19	27.26	56.01	0.86	0.07	0	0.14	0.96	94.37	1.24	2.19	3.89	2752	289
D7080-4	41.45	1.79	27.10	24.02	49.24	3.67	0.08	0	0.16	0.89	92.57	1.28	2.84	3.27	3015	316

稀土元素分析结果及特征参数																	
样品编号	La ($\times10^{-6}$)	Ce ($\times10^{-6}$)	Pr ($\times10^{-6}$)	Nd ($\times10^{-6}$)	Sm ($\times10^{-6}$)	Eu ($\times10^{-6}$)	Gd ($\times10^{-6}$)	Tb ($\times10^{-6}$)	Dy ($\times10^{-6}$)	Ho ($\times10^{-6}$)	Er ($\times10^{-6}$)	Tm ($\times10^{-6}$)	Yb ($\times10^{-6}$)	Lu ($\times10^{-6}$)	$(La/Yb)_N$	δEu	ΣREE ($\times10^{-6}$)	LREE/HREE
G14-1	19.30	41.00	4.93	20.00	3.46	0.82	2.87	0.45	2.46	0.47	1.33	0.25	1.73	0.28	7.50	0.78	99.35	9.10
G14-2	17.50	36.40	4.52	18.10	3.25	0.82	2.72	0.42	2.37	0.45	1.25	0.24	1.67	0.26	7.10	0.82	89.97	8.60
PM203-4-1	20.90	43.10	5.62	21.60	3.98	1.65	3.55	0.52	2.91	0.56	1.49	0.27	1.85	0.27	7.60	1.32	108.27	8.50
PM203-4-2	23.50	59.40	6.25	23.40	4.05	1.69	3.61	0.50	2.75	0.53	1.42	0.27	1.74	0.25	9.10	1.33	129.36	10.70
PM203-4-3	18.80	45.10	5.06	18.70	3.35	1.40	2.97	0.42	2.28	0.44	1.21	0.23	1.54	0.22	8.20	1.34	101.72	9.90
PM203-4-4	22.50	46.00	6.01	23.30	4.28	1.64	3.77	0.57	3.15	0.63	1.72	0.31	2.08	0.30	7.30	1.23	116.26	8.30
PM201-7-1	26.30	58.50	7.71	30.00	5.70	1.79	5.07	0.78	4.36	0.89	2.39	0.44	2.82	0.39	6.30	1.00	147.14	7.60
PM201-7-2	28.20	60.30	8.50	34.90	6.67	1.59	5.69	0.89	5.46	1.13	3.06	0.54	3.59	0.52	5.30	0.77	161.04	6.70
G006	23.00	51.00	5.94	23.00	4.48	0.85	3.75	0.65	3.54	0.68	2.04	0.34	2.46	0.30	6.30	0.62	122.03	7.90
D7080-1	16.10	34.50	4.11	14.30	2.72	0.54	2.35	0.41	2.27	0.45	1.22	0.24	1.71	0.21	6.30	0.64	81.13	8.20
D7080-2	19.80	42.90	4.83	16.50	3.11	0.59	2.53	0.42	2.17	0.44	1.19	0.22	1.56	0.23	8.60	0.63	96.49	10.00
D7080-3	20.40	42.70	4.99	16.60	3.01	0.77	2.49	0.41	2.25	0.45	1.23	0.24	1.73	0.23	8.00	0.84	97.50	9.80
D7080-4	18.90	40.10	4.73	15.70	2.84	0.48	2.40	0.41	2.11	0.42	1.23	0.22	1.58	0.22	8.10	0.55	91.34	9.60

续表 3-6

样品编号	微量元素分析结果及特征参数																
	Ba ($\times10^{-6}$)	Rb ($\times10^{-6}$)	Sr ($\times10^{-6}$)	Y ($\times10^{-6}$)	Zr ($\times10^{-6}$)	Th ($\times10^{-6}$)	U ($\times10^{-6}$)	Nb ($\times10^{-6}$)	Ta ($\times10^{-6}$)	Hf ($\times10^{-6}$)	Ni ($\times10^{-6}$)	Cr ($\times10^{-6}$)	Zr/Y	Th/Yb	Ta/Yb	Sr/Y	Ti/Zr	Ce/Yb
G14-1	490.00	94.20	394.00	14.50	137.00	6.97	1.28	7.85	0.51	4.05	4.00	8.83	9.45	4.03	0.29	27.17	19.75	23.70
G14-2	462.00	79.80	350.00	13.70	131.00	5.69	1.10	7.70	0.45	4.08	1.31	6.61	9.56	3.41	0.27	25.55	19.92	21.80
PM203-4-1	494.00	77.90	392.00	16.20	124.00	14.10	1.34	6.00	1.01	5.74	3.28	5.08	7.65	7.62	0.55	24.20	20.42	23.30
PM203-4-2	610.00	83.20	362.00	13.20	135.00	17.60	1.40	7.70	0.82	6.24	6.92	9.50	10.23	10.11	0.47	27.42	19.96	34.14
PM203-4-3	538.00	78.70	373.00	11.70	134.00	17.30	1.46	6.19	0.76	4.82	6.42	9.39	11.45	11.23	0.49	31.88	18.85	29.29
PM203-4-4	505.00	89.60	415.00	19.10	136.00	16.10	2.51	7.09	0.51	5.57	4.43	7.57	7.12	7.74	0.25	21.73	22.21	22.12
PM201-7-1	589.00	225.00	113.00	26.40	253.00	31.30	9.43	7.13	0.72	7.83	11.30	25.00	9.58	11.10	0.26	4.28	13.87	20.74
PM201-7-2	604.00	69.50	109.00	29.90	357.00	12.80	2.14	10.50	0.73	9.23	2.34	1.37	11.94	3.57	0.20	3.65	3.77	16.80
G006	619.00	198.00	76.80	6.88	232.00	11.20	7.47	7.71	0.79	7.08	9.57	23.90	33.72	4.55	0.32	11.16	14.57	20.73
D7080-1	416.00	93.50	34.60	14.60	121.00	4.54	2.14	9.43	0.75	3.85	1.31	0.26	8.29	2.65	0.44	2.37	4.46	20.18
D7080-2	644.00	113.00	36.50	12.30	113.00	5.33	1.68	9.68	0.83	3.82	1.75	0.63	9.19	3.42	0.53	2.97	3.93	27.50
D7080-3	689.00	117.00	42.80	13.10	113.00	6.02	1.66	9.79	0.90	4.07	1.11	2.52	8.63	3.48	0.52	3.27	3.82	24.68
D7080-4	564.00	107.00	56.40	14.80	118.00	6.10	2.16	10.20	0.63	3.74	0.66	0.58	7.97	3.86	0.40	3.81	4.12	25.38

注：样品均由沈阳地质调查中心测试中心分析。Q. 石英；An. 钙长石；Ab. 钠长石；Or. 钾长石；A. 碱性长石；P. 斜长石；Ap. 磷灰岩；Cs. 刚玉；Ilm. 钛铁矿；Mt. 磁铁矿；DI. 分异指数；SI. 固结指数；AR. 碱度指数；$R_1=4Si-11(Na+K)-2(Fe+Ti)$；$R_2=6Ca+2Mg+Al$。

(2)岩石中 Sr 的含量平均值为 99.6×10^{-6}($76.8\times10^{-6}\sim113\times10^{-6}$),小于 100×10^{-6};Yb 含量平均值为 2.96×10^{-6}($2.46\times10^{-6}\sim3.59\times10^{-6}$),大于 2×10^{-6}。此特征属于张旗等(2006a)在研究中酸性岩浆岩(包括 SiO_2 大于 56%的中酸性火山岩和侵入岩)时,按 Sr 和 Yb 两个非常有地质意义的地球化学指标分类中的低 Sr、高 Yb 花岗岩类型。Zr/Y 比值在 9.58~33.72 之间;Th/Yb 比值在 3.57~11.1 之间;Ta/Yb 比值在 0.2~0.32 之间;Sr/Y 比值在 3.65~11.16 之间;Ti/ Zr 比值在 3.77~14.57 之间。

晚侏罗世花岗闪长岩元素分析结果见表 3-6。

(三)晚侏罗世英云闪长岩地球化学特征

1. 常量元素特征

(1)SiO_2 含量变化在 63.48%~66.93%之间,平均值为 65.49%。

(2)碱质含量相对较高,Na_2O+K_2O 含量变化为 6.65%~7.36%,平均值为 6.93%;相对富钠,K_2O/Na_2O 平均值为 0.72。

(3)岩石分异指数(DI)平均值为 74.86;Mg 偏高,MgO=0.94%~1.89%,平均值为 1.24%;比 Yan 和 Chi(2005)定义的中国天山-兴安造山区的花岗岩类的平均成分(MgO=0.46%)明显偏高;Ca 偏高,CaO=2.85%~5.6%,平均值为 3.58%;比 Yan 和 Chi(2005)定义的中国天山-兴安造山区的花岗岩类平均成分(CaO=1.32%)明显偏高,反映了英云闪长岩经过部分结晶分异作用。

(4)岩石里特曼指数平均值为 2.09,且在 SiO_2 与碱度指数(AR)变异图中(图略),AR 平均值为 2.17,属钙碱性岩石。

(5)岩石在 SiO_2-K_2O 图解(图 3-41)上投到高钾钙碱性系列范畴。

2. 稀土元素特征

稀土元素分析表明,岩体的稀土元素总量变化为$(89.97\sim129.36)\times10^{-6}$,平均值为 107.49×10^{-6},轻、重稀土分馏程度较高[$(La/Yb)_N=7.8$;LREE/HREE=9.18](图 3-42),属于轻稀土富集型,重稀土亏损,其亏损可能与源区残留石榴子石有关,配分模式显示不同程度的右倾型。在铕亏损方面,岩体铕的异常有正、负异常,δEu 平均值为 1.14。

3. 微量元素特征

(1)在原始地幔标准化微量元素蛛网图(图 3-43)上,岩石明显富集 Rb、Th、K 等大离子亲石元素相对富集,而 Nb、Ta、Ti 等高场强元素和 Ba 具有明显的负异常特征。Nb/Ta 比值在 5.94~17.11 之间,平均值为 11.65,略低于原始地幔的 Nb/Ta 比值(17.5±2.0),表明原始岩浆可能主要来源于下地壳。

(2)岩石中 Sr 的含量平均值为 381×10^{-6}($350\times10^{-6}\sim415\times10^{-6}$),大于 100×10^{-6};Yb 含量平均值为 1.77×10^{-6}($1.54\times10^{-6}\sim2.08\times10^{-6}$),小于 2×10^{-6}。此特征属于张旗等(2006a)在研究中酸性岩浆岩(包括 SiO_2 大于 56%的中酸性火山岩和侵入岩)时,按 Sr 和 Yb 两个非常有地质意义的地球化学指标分类中的高 Sr、低 Yb 花岗岩类型。Zr/Y 比值在 7.12~11.45 之间;Th/Yb 比值在 3.41~11.23 之间;Ta/Yb 比值在 0.25~0.55 之间;Sr/Y 比值在 21.73~31.88 之间;Ti/ Zr 比值在 18.85~22.21 之间。

晚侏罗世英云闪长岩元素分析结果见表 3-6。

三、晚侏罗世花岗岩岩石成因

本书所研究的中生代晚侏罗世花岗岩在成因类型上应归属Ⅰ型花岗岩范畴，主要依据如下。

(1)研究区晚侏罗世花岗岩中暗色矿物以角闪石、黑云母为主，无原生白云母，显示出Ⅰ型花岗岩的特点。

(2)主量元素 SiO_2 含量较高(平均值为 70%)，并相对富碱(K_2O+Na_2O 平均值为 7.01)，在 Ce - SiO_2 图解(图 3 - 44)中，所有的数据点都投影在Ⅰ型花岗岩区域。

(3)图 3 - 45 显示了所分析的样品微量元素与标准下陆壳数值进行标准化图解，比较发现微量元素的总体特征与下地壳的微量元素有明显的相似性，但 Sr、Ti 亏损，特别是 Nb 的亏损，大离子亲石元素相对富集，Nb/Ta 比值在 5.94～17.11 之间，平均值为 11.65，略低于原始地幔的 Nb/Ta 比值(17.5±2.0)，揭示了形成该岩石很可能是来源于下地壳。

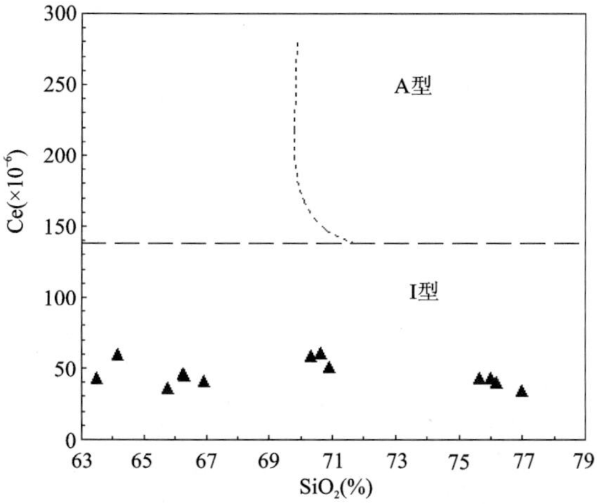

图 3 - 44 晚侏罗世花岗岩类 Ce - SiO_2 图

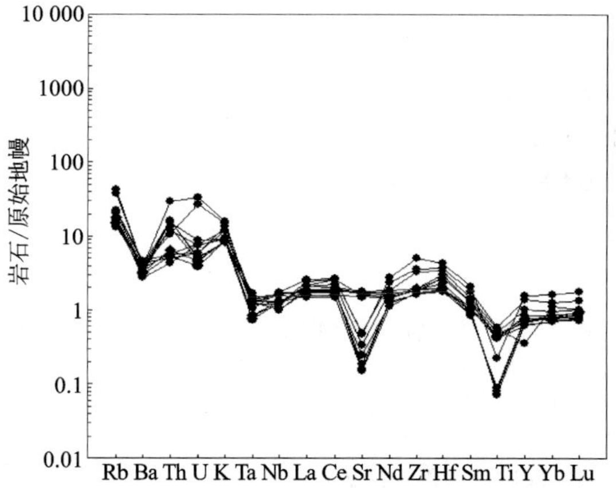

图 3 - 45 晚侏罗世花岗岩类微量元素蛛网图

(4)轻、重稀土分馏明显，属于轻稀土富集型，重稀土亏损，其亏损可能与源区残留石榴子石有关，配分模式显示不同程度的右倾型，在铕亏损方面，在 $(La/Yb)_N-\delta Eu$ 图解上，大部分数据点均落在壳幔源型花岗岩区域内(图略)，少量数据点落在壳源型花岗岩区域内。

(5)在张旗等(2008)对全球大多数中酸性侵入岩进行总结的基础上，按其定义的花岗岩 Sr - Yb 的分类图和相应的相图，该套岩体(Sr 含量平均值为 212×10^{-6}，小于 400×10^{-6}；Yb 含量平均值为 1.99×10^{-6}，小于 2×10^{-6})属于喜马拉雅型花岗岩，贫 Sr 表明残留相有斜长石，贫 Yb 表明残留相有石榴子石，源岩可能为含石榴子石和斜长石的高压麻粒岩相，岩体属于高钾钙碱性系列，可能形成于加厚地壳部分熔融的结果，其形成的压力可能在 0.8～1.5GPa 之间，推测当时的地壳厚度可能在 40～50km 之间。

第五节 早白垩世花岗岩的同位素年代学及地球化学特征

一、早白垩世花岗岩锆石 U - Pb 年龄

早白垩世花岗岩锆石 CL 图见图 3 - 46，锆石 U - Pb 年龄谐和图见图 3 - 47。

样品PM106－21－1采自夏皮铺一带，岩性为碱长花岗岩，测试了20个单颗粒锆石。锆石多为长、短柱状，少量粒状，粒径为100～300μm，长宽比为1∶1～3∶1。CL图像（图3－46）显示锆石内部具有典型岩浆振荡环带，表明它们是岩浆结晶形成。锆石样品Pb含量为7×10⁻⁶～72×10⁻⁶，U含量为324×10⁻⁶～3390×10⁻⁶，20个测点均落在谐和线上，其$^{206}Pb/^{238}U$加权平均年龄为141±1Ma（图3－47a），可以代表岩体形成时代。

样品G007采自中心屯西一带，岩性为花岗斑岩，对该样品测定了12个单颗粒锆石。锆石多为短柱状，少量长柱状，粒径为100～150μm，长宽比为1∶1～2∶1。CL图像（图3－46）显示内部具有典型岩浆振荡环带，表明其是岩浆成因。锆石样品Pb含量为3×10^{-6}～95×10^{-6}，U含量为122×10^{-6}～289×10^{-6}，12个测点均落在谐和线上，其$^{206}Pb/^{238}U$加权平均年龄为136.4±1.1Ma（图3－47b），可以代表岩体的形成时代。

样品G009采自中心屯西一带，岩性为花岗闪长斑岩，测定了8个单颗粒锆石。锆石多为短柱状，粒径为100～150μm，长宽比为1∶1～2∶1。CL图像（图3－46）显示内部具有典型的环带结构，表明它们是岩浆结晶形成的。锆石样品Pb含量为1×10^{-6}～200×10^{-6}，U含量为35×10^{-6}～347×10^{-6}，8个测点均落在谐和线上，其$^{206}Pb/^{238}U$加权平均年龄为127±1.1Ma（图3－47c），可以代表岩体的岩浆结晶时代。

样品PM102－41－1采自夏皮铺一带，岩性为花岗斑岩，测试了15个单颗粒锆石。锆石多为短柱状，少量长柱状，粒径为100～150μm，长宽比为1∶1～2∶1。CL图像（图3－46）显示锆石内部具有典型岩浆振荡环带，表明其为岩浆成因。锆石样品Pb含量为24×10^{-6}～166×10^{-6}，U含量为133×10^{-6}～363×10^{-6}，15个测点均落在谐和线上，其$^{206}Pb/^{238}U$加权平均年龄为135±1Ma（图3－47d），可以代表岩体的形成时代。

结合野外调查资料及同位素年龄测试结果，该花岗岩形成时代为早白垩世。

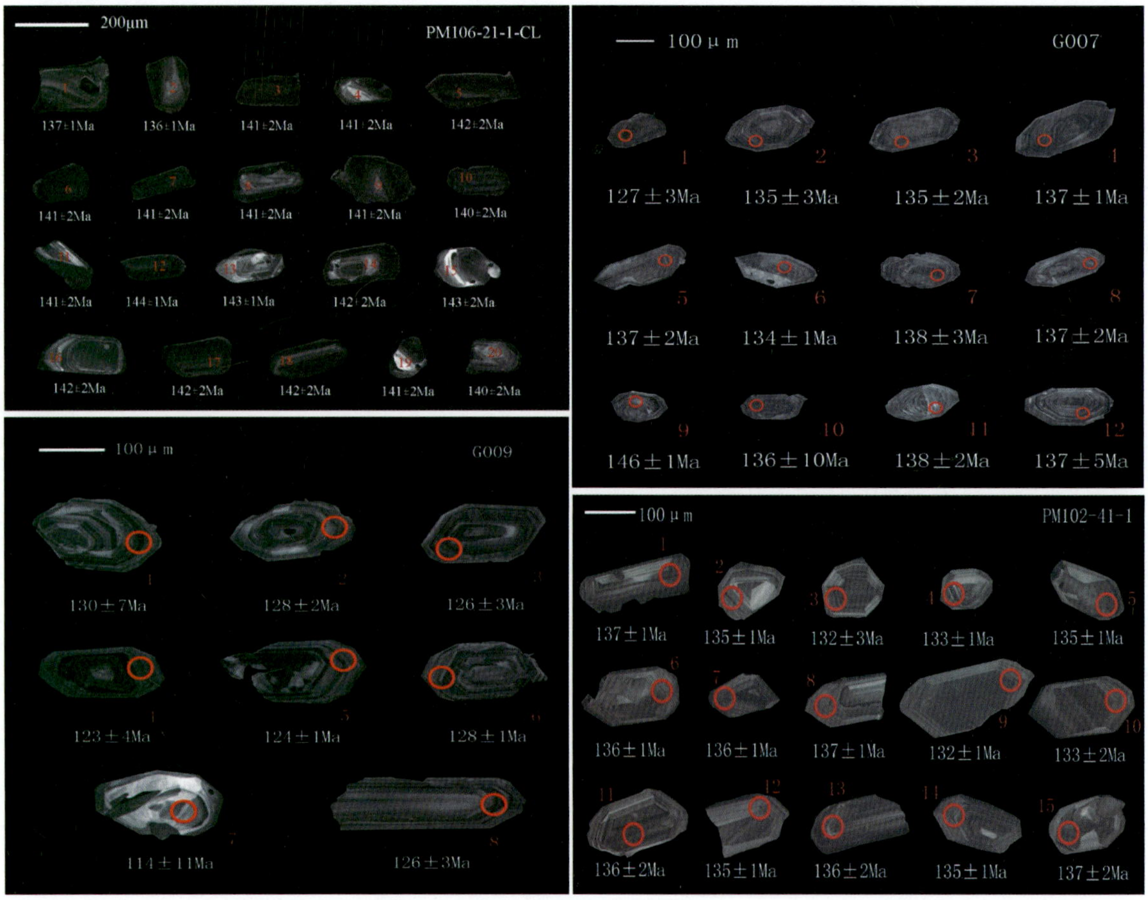

图3－46　早白垩世花岗岩锆石CL图像

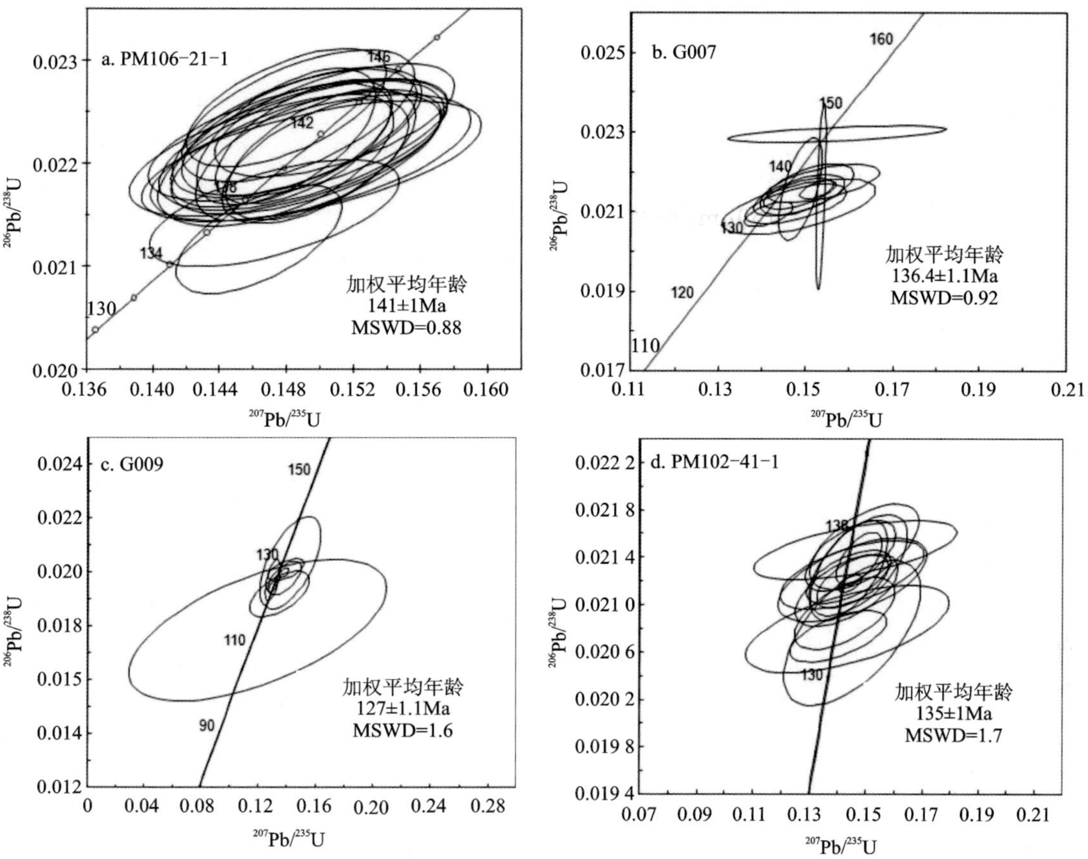

图 3-47 早白垩世花岗岩锆石年龄谐和图

二、早白垩世花岗岩地球化学特征

1. 常量元素特征

(1)SiO_2含量高,SiO_2含量变化在 74.31%~76.3%之间,平均值为 75.29%。

(2)碱质含量相对较高,Na_2O+K_2O 含量变化为 8.41%~8.78%,平均值为 8.52%;富钾,K_2O/Na_2O 变化在 1.12~1.57 之间,平均值为 1.34。

(3)岩石分异指数(DI)平均值为 94.09;Mg 偏低,MgO=0.18%~0.29%,平均值为 0.22%;低于 Yan 和 Chi(2005)定义的中国天山-兴安造山区的花岗岩类的平均成分(MgO=0.46%);Ca 偏高,CaO=0.39%~0.91%,平均值为 0.58%;比 Yan 和 Chi(2005)定义的中国天山-兴安造山区的花岗岩类的平均成分(CaO=1.32%)低,反映了花岗斑岩经过强的结晶分异作用。

(4)岩石里特曼指数平均值为 2.24,且在 SiO_2 与碱度指数(AR)变异图中(图略),AR 平均值为 4.41,属钙碱性岩石。

(5)岩石在 Na_2O-K_2O 图解上投到 A 型花岗岩区(图 3-48);在 K_2O-SiO_2 图解(图 3-49)上投到高钾钙碱性系列范畴。

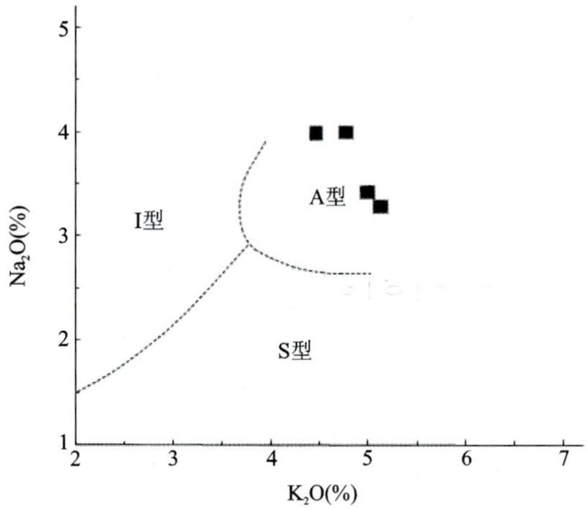

图 3-48 早白垩世花岗岩类 Na_2O-K_2O 图解

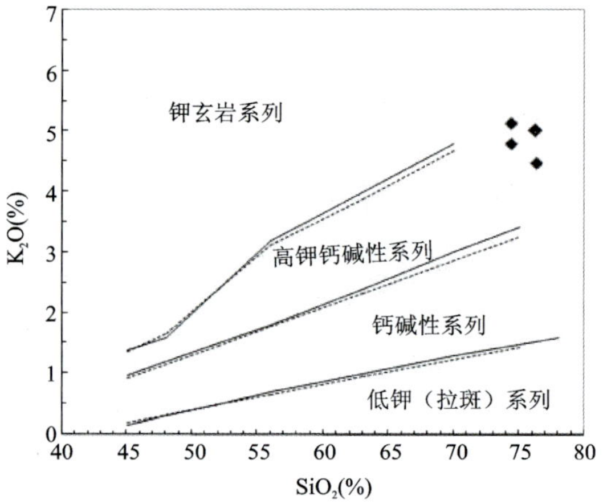

图 3-49 早白垩世花岗岩类 K_2O-SiO_2 图解

2. 稀土元素特征

稀土元素分析表明，岩体ΣREE 变化为 $81.47\times10^{-6}\sim149.04\times10^{-6}$，平均值为 107.53×10^{-6}，轻、重稀土分馏程度不明显[$(La/Yb)_N=2.2$；LREE/HREE=3.65]（图 3-50），属于轻稀土富集型，重稀土亏损，其亏损可能与源区残留石榴子石有关，配分模式显示不同程度的右倾型。在铕亏损方面，岩体铕有较强的负异常，δEu 平均值为 0.21，反映岩浆结晶过程中斜长石结晶分离程度明显，即形成该岩体的岩浆很可能是上地壳重熔形成的。

3. 微量元素特征

(1)在原始地幔标准化微量元素蛛网图(图 3-51)上，岩石明显富集 Rb、Th、K 等大离子亲石元素相对富集，而 Nb、Ta、Ti 等高场强元素具有明显的负异常特征。Nb/Ta 比值在 7.24～11.03 之间，平均值为 8.73，低于原始地幔的 Nb/Ta 比值(17.5±2.0)，表明原始岩浆可能主要来源于上地壳。

(2)岩石中 Sr 的含量平均值为 98.05×10^{-6}($59\times10^{-6}\sim134\times10^{-6}$)，小于 100×10^{-6}；Yb 含量平均值为 5.08×10^{-6}($3.7\times10^{-6}\sim6.18\times10^{-6}$)，大于 2×10^{-6}。此特征属于张旗等(2006a)在研究中酸性岩浆岩(包括 SiO_2 大于 56%的中酸性火山岩和侵入岩)时，按 Sr 和 Yb 两个非常有地质意义的地球化学指标分类中的非常低 Sr、高 Yb 花岗岩类型。

早白垩世碱长花岗岩元素分析特征见表 3-7。

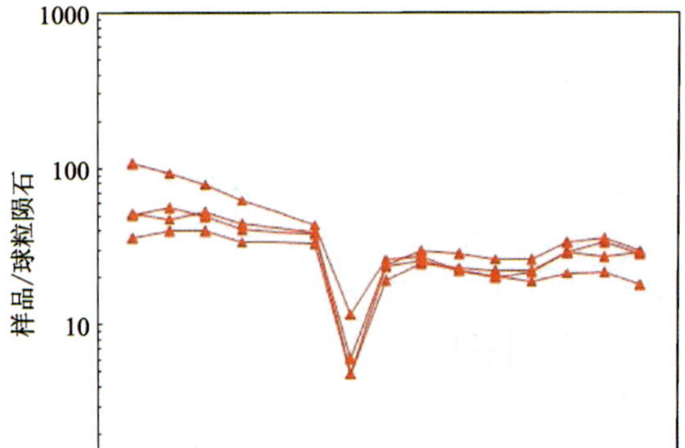

图 3-50 早白垩世花岗岩类稀土配分图

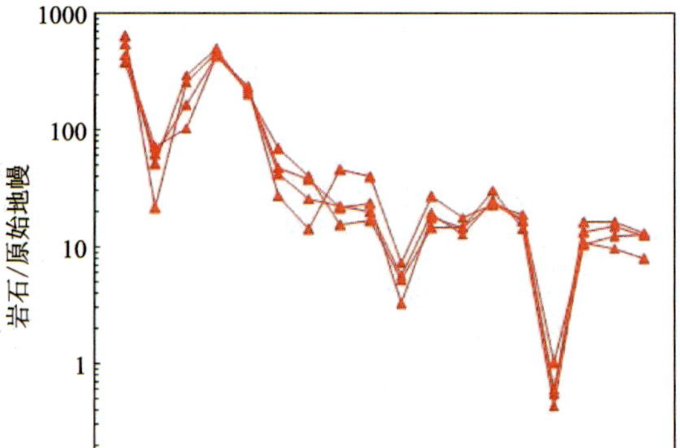

图 3-51 早白垩世花岗岩类微量元素蛛网图

表 3-7　早白垩世碱长花岗岩分析结果及特征参数计算

碱长花岗岩主量元素分析结果及特征参数

样品编号	填图单元	SiO_2 (%)	TiO_2 (%)	Al_2O_3 (%)	Fe_2O_3 (%)	FeO (%)	MnO (%)	MgO (%)	CaO (%)	Na_2O (%)	K_2O (%)	P_2O_5 (%)	LOI (%)	总计 (%)	Na_2O+K_2O (%)	K_2O/Na_2O
PM106-21-1	$\chi\rho\gamma K_1$	74.32	0.10	13.42	1.06	0.74	0.02	0.22	0.52	3.99	4.79	0.02	0.60	99.80	8.78	1.20
PM106-21-1-1	$\chi\rho\gamma K_1$	74.31	0.17	13.14	1.14	0.54	0.02	0.29	0.91	3.27	5.14	0.09	0.84	99.86	8.41	1.57
PM106-21-2	$\chi\rho\gamma K_1$	76.23	0.09	12.58	0.84	0.36	0.01	0.20	0.49	3.41	5.01	0.03	0.65	99.90	8.42	1.47
PM106-21-3	$\chi\rho\gamma K_1$	76.30	0.07	12.72	0.79	0.40	0.01	0.18	0.39	3.98	4.47	0.03	0.53	99.87	8.45	1.12

碱长花岗岩 CIPW 标准矿物特征参数

样品编号	Q (%)	An (%)	Ab (%)	Or (%)	A (%)	P (%)	Ap (%)	Cs (%)	Ilm (%)	Mt (%)	DI	A/CNK	SI	AR	R_1	R_2
PM106-21-1	31.25	2.46	34.04	28.54	59.88	5.16	0.05	0	0.19	1.24	93.83	1.06	2.04	4.40	2383	333
PM106-21-1-1	33.50	3.95	27.95	30.69	55.45	7.14	0.22	0	0.33	1.12	92.14	1.04	2.80	3.98	2564	373
PM106-21-2	35.97	2.28	29.08	29.84	56.86	4.34	0.06	0	0.17	0.80	94.89	1.06	2.04	4.62	2682	312
PM106-21-3	34.98	1.78	33.91	26.60	58.38	3.91	0.06	0	0.13	0.80	95.49	1.05	1.84	4.63	2608	302

碱长花岗岩稀土元素分析结果及特征参数

样品编号	La ($\times10^{-6}$)	Ce ($\times10^{-6}$)	Pr ($\times10^{-6}$)	Nd ($\times10^{-6}$)	Sm ($\times10^{-6}$)	Eu ($\times10^{-6}$)	Gd ($\times10^{-6}$)	Tb ($\times10^{-6}$)	Dy ($\times10^{-6}$)	Ho ($\times10^{-6}$)	Er ($\times10^{-6}$)	Tm ($\times10^{-6}$)	Yb ($\times10^{-6}$)	Lu ($\times10^{-6}$)	$(La/Yb)_N$	δEu	ΣREE ($\times10^{-6}$)	LREE/HREE
PM106-21-1	12.40	29.40	5.00	20.80	5.98	0.28	4.86	0.96	5.65	1.13	3.59	0.75	4.70	0.75	1.80	0.15	96.25	3.30
PM106-21-1-1	25.60	57.70	7.58	29.50	6.73	0.68	5.48	1.04	5.71	1.16	3.15	0.55	3.70	0.46	4.70	0.33	149.04	6.00
PM106-21-2	12.00	34.20	4.68	19.20	5.91	0.35	4.96	1.12	7.26	1.51	4.36	0.87	6.18	0.77	1.30	0.19	103.37	2.80
PM106-21-3	8.60	24.70	3.79	16.00	5.11	0.28	3.93	0.93	5.94	1.26	3.71	0.75	5.74	0.73	1.00	0.18	81.47	2.50

碱长花岗岩微量元素分析结果及特征参数

样品编号	Ba ($\times10^{-6}$)	Rb ($\times10^{-6}$)	Sr ($\times10^{-6}$)	Y ($\times10^{-6}$)	Zr ($\times10^{-6}$)	Th ($\times10^{-6}$)	U ($\times10^{-6}$)	Nb ($\times10^{-6}$)	Ta ($\times10^{-6}$)	Hf ($\times10^{-6}$)	Ni ($\times10^{-6}$)	Cr ($\times10^{-6}$)	Zr/Y	Th/Yb	Ta/Yb	Sr/Y	Ti/Zr	Ce/Yb
PM106-21-1	366.00	245.00	104.00	36.50	109.00	6.73	7.85	14.70	1.71	6.79	3.11	2.44	2.99	1.43	0.36	2.85	5.41	6.26
PM106-21-1-1	321.00	214.00	134.00	37.00	152.00	10.60	8.03	8.04	1.11	6.25	3.38	0.61	4.11	2.86	0.30	3.62	6.59	15.59
PM106-21-2	112.00	354.00	59.00	56.40	124.00	16.80	8.32	21.40	1.94	6.39	3.02	0.47	2.20	2.72	0.31	1.05	4.35	5.53
PM106-21-3	266.00	307.00	95.20	46.60	125.00	19.40	9.05	22.50	2.79	8.40	3.26	15.26	2.68	3.38	0.49	2.04	3.41	4.30

注：样品均由沈阳地质调查中心测试中心分析。Q. 石英；An. 钙长石；Ab. 钠长石；Or. 钾长石；A. 碱性长石；P. 斜长石；Ap. 磷灰石；Cs. 刚玉；Ilm. 钛铁矿；Mt. 磁铁矿；DI. 分异指数；SI. 固结指数；AR. 碱度指数；$R_1=4Si-11(Na+K)-2(Fe+Ti)$；$R_2=6Ca+2Mg+Al$。

三、早白垩世花岗岩岩石成因

碱长花岗岩主量元素显示高硅、高碱、相对富钾，贫钙、贫镁和低钛的特征，其 FeO^T/MgO 值高(平均值为 6.2)，与 A 型花岗岩具高铁镁比值的特征基本吻合(Whalen et al.，1996)。微量元素同样具有 A 型花岗岩的特征，如较高的 Zr、Y 和 Yb 质量分数和较低的 Ba、Sr、Eu 和 Ti 质量分数，表明源区残留相有斜长石，指示源区深度较浅，与埃达克岩成鲜明的对比(张旗等，2006b)。由于高分异的 I 型、S 型花岗岩的诸多特征与 A 型花岗岩十分相似，因此有必要在化学成分上加以区分。与 A 型花岗岩比较，高分异的 I 型花岗岩则具有很低的 FeO^T($<1.00\%$)；本区碱长花岗岩较高的 FeO^T(平均值为 1.36%)可区别于高分异的 I 型型花岗岩；高分异的 S 型花岗岩具有更低的 Na_2O(平均值为 0.14%)和更高的 P_2O_5(平均值为 2.81%)(贾小辉等，2009)。本区碱长花岗岩较低的 P_2O_5(平均值为 0.04%)和较高的 Na_2O(平均值为 3.66%)明显区别于高分异的 S 型花岗岩。在 Na_2O-K_2O 图解(图 3-48)、$(Na_2O+K_2O)/CaO-(Zr+Nb+Ce+Y)$ 图解(图略)、$FeO^T/MgO-SiO_2$ 图解(图略)上均落于 A 型花岗岩区域。因此，本区碱长花岗岩属于 A 型花岗岩(宋维民等，2014c)。

测试数据分析投图，在 Yb-Ta 判别图(图 3-52)上岩石投点多均位于板内花岗岩区。研究区位于大兴安岭中南部的乌兰浩特南部地区，属华北板块北缘晚古生代陆缘增生带，在晚古生代—早中生代初期处于华北板块与西伯利亚板块之间的缝合-造山带，中生代以来主要与太平洋板块的俯冲碰撞后伸展有关。该套岩石记录了区域大地构造演化过程中的基本信息。

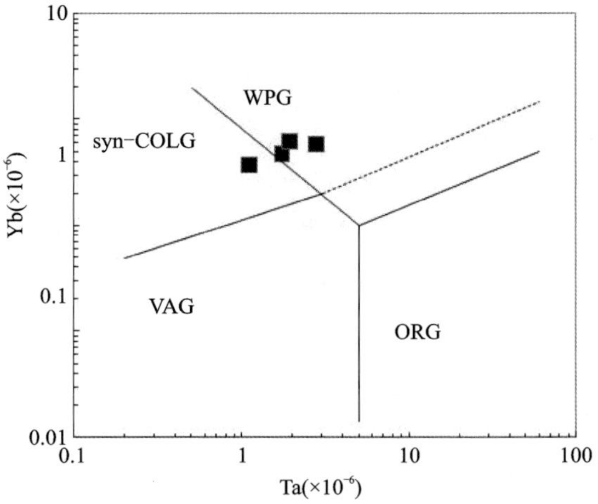

图 3-52 碱长花岗岩 Yb-Ta 构造判别图
WPG. 板内花岗岩；syn-COLG. 同碰撞花岗岩；VAG. 火山弧花岗岩；ORG. 洋脊花岗岩

第六节 晚侏罗世火山岩的同位素年代学及地球化学特征

一、晚侏罗世火山岩锆石 U-Pb 年龄

研究区晚侏罗世火山岩部分锆石的 CL 图像见图 3-53，锆石 U-Pb 年龄谐和图见图 3-54。

样品 D7248-1 采自突泉县北一带，岩性为紫红色球粒流纹岩，对该样品测定了 11 个单颗粒锆石。锆石多为长、短柱状，少量粒状，粒径为 80～150μm，长宽比为 1∶1～2∶1。CL 图像(图 3-53)显示锆石内部具有典型的环带结构，表明它们是岩浆结晶形成。锆石样品 Pb 含量为 $9\times10^{-6}\sim63\times10^{-6}$，U 含量为 $53\times10^{-6}\sim309\times10^{-6}$，11 个测点均落在谐和线上，其 $^{206}Pb/^{238}U$ 加权平均年龄为 160±2.6Ma(图 3-54a)，可以代表岩石形成时代。

样品 D7253-1 采自突泉县北一带，岩性为灰白色球粒流纹岩，对该样品测定了 19 个单颗粒锆石。锆石多为长、短柱状，少量粒状，粒径为 100～200μm，长宽比为 1∶1～3∶1。CL 图像(图 3-53)显示锆石内部具有典型的环带结构，显示它们是岩浆结晶形成。锆石样品 Pb 含量为 $13\times10^{-6}\sim189\times10^{-6}$，U 含量为 $109\times10^{-6}\sim257\times10^{-6}$，19 个测点均落在谐和线上，其 $^{206}Pb/^{238}U$ 加权平均年龄为 151±1.6Ma(图 3-54b)，代表岩石形成时代。

样品 G004 岩性为紫色英安岩，对该样品测定了 17 个单颗粒锆石。锆石多为长、短柱状，少量粒状，粒径为 80～200μm，长宽比为 1∶1～4∶1。CL 图像(图 3－53)显示锆石内部具有典型岩浆振荡环带，表明为岩浆成因。锆石样品 Pb 含量为 6×10^{-6}～191×10^{-6}，U 含量为 24×10^{-6}～358×10^{-6}，17 个测点均落在谐和线上，其 $^{206}Pb/^{238}U$ 加权平均年龄为 153±1Ma(图 3－54c)，可以代表岩石形成时代。

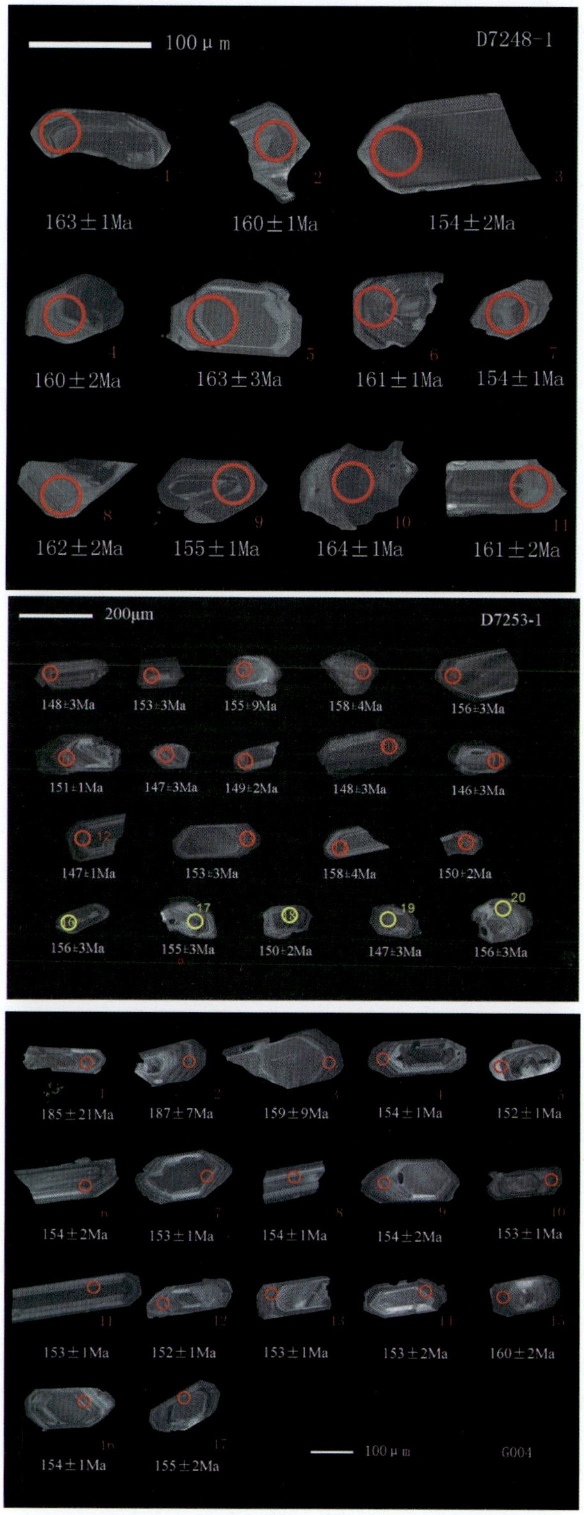

图 3－53 晚侏罗世火山岩锆石 CL 图像

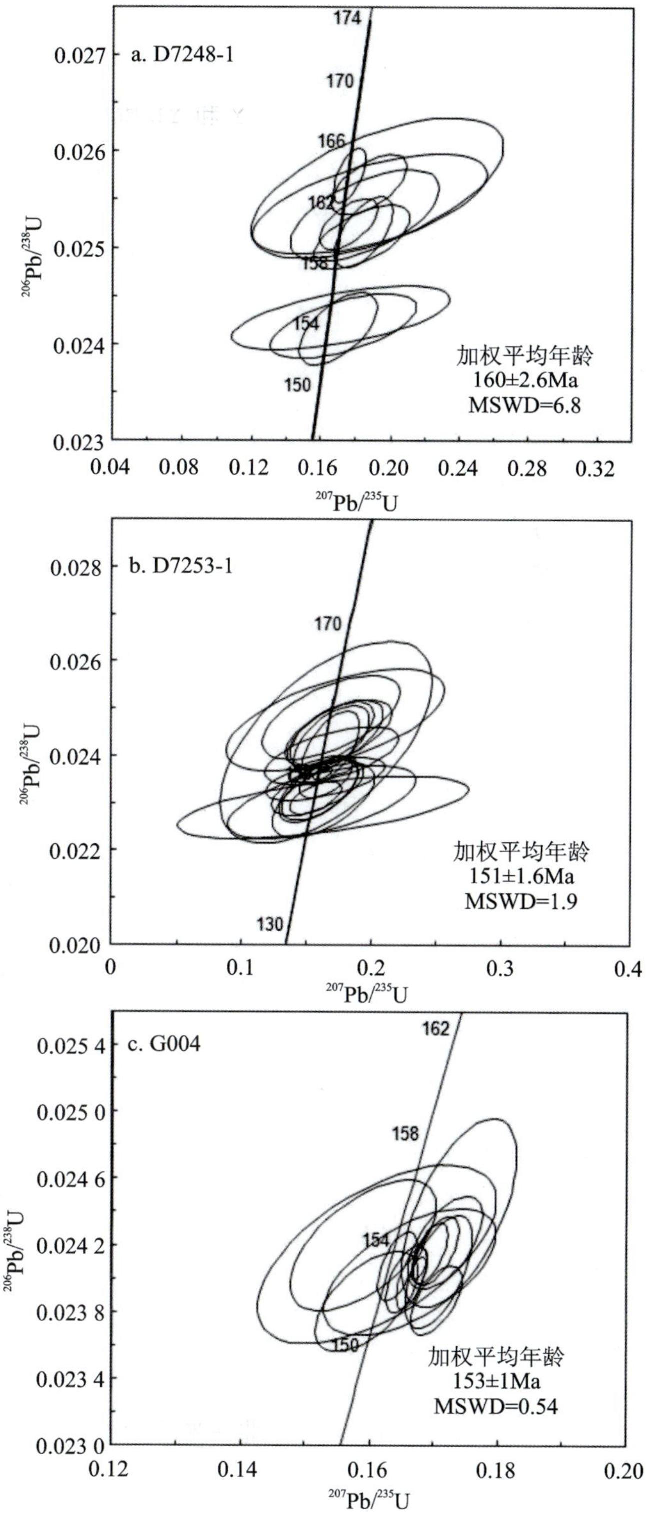

图 3－54 晚侏罗世火山岩锆石年龄谐和图

二、晚侏罗世火山岩地球化学特征

(一)满克头鄂博期火山岩地球化学特征

1.常量元素特征

满克头鄂博期火山岩(英安岩)中 SiO_2 含量为 70.72%～76.11%,在岩石分类 TAS 图解上(图 3-55)落入流纹岩区,与区内野外薄片定名基本符合。在 K_2O-SiO_2 分类图解(图 3-56)落入高钾钙碱性区域,K_2O 含量相对较高。综合上述分类,研究区满克头鄂博期英安岩属于高钾钙碱性系列岩石。

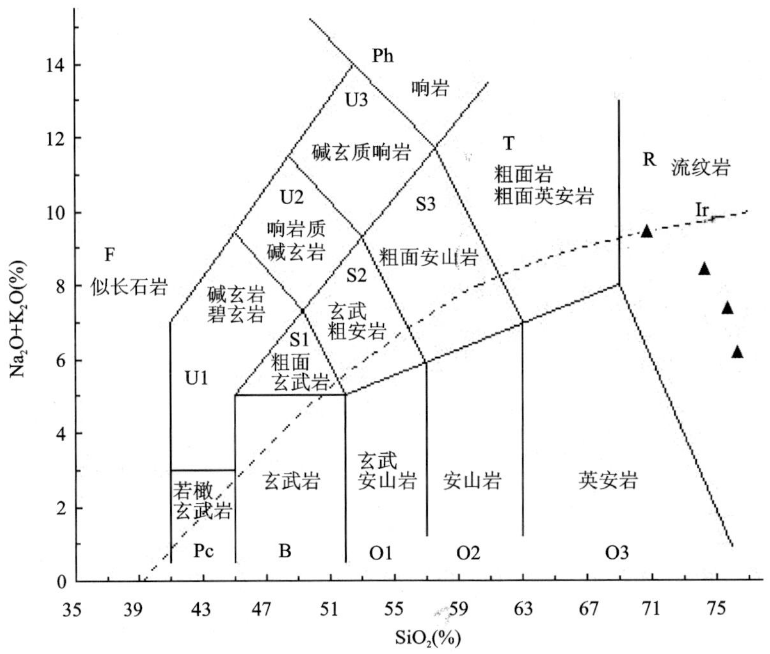

图 3-55　满克头鄂博期火山岩 TAS 图解

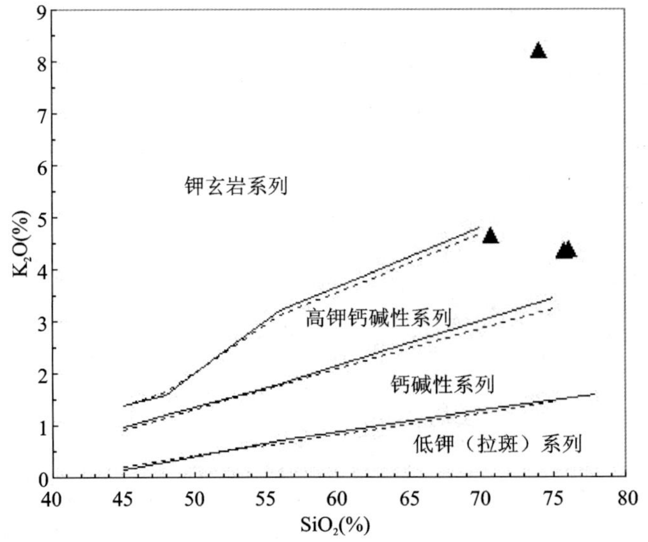

图 3-56　满克头鄂博期火山岩 K_2O-SiO_2 分类图解

2. 稀土元素特征

满克头鄂博组英安岩中$\sum REE=116.02\times10^{-6}$(平均值),配分曲线右倾(图 3-57),曲线平滑,轻重稀土分馏明显,富集轻稀土,轻稀土(LREE)曲线较陡,重稀土(HREE)曲线较缓;$(La/Yb)_N=5.8$(平均值);铕负异常,$\delta Eu=0.4$(平均值),表明岩浆源区的残留矿物中有角闪石存在或发生过角闪石的分离结晶作用。

3. 微量元素特征

微量元素分析结果显示,满克头鄂博组英安岩微量元素标准化蛛网图曲线右倾(图 3-58),总体上呈隆起特征,高度富集 Rb、Ba 等大离子离石元素(LILE)和轻稀土元素(LREE),强烈亏损 Nb、Ta、Ti 等高场强元素,Th/Yb =2.71,Ta/Yb =0.28。

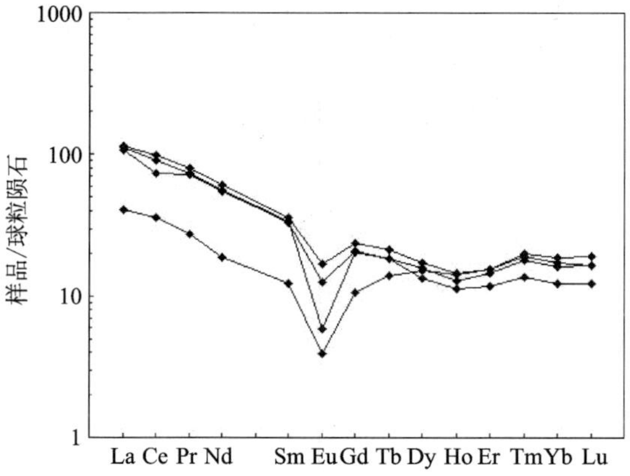

图 3-57 满克头鄂博期火山岩稀土配分图

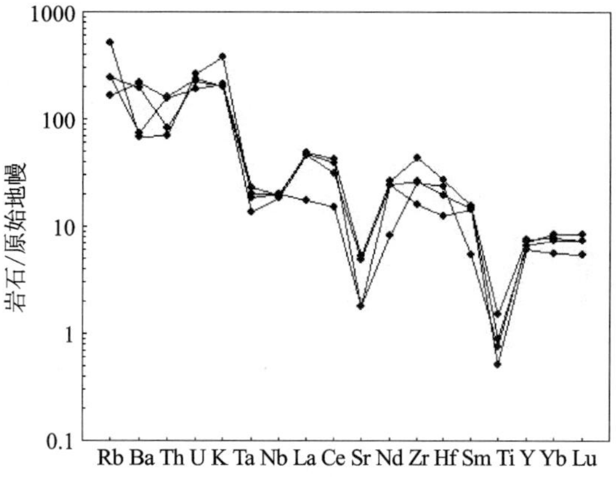

图 3-58 满克头鄂博期火山岩微量元素原始地幔标准化蛛网图

4. 岩石成因

满克头鄂博期英安岩在 Nb-Y 图解中数据投点均落入火山弧+同碰撞型区域内(图 3-59)。满克头鄂博期流纹岩地球化学特征 SiO_2 含量在 70.72%~76.11%之间,Na_2O+K_2O 含量值为 4.99%~10.67%,Na_2O/K_2O 比值为 0.14~2.16,钾钠含量相差不大且相对富钾,里特曼指数均小于 3。在 SiO_2-K_2O 图解上,大部分样品落入高钾钙碱性系列区域,火山岩主量元素总体表现为高硅、富碱及贫钙、镁的特征,为高钾钙碱性岩过铝质岩石。在 TAS 图解中,样品点全部落入流纹岩区域。火山岩在球粒陨石标准化稀土元素配分图中呈现左高右低的分配模式,全部样品呈现明显的铕负异常,微量元素原始地幔标准化蛛网表现出曲线总体右倾特征,整体显示该组火山岩显著富集 Rb、Pb、U、Th 等大离子亲石元素;强烈亏损 Zr、Nb、Ta 等高场强元素,整体形态特征与上地壳相近,与大兴安岭低 Ba、Sr 流纹岩的特征基本一致。在微量元素构造判别图解上,样品落入火山弧和同碰撞区域内。

综合前人的研究结果及本书的研究资料,认为本满克头鄂博期火山岩是在蒙古-鄂霍茨克洋闭合造山期背景下形成的。

满克头鄂博期火山岩地球化学特征分析结果见表3-8。

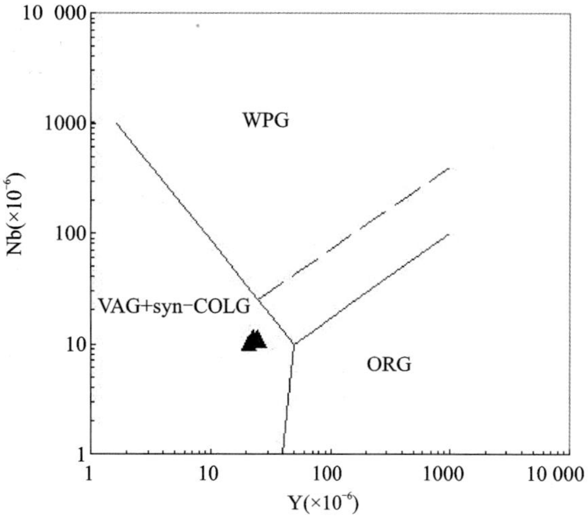

图 3-59 满克头鄂博期火山岩 Nb-Y 图解

WPG. 板内花岗岩;syn-COLG. 同碰撞花岗岩;VAG. 火山弧花岗岩;ORG. 洋脊花岗岩

表 3-8　满克头鄂博期火山岩分析结果及特征参数

常量元素分析结果及特征参数

样品编号	填图单元	岩性	SiO_2 (%)	TiO_2 (%)	Al_2O_3 (%)	Fe_2O_3 (%)	FeO (%)	MnO (%)	MgO (%)	CaO (%)	Na_2O (%)	K_2O (%)	P_2O_5 (%)	LOI (%)	总计 (%)	Na_2O+K_2O (%)	K_2O/Na_2O
PM102-36	J_3m	英安岩	75.80	0.08	13.29	0.95	0.79	0.03	0.26	0.05	2.97	4.35	0.03	1.16	99.76	7.32	1.46
PM102-55	J_3m	英安岩	74.06	0.14	13.57	1.15	0.74	0.02	0.29	0	0.19	8.22	0.04	1.38	99.80	8.41	43.26
PM102-56	J_3m	灰黄色英安岩	76.11	0.12	13.00	1.51	0.68	0.01	0.45	0.01	1.88	4.38	0.02	1.65	99.82	6.26	2.33
D7248-1	J_3m	浅紫色球粒斜长流纹岩	70.72	0.24	15.10	1.78	0.97	0.02	0.28	0.31	4.71	4.65	0.04	0.87	99.69	9.36	0.99

CIPW 标准矿物特征参数

样品编号	Q (%)	An (%)	Ab (%)	Or (%)	A (%)	P (%)	Ap (%)	Cs (%)	Ilm (%)	Mt (%)	DI	A/CNK	SI	AR	R_1	R_2
PM102-36	41.78	0.08	25.49	26.07	51.48	0.16	0.06	3.72	0.16	1.40	93.34	1.37	2.79	3.43	2970	283
PM102-55	41.53	0	1.63	49.36	50.99	0	0.09	4.43	0.27	1.57	92.52	1.47	2.74	4.26	2937	285
PM102-56	48.31	0	16.21	26.38	42.59	0	0.04	5.26	0.23	1.68	90.90	1.65	5.08	2.85	3380	284
D7248-1	24.64	1.29	40.34	27.82	66.37	3.08	0.09	1.87	0.46	2.29	92.80	1.13	2.26	4.09	1896	347

稀土元素分析结果及特征参数

样品编号	La ($\times10^{-6}$)	Ce ($\times10^{-6}$)	Pr ($\times10^{-6}$)	Nd ($\times10^{-6}$)	Sm ($\times10^{-6}$)	Eu ($\times10^{-6}$)	Gd ($\times10^{-6}$)	Tb ($\times10^{-6}$)	Dy ($\times10^{-6}$)	Ho ($\times10^{-6}$)	Er ($\times10^{-6}$)	Tm ($\times10^{-6}$)	Yb ($\times10^{-6}$)	Lu ($\times10^{-6}$)	$(La/Yb)_N$	δEu	ΣREE ($\times10^{-6}$)	LREE/HREE
PM102-36	25.50	44.80	6.90	25.80	5.03	0.72	4.27	0.69	3.42	0.64	1.96	0.35	2.08	0.31	8.30	0.47	122.47	7.90
PM102-55	26.30	55.20	6.93	25.90	5.15	0.34	4.18	0.68	4.02	0.73	2.41	0.46	2.72	0.42	6.50	0.22	135.44	7.70
PM102-56	9.70	22.00	2.57	8.80	1.87	0.23	2.17	0.52	3.86	0.81	2.56	0.51	3.19	0.48	2.10	0.35	59.27	3.20
D7248-1	27.00	60.70	7.53	28.10	5.44	0.98	4.81	0.79	4.35	0.82	2.57	0.49	2.90	0.42	6.30	0.58	146.90	7.60

微量元素分析结果及特征参数

样品编号	Ba ($\times10^{-6}$)	Rb ($\times10^{-6}$)	Sr ($\times10^{-6}$)	Y ($\times10^{-6}$)	Zr ($\times10^{-6}$)	Th ($\times10^{-6}$)	U ($\times10^{-6}$)	Nb ($\times10^{-6}$)	Ta ($\times10^{-6}$)	Hf ($\times10^{-6}$)	Ni ($\times10^{-6}$)	Cr ($\times10^{-6}$)	Zr/Y	Th/Yb	Ta/Yb	Sr/Y	Ti/Zr	Ce/Yb
PM102-36	1 000.00	133.00	86.70	20.90	132.00	5.28	3.97	10.20	0.54	3.40	3.41	7.04	6.32	2.54	0.26	4.15	3.72	21.54
PM102-55	350.00	283.00	31.50	22.60	218.00	4.51	4.72	11.30	0.73	5.26	1.47	6.03	9.65	1.66	0.27	1.39	3.99	20.29
PM102-56	375.00	133.00	32.10	24.50	216.00	10.20	4.26	11.30	0.80	6.38	0.19	5.19	8.82	3.20	0.25	1.31	3.33	6.90
D7248-1	1 100.00	91.00	93.50	25.70	357.00	10.00	3.45	10.90	0.93	7.39	1.09	2.98	13.89	3.45	0.32	3.64	4.04	20.93

注：样品均由沈阳地质调查中心测试中心分析。Q. 石英；An. 钙长石；Ab. 钠长石；Or. 钾长石；A. 碱性长石；P. 斜长石；Ap. 磷灰石；C. 刚玉；Il. 钛铁矿；Mt. 磁铁矿；DI. 分异指数；SI. 固结指数；AR. 碱度指数；$R_1=4Si-11(Na+K)-2(Fe+Ti)$；$R_2=6Ca+2Mg+Al$。

(二)玛尼吐期火山岩地球化学特征

1. 常量元素特征

玛尼吐期火山岩中SiO_2含量为56.49%～66.53%，在岩石分类TAS图解上(图3-60)主要落入到粗面安山岩、粗面岩、安山岩区，少量落入英安岩区，与区内野外薄片定名符合，在K_2O-SiO_2分类图解(图3-61)落入高钾钙碱性区域，K_2O含量相对较高。综合上述分类，研究区玛尼吐期火山岩属于高钾钙碱性系列岩石。

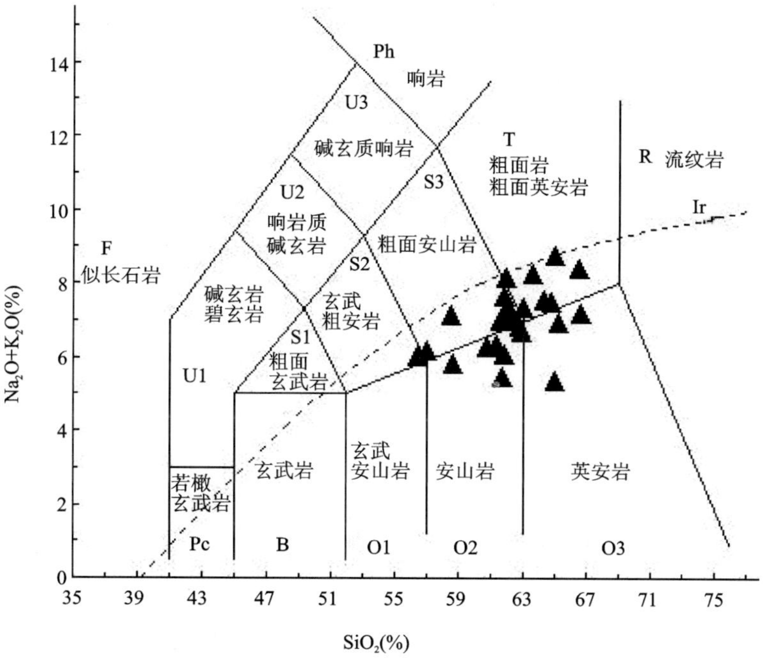

图3-60 玛尼吐期火山岩TAS图解

2. 稀土元素特征

玛尼吐期火山岩中∑REE含量为82.84×10^{-6}～145.92×10^{-6}，配分曲线右倾(图3-62)，曲线平滑，轻重稀土分馏不明显，富集轻稀土，轻稀土(LREE)曲线较陡，重稀土(HREE)曲线较缓；$(La/Yb)_N=8.076$；无铕异常，$\delta Eu=0.96$(平均值)，表明岩浆来源较单一。

3. 微量元素特征

微量元素分析结果显示，玛尼吐期火山岩微量元素标准化蛛网图曲线右倾(图3-63)，高度富集Rb、Ba等大离子离石元素和轻稀土元素，强烈亏损Nb、Ta、Ti等高场强元素，Th/Yb=2.97，Ta/Yb =0.36。

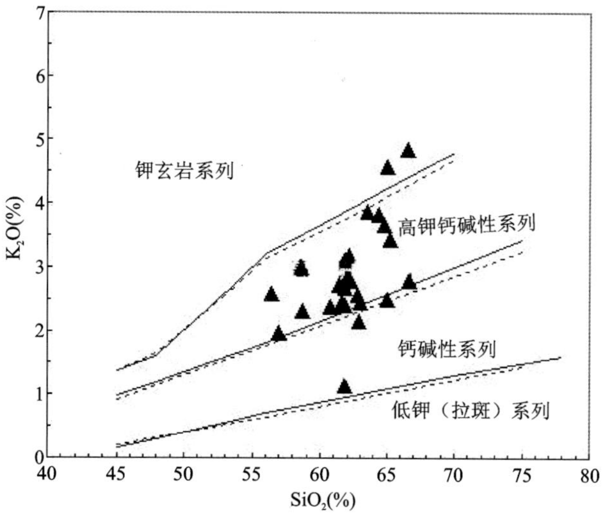

图3-61 玛尼吐期火山岩K_2O-SiO_2图解

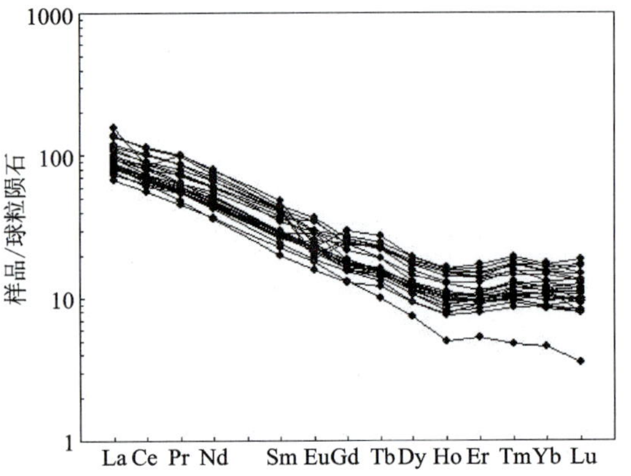

图 3-62 玛尼吐期火山岩稀土元素球粒陨石标准化分布型式图

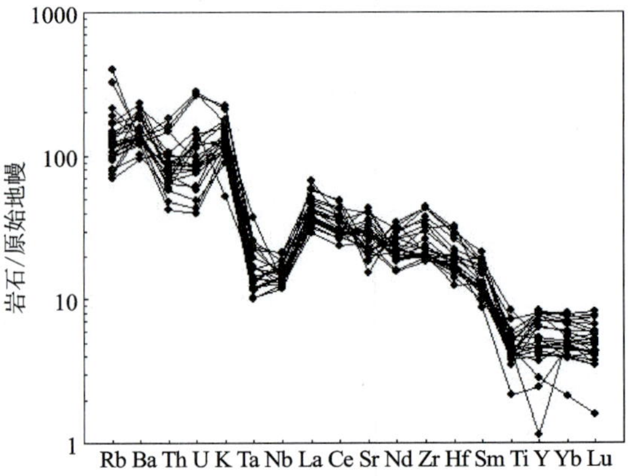

图 3-63 玛尼吐期火山岩微量元素原始地幔标准化蛛网图

4. 岩石成因

玛尼吐期火山岩在 Th/Yb－Ta/Yb 图解(图 3-64)中的数据投点基本均落入活动大陆边缘(陆源弧)内，在 TiO_2－Zr 图解(图 3-65)中主体落入岛弧和板内区域内。

综上所述，研究区玛尼吐期火山岩 SiO_2 含量为 56.49%～66.53%，富碱高钾，属高钾钙碱性系列。稀土元素总量较低($\sum REE=112\times10^{-6}\sim172\times10^{-6}$)，轻重稀土元素分馏较明显$(La/Yb)_N=6.5\sim9.2$，铕无异常[($\delta Eu=0.96$(平均值)]。富集大离子亲石元素 Ba、K 和轻稀土元素，亏损高场强元素 Nb、Ti、P，铁族元素 Cr、Co、Ni 含量普遍偏低，表明研究区玛尼吐期火山岩形成于蒙古-鄂霍茨克洋闭合造山后的岩石圈伸展构造环境，可能为加厚下地壳不同残留矿物相部分熔融的产物。

玛尼吐期火山岩地球化学特征分析结果见表 3-9。

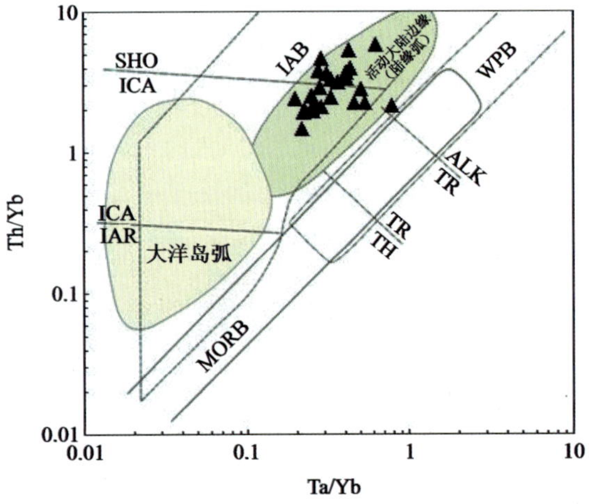

图 3-64 玛尼吐期火山岩 Th/Yb－Ta/Yb 图解

SHO. 钾玄质系列；ICA. 岛弧钙碱性系列；IAT. 岛弧拉斑质系列；ALK. 碱性系列；TR. 过渡性系列；TH. 拉斑系列；IAB. 岛弧玄武岩；MPRB. 洋中脊玄武岩；WPB. 板内玄武岩

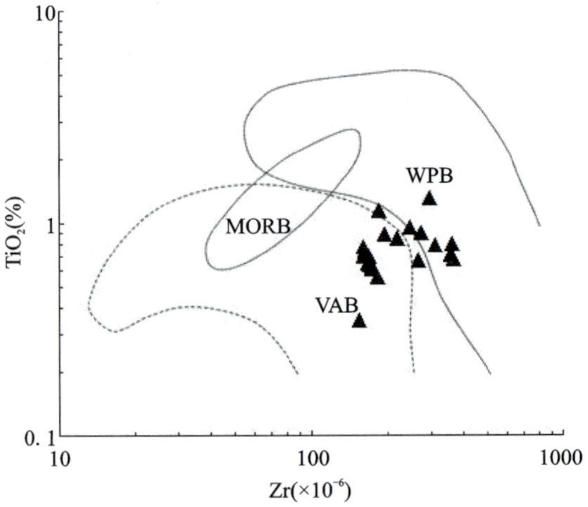

图 3-65 玛尼吐期火山岩 TiO_2－Zr 图解

MORB. 大洋中脊玄武岩；WPB. 板内玄武岩；VAB. 火山弧玄武岩

表 3-9 玛尼吐期火山岩分析结果及特征参数

常量元素分析结果及特征参数																
样品编号	填图单元	岩性	SiO_2 (%)	TiO_2 (%)	Al_2O_3 (%)	Fe_2O_3 (%)	FeO (%)	MnO (%)	MgO (%)	CaO (%)	Na_2O (%)	K_2O (%)	P_2O_5 (%)	LOI (%)	总计 (%)	Na_2O+K_2O (%)	K_2O/Na_2O
PM101-4-1	J_3mn	青灰色安山岩	61.64	0.66	16.83	3.06	2.03	0.07	1.69	3.89	4.56	2.44	0.22	2.47	99.56	7.00	0.54
PM101-11-1	J_3mn	灰紫色安山岩	62.27	0.64	16.41	3.32	1.96	0.07	1.86	3.25	4.46	2.80	0.21	2.30	99.55	7.26	0.63
PM101-18-1	J_3mn	灰紫色安山岩	60.77	0.65	16.58	2.46	2.48	0.08	1.84	4.80	3.91	2.37	0.21	3.39	99.54	6.28	0.61
PM102-42-1	J_3mn	安山岩	63.00	0.74	17.38	1.54	3.47	0.05	0.95	4.00	4.91	2.45	0.21	0.72	99.42	7.36	0.50
PM102-66	J_3mn	安山岩	64.36	0.79	15.84	3.49	2.16	0.08	1.06	1.80	3.76	3.81	0.26	2.13	99.54	7.57	1.01
PM102-70	J_3mn	安山岩	62.00	0.90	16.40	4.08	1.99	0.09	1.22	2.47	5.30	2.87	0.34	1.92	99.58	8.17	0.54
PM111-12-1	J_3mn	灰紫色安山岩	65.28	0.62	16.17	3.79	0.49	0.11	1.46	1.43	3.54	3.42	0.16	3.32	99.79	6.96	0.97
PM103-31	J_3mn	浅紫色安山岩	62.80	0.61	16.42	3.49	1.60	0.08	2.11	3.58	4.29	2.57	0.20	1.88	99.63	6.86	0.60
PM104-51	J_3mn	安山岩	58.59	0.85	16.95	4.51	1.80	0.10	3.08	4.25	4.16	3.00	0.26	2.01	99.56	7.16	0.72
PM105-11-1	J_3mn	青灰色安山岩	57.04	0.88	18.31	2.81	3.69	0.11	3.02	5.21	4.21	1.96	0.26	1.91	99.41	6.17	0.47
PM105-18-1	J_3mn	青灰色安山岩	64.86	0.80	16.75	2.90	1.90	0.09	1.20	1.23	3.87	3.65	0.25	2.07	99.57	7.52	0.94
PM105-24-1	J_3mn	青灰色安山岩	66.53	0.68	15.74	3.83	1.01	0.04	0.51	1.52	3.54	4.85	0.20	1.24	99.69	8.39	1.37
PM105-34-1	J_3mn	青灰色安山岩	65.03	0.71	16.16	3.83	1.40	0.11	0.55	2.02	4.17	4.57	0.24	0.87	99.66	8.74	1.10
PM106-5-1	J_3mn	灰黑色多斑安山岩	56.49	1.32	16.79	2.26	5.29	0.12	3.41	5.56	3.43	2.58	0.47	1.46	99.18	6.01	0.75
PM106-9-1	J_3mn	青灰色安山岩	65.10	0.73	15.25	1.34	3.90	0.08	1.74	3.72	2.88	2.49	0.21	1.95	99.39	5.37	0.86
PM106-75-1	J_3mn	灰紫色安山岩	61.82	0.67	16.95	2.46	2.45	0.08	1.87	3.08	4.53	3.11	0.23	2.21	99.46	7.64	0.69
PM102-42-2	J_3mn	安山岩	62.92	0.70	16.54	1.28	4.08	0.06	1.58	4.28	4.53	2.15	0.20	1.04	99.36	6.68	0.47
G003	J_3mn	安山岩	66.64	0.35	15.73	3.15	0.88	0.09	1.30	2.93	4.41	2.80	0.13	1.37	99.78	7.21	0.63
G004	J_3mn	灰紫色巨斑安山岩	61.42	0.70	16.09	4.96	0.48	0.08	2.16	4.15	3.61	2.72	0.21	3.30	99.88	6.33	0.75
PM111-6-1	J_3mn	灰色安山岩	58.69	1.15	17.17	2.71	3.86	0.12	1.66	5.13	3.51	2.31	0.32	2.74	99.37	5.82	0.66
PM111-11-1	J_3mn	浅灰绿色安山岩	63.58	0.56	15.90	3.92	0.81	0.06	1.60	2.49	4.40	3.86	0.16	2.37	99.71	8.26	0.88
PM111-17-1	J_3mn	青灰色安山岩	61.78	0.95	18.79	4.06	1.30	0.04	1.10	2.33	4.35	1.14	0.24	3.63	99.71	5.49	0.26
PM101-3	J_3mn	青灰色安山岩	62.16	0.77	16.80	5.03	0.99	0.09	1.78	2.43	3.80	3.18	0.26	2.45	99.74	6.98	0.84
PM101-4	J_3mn	青灰色安山岩	61.81	0.70	16.52	2.74	2.36	0.10	1.89	4.20	3.67	2.40	0.25	2.93	99.57	6.07	0.65

续表 3-9

样品编号	CIPW 标准矿物及特征参数														
	Q (%)	An (%)	Ab (%)	Or (%)	A (%)	P (%)	Ap (%)	Cs (%)	Ilm (%)	Mt (%)	DI	A/CNK	SI	AR	R_1	R_2
PM101-4-1	15.17	18.41	39.77	14.86	32.62	40.42	0.53	0.15	1.29	3.63	69.80	0.98	12.32	2.02	1820	856
PM101-11-1	16.10	15.18	38.84	17.03	37.57	33.48	0.50	0.65	1.25	3.81	71.97	1.01	12.99	2.17	1806	784
PM101-18-1	16.61	21.52	34.42	14.57	28.47	42.04	0.51	0	1.28	3.44	65.60	0.94	14.11	1.83	2036	967
PM102-42-1	14.11	18.39	42.09	14.67	33.35	41.80	0.49	0	1.42	2.26	70.87	0.97	7.13	2.05	1748	827
PM102-66	23.11	7.43	32.69	23.13	47.87	15.38	0.62	2.96	1.54	4.22	78.93	1.17	7.46	2.50	1945	571
PM102-70	13.67	10.28	45.97	17.39	46.28	27.36	0.81	0.92	1.75	4.52	77.03	1.01	7.94	2.53	1431	663
PM111-12-1	27.24	6.28	31.11	20.99	44.94	13.44	0.38	4.60	1.22	3.07	79.34	1.33	11.66	2.31	2250	564
PM103-31	17.32	16.85	37.18	15.56	33.41	36.18	0.47	0.56	1.19	3.59	70.06	1.00	15.12	2.04	1957	829
PM104-51	9.28	19.22	36.14	18.20	35.78	37.78	0.62	0	1.66	4.34	63.62	0.95	18.79	2.02	1580	965
PM105-11-1	8.88	24.77	36.54	11.88	23.72	49.47	0.62	0.42	1.71	4.18	57.30	0.99	19.25	1.71	1693	1094
PM105-18-1	24.77	4.59	33.60	22.13	49.96	10.36	0.59	4.92	1.56	3.59	80.50	1.33	8.91	2.44	1998	533
PM105-24-1	23.92	6.34	30.47	29.15	54.18	11.78	0.47	2.42	1.31	3.71	83.54	1.14	3.75	2.89	1932	505
PM105-34-1	18.54	8.57	35.76	27.37	54.60	17.10	0.56	1.27	1.37	4.03	81.67	1.04	3.82	2.85	1651	568
PM106-5-1	8.88	23.33	29.70	15.60	27.50	41.13	1.11	0	2.57	3.35	54.18	0.91	20.09	1.74	1744	1119
PM106-9-1	27.27	17.53	25.01	15.10	26.67	30.97	0.50	1.60	1.42	1.99	67.38	1.07	14.09	1.79	2638	804
PM106-75-1	14.53	14.17	39.42	18.90	41.43	31.06	0.55	1.11	1.31	3.64	72.85	1.03	12.97	2.23	1681	776
PM102-42-2	15.51	18.76	38.99	12.92	28.82	41.85	0.47	0	1.35	1.89	67.42	0.94	11.60	1.94	1949	875
G003	22.13	13.92	37.96	16.83	37.61	31.10	0.31	0.44	0.68	2.94	76.92	1.01	10.46	2.26	2142	698
G004	18.22	19.95	31.71	16.69	31.13	37.22	0.51	0.17	1.38	3.65	66.62	0.98	15.79	1.91	2094	900
PM111-6-1	15.96	24.17	30.74	14.13	25.47	43.57	0.77	0.35	2.26	4.07	60.83	0.98	11.81	1.71	1985	1002
PM111-11-1	15.81	11.64	38.31	23.47	49.08	24.34	0.38	0.35	1.09	3.54	77.59	1.00	11.08	2.63	1682	677
PM111-17-1	26.41	10.42	38.38	7.02	22.47	33.35	0.58	7.03	1.88	3.53	71.81	1.49	9.34	1.70	2233	701
PM101-3	20.42	10.67	33.13	19.36	40.72	22.44	0.62	3.41	1.51	4.20	72.91	1.19	12.23	2.14	1931	698
PM101-4	19.89	19.88	32.15	14.68	28.34	38.37	0.60	0.88	1.38	3.52	66.72	1.02	14.52	1.83	2174	898

续表 3-9

稀土元素分析结果及特征参数																	
样品编号	La ($\times10^{-6}$)	Ce ($\times10^{-6}$)	Pr ($\times10^{-6}$)	Nd ($\times10^{-6}$)	Sm ($\times10^{-6}$)	Eu ($\times10^{-6}$)	Gd ($\times10^{-6}$)	Tb ($\times10^{-6}$)	Dy ($\times10^{-6}$)	Ho ($\times10^{-6}$)	Er ($\times10^{-6}$)	Tm ($\times10^{-6}$)	Yb ($\times10^{-6}$)	Lu ($\times10^{-6}$)	$(La/Yb)_N$	δEu	ΣREE ($\times10^{-6}$)	LREE/HREE
PM101-4-1	20.60	43.30	5.52	21.70	4.14	1.31	3.59	0.57	2.92	0.51	1.63	0.26	1.66	0.25	8.40	1.02	107.96	8.50
PM101-11-1	19.70	41.30	5.24	20.40	3.97	1.42	3.23	0.52	2.67	0.49	1.52	0.25	1.48	0.24	9.00	1.18	102.43	8.80
PM101-18-1	20.50	43.00	5.35	20.90	4.10	1.31	3.55	0.56	2.96	0.54	1.71	0.27	1.63	0.25	8.50	1.03	106.63	8.30
PM102-42-1	18.00	37.50	5.20	20.50	4.05	1.26	3.29	0.52	2.66	0.46	1.40	0.24	1.44	0.20	8.40	1.03	96.72	8.50
PM102-66	25.40	55.00	7.54	30.80	6.34	1.74	5.59	0.92	4.90	0.91	2.87	0.50	2.94	0.47	5.80	0.88	145.92	6.60
PM102-70	22.50	49.00	6.91	28.40	6.04	1.69	5.14	0.83	4.48	0.85	2.51	0.45	2.64	0.43	5.70	0.91	131.87	6.60
PM111-12-1	37.00	52.30	9.49	37.00	6.71	2.13	5.34	0.86	4.43	0.86	2.24	0.37	2.48	0.33	10.10	1.06	161.54	8.60
PM103-31	19.50	40.40	5.17	19.70	3.70	1.08	3.18	0.49	2.37	0.43	1.31	0.22	1.50	0.21	8.80	0.94	99.26	9.20
PM104-51	21.00	43.80	5.74	22.20	4.28	1.33	3.56	0.54	2.87	0.51	1.61	0.28	1.78	0.24	8.00	1.02	109.74	8.60
PM105-11-1	17.50	38.50	5.25	21.30	4.39	1.39	3.68	0.60	3.13	0.57	1.79	0.32	1.87	0.28	6.30	1.03	100.57	7.20
PM105-18-1	31.90	69.60	9.50	36.90	7.41	1.34	6.07	1.02	5.00	0.90	2.68	0.48	2.82	0.44	7.60	0.60	176.06	8.10
PM105-24-1	32.40	68.70	9.30	34.60	6.45	1.15	5.40	0.84	4.36	0.80	2.32	0.45	2.55	0.38	8.60	0.58	169.70	8.90
PM105-34-1	27.20	61.10	8.17	31.00	6.17	1.11	5.05	0.82	4.03	0.73	2.12	0.40	2.22	0.34	8.30	0.59	150.46	8.60
PM106-5-1	28.30	62.50	8.30	33.20	6.37	2.00	4.91	0.71	3.30	0.55	1.57	0.25	1.48	0.20	12.90	1.06	153.64	10.80
PM106-9-1	16.00	33.90	4.31	17.10	3.45	1.03	2.68	0.37	1.86	0.28	0.87	0.12	0.78	0.09	13.80	1.00	82.84	10.80
PM106-75-1	23.70	51.00	6.13	22.70	4.34	1.30	3.46	0.59	2.87	0.58	1.80	0.33	2.00	0.32	8.00	1.00	121.12	9.10
PM102-42-2	19.80	42.80	5.37	23.80	4.35	1.66	3.84	0.56	3.06	0.57	1.54	0.26	1.83	0.27	7.30	1.22	109.71	8.20
G003	20.50	39.10	4.60	16.80	3.04	0.91	2.64	0.45	2.39	0.44	1.50	0.25	1.73	0.24	8.00	0.96	94.59	8.80
G004	23.30	49.10	5.99	24.40	4.44	1.30	3.81	0.58	3.22	0.62	1.71	0.30	2.06	0.24	7.60	0.95	121.07	8.70
PM111-6-1	19.80	44.80	6.06	26.00	5.47	2.05	4.80	0.86	4.64	0.94	2.44	0.43	2.95	0.38	4.50	1.20	121.62	6.00
PM111-11-1	26.60	53.90	7.18	28.50	5.24	1.69	4.47	0.71	3.69	0.71	1.87	0.32	2.19	0.29	8.20	1.05	137.36	8.60
PM111-17-1	22.00	53.20	6.81	27.70	5.77	1.49	4.98	0.86	4.62	0.87	2.29	0.39	2.65	0.34	5.60	0.83	133.97	6.90
PM101-3	18.90	42.60	5.50	22.20	4.40	1.20	3.30	0.60	3.20	0.60	1.50	0.30	1.90	0.20	6.70	0.93	106.40	8.20
PM101-4	23.10	44.50	5.70	23.60	4.50	1.30	3.60	0.60	3.10	0.60	1.70	0.30	1.90	0.30	8.20	0.96	114.80	8.50

续表 3-9

样品编号	微量元素分析结果及特征参数																
	Ba ($\times10^{-6}$)	Rb ($\times10^{-6}$)	Sr ($\times10^{-6}$)	Y ($\times10^{-6}$)	Zr ($\times10^{-6}$)	Th ($\times10^{-6}$)	U ($\times10^{-6}$)	Nb ($\times10^{-6}$)	Ta ($\times10^{-6}$)	Hf ($\times10^{-6}$)	Ni ($\times10^{-6}$)	Cr ($\times10^{-6}$)	Zr/Y	Th/Yb	Ta/Yb	Sr/Y	Ti/Zr	Ce/Yb
PM101-4-1	651.00	58.50	509.00	15.80	170.00	4.79	1.46	8.06	0.47	4.38	2.15	15.50	10.76	2.89	0.28	32.22	23.43	26.08
PM101-11-1	1 100.00	51.20	575.00	14.80	169.00	4.87	1.65	8.02	0.49	4.16	5.39	30.20	11.42	3.29	0.33	38.85	22.63	27.91
PM101-18-1	635.00	53.40	487.00	16.00	168.00	5.50	1.55	7.49	0.67	4.50	0.57	14.50	10.50	3.37	0.41	30.44	23.28	26.38
PM102-42-1	678.00	57.60	541.00	14.30	163.00	3.06	0.77	6.67	0.41	4.16	10.50	43.40	11.40	2.13	0.28	37.83	27.13	26.04
PM102-66	1 200.00	93.70	376.00	26.70	310.00	5.68	2.02	10.50	0.65	7.06	1.82	5.64	11.61	1.93	0.22	14.08	15.35	18.71
PM102-70	788.00	77.00	380.00	24.20	272.00	6.37	1.79	10.30	0.52	5.43	3.08	5.36	11.24	2.41	0.20	15.70	19.86	18.56
PM111-12-1	927.00	81.10	363.00	26.10	173.00	5.01	2.56	7.20	0.56	5.03	14.20	19.70	6.63	2.02	0.23	13.91	21.43	21.09
PM103-31	787.00	54.20	524.00	13.70	174.00	5.88	1.58	8.60	0.65	4.35	8.81	29.90	12.70	3.92	0.43	38.25	20.94	26.93
PM104-51	965.00	71.80	776.00	15.90	218.00	6.74	1.48	7.79	0.49	4.79	6.52	33.70	13.71	3.79	0.28	48.81	23.35	24.61
PM105-11-1	520.00	44.00	628.00	18.40	195.00	3.72	0.89	8.21	0.48	4.70	7.45	14.00	10.60	1.99	0.26	34.13	27.13	20.59
PM105-18-1	699.00	118.00	407.00	28.10	361.00	10.30	4.92	12.00	0.88	7.90	4.75	4.05	12.85	3.65	0.31	14.48	13.32	24.68
PM105-24-1	641.00	218.00	272.00	24.10	368.00	9.48	4.75	10.40	1.03	8.29	6.33	12.30	15.27	3.72	0.40	11.29	11.02	26.94
PM105-34-1	674.00	180.00	328.00	21.70	357.00	11.70	5.08	11.60	0.94	7.52	3.74	6.44	16.45	5.27	0.42	15.12	11.96	27.52
PM106-5-1	639.00	105.00	703.00	17.90	294.00	4.72	1.05	9.46	0.54	5.97	14.40	46.50	16.42	3.19	0.36	39.27	26.99	42.23
PM106-9-1	698.00	66.40	452.00	9.66	163.00	4.49	2.30	7.21	0.49	3.76	2.59	11.80	16.87	5.76	0.63	46.79	26.69	43.46
PM106-75-1	1 100.00	74.70	719.00	26.40	265.00	9.34	1.65	8.97	0.57	8.77	3.50	18.60	10.04	4.67	0.29	27.23	15.15	25.50
PM102-42-2	611.00	54.10	532.00	17.10	164.00	2.71	0.72	7.10	0.40	4.68	11.34	45.00	9.59	1.48	0.22	31.11	25.51	23.39
G003	737.00	67.30	406.00	8.24	154.00	3.89	2.09	8.99	0.79	5.00	1.99	4.26	18.69	2.25	0.46	49.27	13.47	22.60
G004	677.00	69.60	491.00	3.83	161.00	5.11	2.17	6.95	0.68	5.39	13.50	41.80	42.04	2.48	0.33	128.20	25.96	23.83
PM111-6-1	808.00	43.00	540.00	27.30	185.00	5.89	1.49	8.17	0.67	4.96	3.97	8.64	6.78	2.00	0.23	19.78	37.36	15.19
PM111-11-1	993.00	91.30	398.00	21.90	183.00	4.79	2.35	7.30	0.57	5.25	12.20	22.40	8.36	2.19	0.26	18.17	18.33	24.61
PM111-17-1	489.00	38.20	337.00	27.00	245.00	6.71	2.72	8.22	0.66	5.49	10.70	23.50	9.07	2.53	0.25	12.48	23.31	20.08
PM101-3	683.00	64.20	361.00	15.10	160.00	4.12	1.10	7.38	1.49	5.69	2.00	10.00	10.60	2.17	0.78	23.91	28.78	22.42
PM101-4	752.00	41.10	632.00	15.90	170.00	4.30	1.36	7.60	1.01	3.33	2.00	10.00	10.69	2.26	0.53	39.75	24.69	23.42

注：样品均由沈阳地质调查中心测试中心分析。Q. 石英；An. 钙长石；Ab. 钠长石；Or. 钾长石；A. 碱性长石；P. 斜长石；Ap. 磷灰石；Cs. 刚玉；Ilm. 钛铁矿；Mt. 磁铁矿；DI. 分异指数；SI. 固结指数；AR. 碱度指数；$R_1=4Si-11(Na+K)-2(Fe+Ti)$；$R_2=6Ca+2Mg+Al$。

第七节 早白垩世火山岩的同位素年代学及地球化学特征

一、早白垩世火山岩锆石 U - Pb 年龄

研究区早白垩世火山岩部分锆石的 CL 图像见图 3 - 66，锆石 U - Pb 年龄谐和图见图 3 - 67。

1. 早白垩世中酸性火山岩——与白音高老期火山岩相当

样品 PM104 - 29 采自明星水库西，岩性为流纹岩，对该样品测定了 15 个单颗粒锆石。锆石多为长、短柱状，粒径为 100～200μm，长宽比为 1∶1～3∶1。锆石 CL 图像(图 3 - 66)显示内部具有典型的岩浆振荡环带结构，表明其为岩浆成因。锆石样品 Pb 含量为 14×10^{-6}～108×10^{-6}，U 含量为 92×10^{-6}～588×10^{-6}，15 个测点均落在谐和线上，其$^{206}Pb/^{238}U$ 加权平均年龄为 135±1Ma(图 3 - 67a)，可以代表岩石形成时代。

样品 PM101 - 35 - 1 采自杜尔基大桥，岩性为紫色球粒流纹岩，对该样品测试了 10 个单颗粒锆石。锆石多为短柱状，粒径为 80～100μm，长宽比为 1∶1～2∶1。锆石 CL(图 3 - 66)图像显示内部具有典型的岩浆振荡环带，表明其为岩浆成因。锆石样品 Pb 含量为 22×10^{-6}～101×10^{-6}，U 含量为 94×10^{-6}～505×10^{-6}，10 个测点均落在谐和线上，其$^{206}Pb/^{238}U$ 加权平均年龄为 135±1Ma(图 3 - 67b)，代表岩石形成时代(宋维民等，2019)。

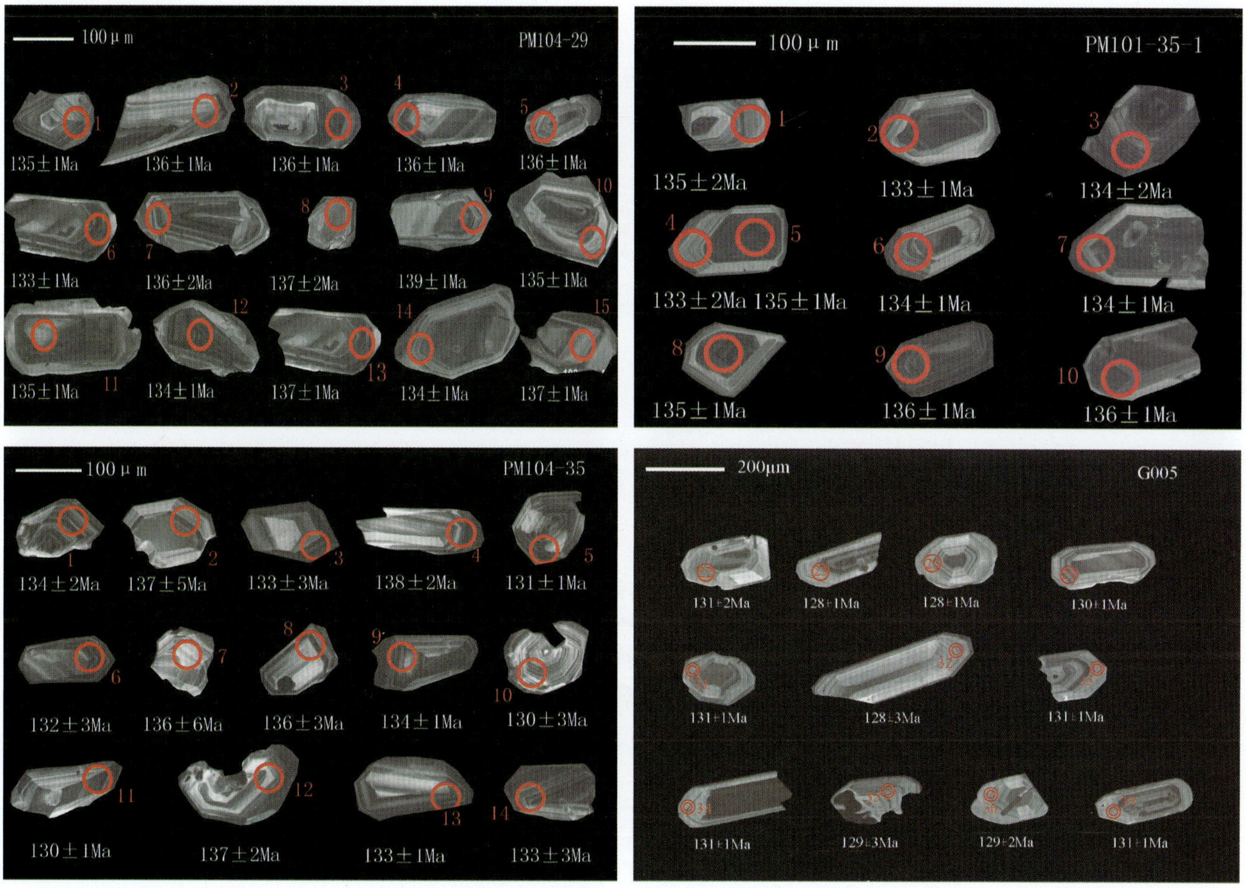

图 3 - 66 早白垩世火山岩锆石 CL 图像

样品 PM104－35 采自明星水库西，岩性为流纹岩，对该样品测定了 14 个单颗粒锆石。锆石多为短柱状，粒径为 80～150μm，长宽比为 1∶1～2∶1。锆石 CL 图像（图 3－66）具有典型的岩浆振荡环带，表明是岩浆成因。锆石样品 Pb 含量为 27×10^{-6}～780×10^{-6}，U 含量为 69×10^{-6}～424×10^{-6}，14 个测点均落在谐和线上，其$^{206}Pb/^{238}U$ 加权平均年龄为 133±1Ma（图 3－67c），代表岩石形成时代（宋维民等，2019）。

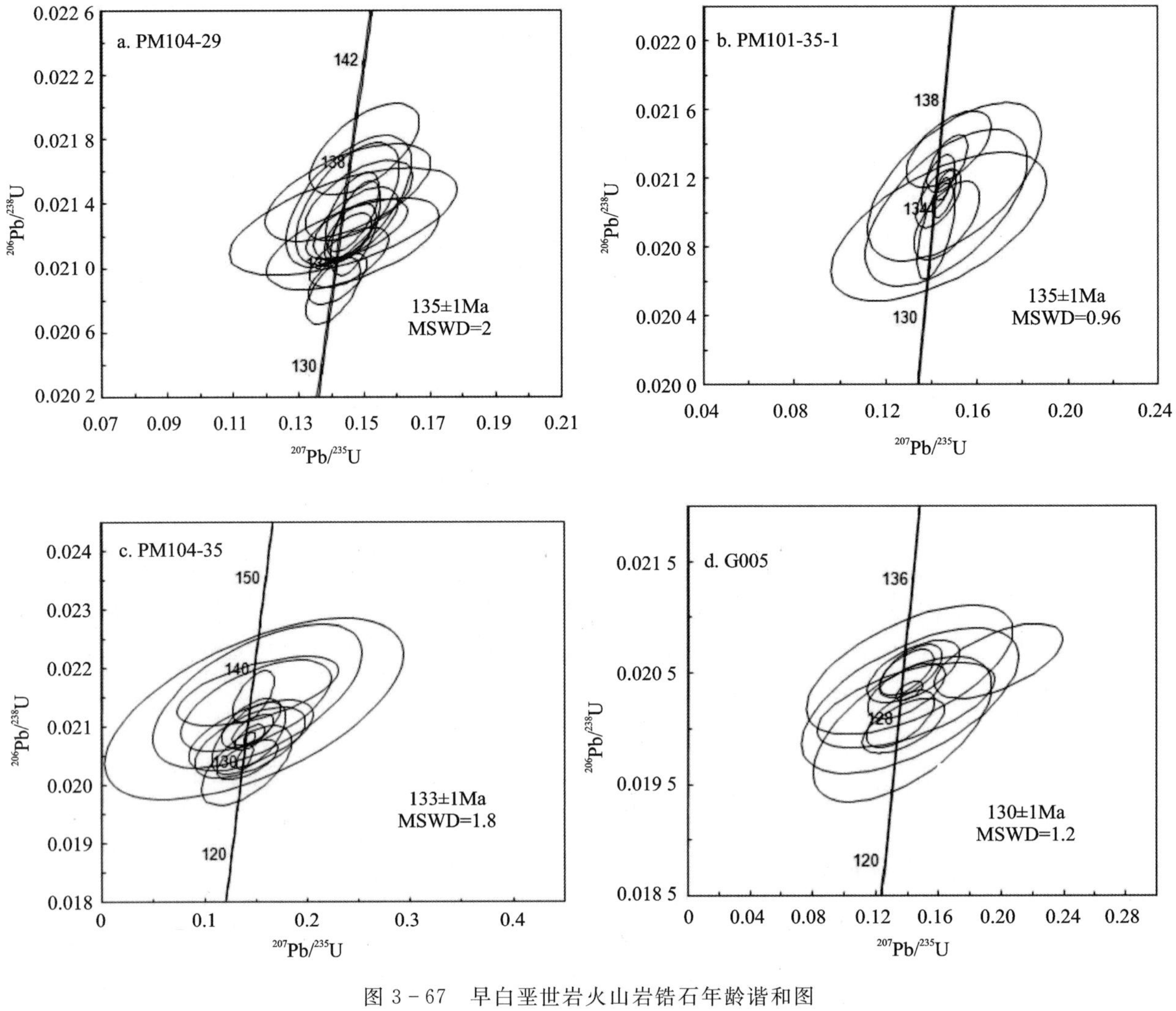

图 3－67　早白垩世岩火山岩锆石年龄谐和图

2. 早白垩世中基性火山岩——与梅勒图期火山岩相当

样品 G005 采自大黑山，岩性为角闪安山岩。对该样品测定了 11 个单颗粒锆石，锆石多为短柱状，粒径为 70～150μm，长宽比为 1∶1～2∶1。锆石 CL 图像（图 3－66）显示内部具有典型的岩浆振荡环带结构，暗示其为岩浆成因。锆石样品 Pb 含量为 5×10^{-6}～65×10^{-6}，U 含量为 63×10^{-6}～193×10^{-6}，11 个测点均落在谐和线上，其$^{206}Pb/^{238}U$ 加权平均年龄为 130±1Ma（图 3－67d），可以代表岩石形成时代。

二、早白垩世火山岩地球化学特征

（一）白音高老期火山岩地球化学特征

1. 常量元素特征

白音高老期火山岩（流纹岩）中 SiO_2 含量为 70.07%～76.18%，在岩石分类 TAS 图解上（图 3-68），落入流纹岩区，与区内野外薄片定名符合。在 K_2O-SiO_2 分类图解上（图 3-69）落入高钾钙碱性区域，K_2O 含量相对较高。综合上述分类，研究区白音高老期流纹岩属于高钾钙碱性系列岩石。

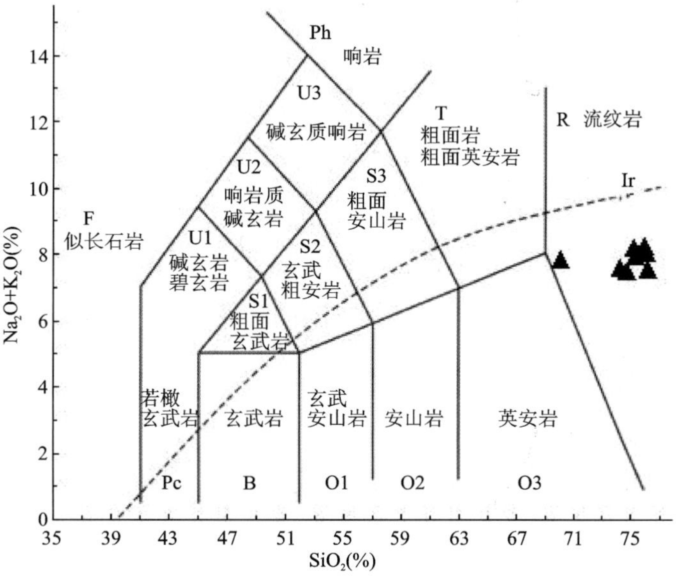

图 3-68 白音高老期火山岩 TAS 图解

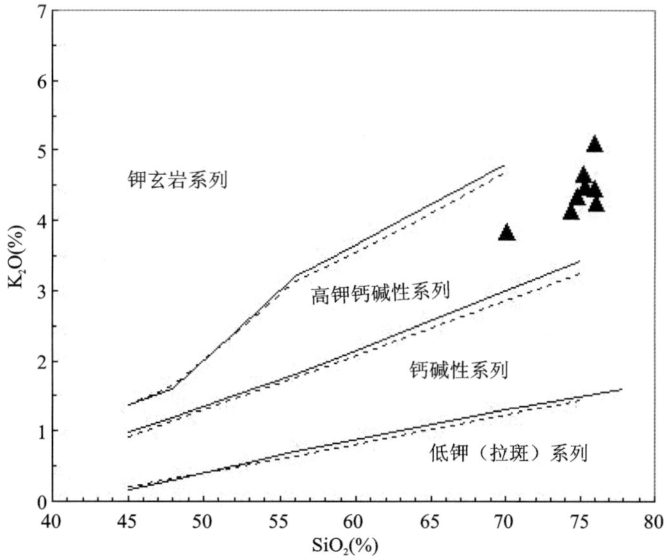

图 3-69 白音高老期火山岩 K_2O-SiO_2 图解

2. 稀土元素特征

白音高老期流纹岩中∑REE含量为$73.53\times10^{-6}\sim144.9\times10^{-6}$，配分曲线右倾(图3-70)，曲线平滑，轻重稀土分馏明显，富集轻稀土，轻稀土(LREE)曲线较陡，重稀土(HREE)曲线较缓；$(La/Yb)_N=8.46\sim12.63$；铕弱负异常，$\delta Eu=0.37\sim0.92$。

3. 微量元素特征

白音高老期流纹岩微量元素标准化蛛网图曲线右倾(图3-71)，总体上呈隆起特征，高度富集Rb、Ba等大离子亲石元素(LILE)和轻稀土元素(LREE)，强烈亏损Nb、Ta、Ti等高场强元素(HFSE)，Nb/Ta=4.22，Ta/Hf=0.53。

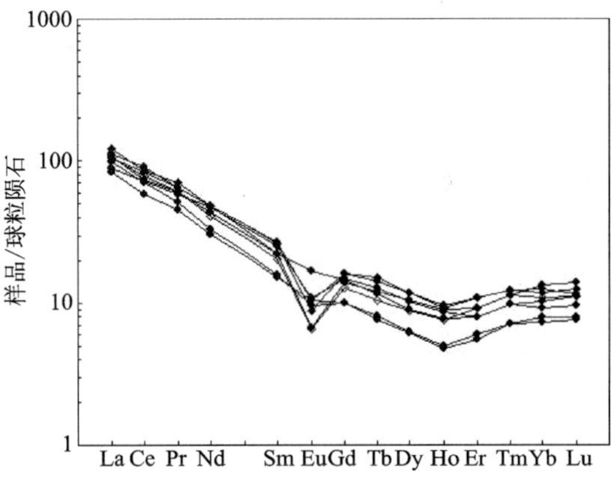

图3-70 白音高老期火山岩稀土元素球粒陨石标准化分布型式图

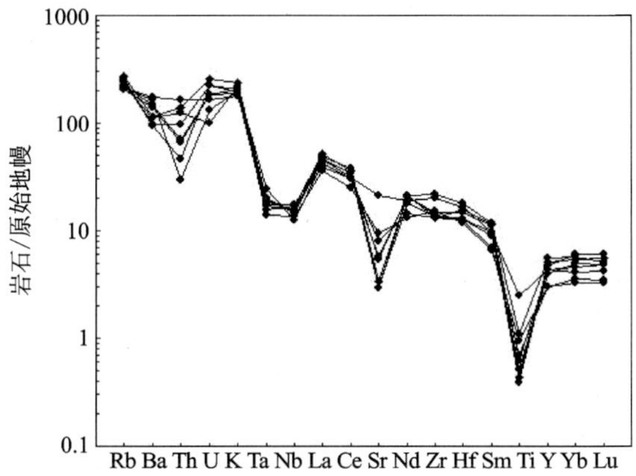

图3-71 白音高老期火山岩微量元素原始地幔标准化蛛网图

4. 岩石成因与构造环境分析

白音高老期流纹岩在Nb-Y图解(图3-72)中数据投点均落入火山弧+同碰撞花岗岩区域内，在Ta-Yb图解(图3-73)中主体落入火山弧型区域内。

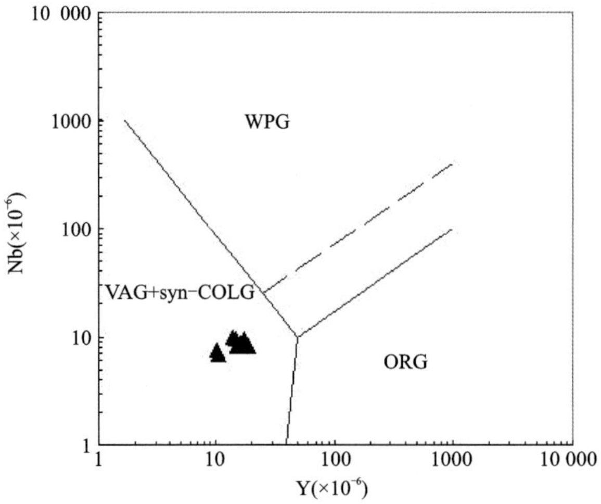

图3-72 白音高老期火山岩Nb-Y图解

WPG. 板内花岗岩；syn-COLG. 同碰撞花岗岩；VAG. 火山弧花岗岩；ORG. 洋脊花岗岩

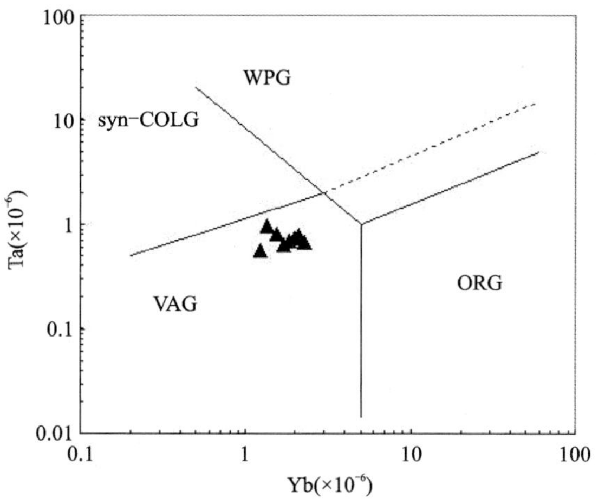

图 3－73　白音高老期火山岩 Ta－Yb 图解

WPG. 板内花岗岩；syn－COLG. 同碰撞花岗岩；

VAG. 火山弧花岗岩；ORG. 洋脊花岗岩

综上所述，对研究区白音高老期流纹岩岩石地球化学的研究结果表明，本区白音高老期火山岩具有高硅、高碱质、富铝和低镁、钛、磷的特征，与 A 型花岗岩成分较为相似(宋维民等，2019)，按碱度划分属碱性岩石。稀土元素和微量元素分析结果显示，火山岩具有高场强元素 P、Ti、Nb、Ta 强烈亏损，大离子亲石元素 K、Rb 和 LREE 相对富集，表明该类岩石的原始岩浆起源于地壳岩石的部分熔融，Ba、Sr 出现强烈的负异常等特征，与前人划分的大兴安岭低 Ba、Sr 流纹岩(即低 Ti、Sr 流纹岩和Ⅱ型流纹岩)比较相似。白音高老期火山岩岩浆由陆壳岩石部分熔融形成，结合区域资料分析，认为其形成受环太平洋板块向亚欧板块俯冲作用的影响，形成于碰撞(挤压)造山后的伸展环境。

白音高老期火山岩元素分析结果见表 3－10。

(二)梅勒图期火山岩地球化学特征

1. 常量元素特征

梅勒图期火山岩(玄武安山岩、玄武岩、安山岩)中 SiO_2 含量介于 54.55%～61.84%，Na_2O+K_2O 含量介于 4.33%～7.3%；在岩石分类 TAS 图解(图 3－74)上，主要投入粗面安山岩区，少量投在玄武质粗面安山岩、玄武安山岩、安山岩，与薄片定名基本一致。在 K_2O-SiO_2 分类图解(图 3－75)上，显示多数安山岩、玄武安山岩 K_2O 含量相对较高，少量玄武安山岩及玄武岩含量相对较低特征。综合上述分类，研究区梅勒图期火山岩主体属于高钾钙碱性系列，少量属于钙碱性系列。

2. 稀土元素特征

梅勒图期火山岩中 $\sum$REE 含量为 $73.53\times10^{-6}\sim144.9\times10^{-6}$，配分曲线右倾(图 3－76)，曲线平滑，轻重稀土分馏明显，富集轻稀土，轻稀土(LREE)曲线陡倾，重稀土(HREE)曲线较缓；$(La/Yb)_N=5.63\sim7.73$；基本无铕异常($\delta Eu=1.03$)，显示岩浆来源较深，结晶分异作用不明显。

3. 微量元素特征

梅勒图期火山岩微量元素标准化蛛网图曲线右倾(图 3－77)，Rb、K 等大离子亲石元素明显富集，高场强元素 Nb、Ta、Ti 等明显亏损，这些特征反映出该期安山岩的源区为新形成的富集地幔。结合地球化学特征和区域大地构造背景，研究区梅勒图期中基性火山岩的形成可能与太平洋板块俯冲作用后的陆内伸展环境有关。

表 3-10 白音高老期火山岩分析结果及特征参数

常量元素分析结果及特征参数

样品编号	填图单元	岩性	SiO_2 (%)	TiO_2 (%)	Al_2O_3 (%)	Fe_2O_3 (%)	FeO (%)	MnO (%)	MgO (%)	CaO (%)	Na_2O (%)	K_2O (%)	P_2O_5 (%)	LOI (%)	总计 (%)	Na_2O+K_2O (%)	K_2O/Na_2O
PM101-35-1	K_1b^1	灰色流纹岩	76.06	0.07	12.83	0.94	0.69	0.02	0.22	0.06	2.95	5.11	0.01	0.84	99.81	8.06	1.73
PM101-70-1	K_1b^1	紫色流纹岩	76.05	0.08	12.57	0.99	0.77	0.05	0.19	0.24	3.77	4.47	0.06	0.55	99.79	8.24	1.19
PM104-29-1	K_1b^1	灰紫色流纹岩	70.07	0.40	14.52	2.84	0.77	0.06	0.91	0.66	3.99	3.84	0.13	1.53	99.71	7.83	0.96
PM105-47-1	K_1b^1	深灰色流纹岩	74.39	0.15	13.56	0.88	1.28	0.05	0.42	0.23	3.46	4.15	0.06	1.10	99.72	7.61	1.20
PM105-49-1	K_1b^1	深灰色流纹岩	75.42	0.11	13.02	0.73	1.24	0.05	0.27	0.37	3.47	4.48	0.03	0.54	99.73	7.95	1.29
PM101-35-1-1	K_1b^1	紫色球粒流纹岩	76.18	0.06	13.10	1.00	0.41	0.03	0.20	0.10	3.29	4.26	0.01	1.20	99.84	7.55	1.29
PM104-35-2	K_1b^1	灰白色流纹质晶屑熔结凝灰岩	74.80	0.10	13.58	1.26	0.63	0.05	0.17	0.13	3.16	4.34	0.02	1.54	99.78	7.50	1.37

CIPW 标准矿物特征参数

样品编号	Q (%)	An (%)	Ab (%)	Or (%)	A (%)	P (%)	Ap (%)	Cs (%)	Ilm (%)	Mt (%)	DI	A/CNK	SI	AR	R_1	R_2
PM101-35-1	39.12	0.23	25.22	30.51	55.54	0.42	0.03	2.39	0.13	1.35	94.85	1.22	2.22	4.33	2808	272
PM101-70-1	36.42	0.80	32.15	26.62	57.83	1.74	0.14	1.25	0.16	1.45	95.19	1.10	1.86	4.61	2653	284
PM104-29-1	29.93	2.47	34.42	23.13	54.23	5.79	0.31	2.97	0.77	2.79	87.48	1.22	7.43	3.13	2293	408
PM105-47-1	37.27	0.78	29.69	24.87	53.66	1.68	0.13	3.14	0.29	1.29	91.83	1.28	4.12	3.46	2732	316
PM105-49-1	36.55	1.68	29.60	26.69	54.54	3.43	0.06	1.87	0.21	1.07	92.84	1.16	2.65	3.92	2710	311
PM101-35-1-1	40.62	0.42	28.23	25.53	53.30	0.88	0.03	2.96	0.12	1.13	94.38	1.28	2.19	3.67	2911	281
PM104-35-2	39.76	0.52	27.22	26.11	52.80	1.05	0.05	3.56	0.19	1.51	93.09	1.34	1.78	3.42	2844	294

续表 3-10

稀土元素分析结果及特征参数																	
样品编号	La ($\times10^{-6}$)	Ce ($\times10^{-6}$)	Pr ($\times10^{-6}$)	Nd ($\times10^{-6}$)	Sm ($\times10^{-6}$)	Eu ($\times10^{-6}$)	Gd ($\times10^{-6}$)	Tb ($\times10^{-6}$)	Dy ($\times10^{-6}$)	Ho ($\times10^{-6}$)	Er ($\times10^{-6}$)	Tm ($\times10^{-6}$)	Yb ($\times10^{-6}$)	Lu ($\times10^{-6}$)	$(La/Yb)_N$	δEu	ΣREE ($\times10^{-6}$)	LREE/HREE
PM101-35-1	28.70	52.00	6.68	22.70	4.00	0.51	3.30	0.57	2.99	0.52	1.77	0.31	2.00	0.32	9.70	0.42	126.37	9.70
PM101-70-1	25.10	48.20	5.76	19.20	3.10	0.38	2.61	0.39	2.20	0.43	1.50	0.29	1.84	0.28	9.20	0.40	111.28	10.70
PM104-29-1	25.40	44.70	5.72	20.30	3.39	0.98	2.97	0.43	2.29	0.44	1.29	0.25	1.55	0.24	11.00	0.93	109.95	10.60
PM105-47-1	19.80	35.60	4.33	14.20	2.32	0.60	2.03	0.28	1.55	0.27	0.91	0.18	1.23	0.19	10.90	0.83	83.49	11.60
PM105-49-1	23.60	43.10	4.90	15.40	2.43	0.55	2.06	0.30	1.58	0.28	1.00	0.18	1.34	0.20	11.90	0.74	96.92	13.00
PM101-35-1-1	26.70	54.90	6.14	22.50	3.41	0.39	2.86	0.45	2.62	0.51	1.51	0.29	2.26	0.35	8.00	0.37	124.89	10.50
PM104-35-2	21.20	43.80	5.59	22.00	3.84	0.62	3.03	0.48	2.60	0.49	1.31	0.25	1.72	0.28	8.30	0.54	107.21	9.60

微量元素分析结果及特征参数																	
样品编号	Ba ($\times10^{-6}$)	Rb ($\times10^{-6}$)	Sr ($\times10^{-6}$)	Y ($\times10^{-6}$)	Zr ($\times10^{-6}$)	Th ($\times10^{-6}$)	U ($\times10^{-6}$)	Nb ($\times10^{-6}$)	Ta ($\times10^{-6}$)	Hf ($\times10^{-6}$)	Ni ($\times10^{-6}$)	Cr ($\times10^{-6}$)	Zr/Y	Th/Yb	Ta/Yb	Sr/Y	Ti/Zr	Ce/Yb
PM101-35-1	592.00	148.00	60.40	17.30	111.00	8.87	4.59	9.53	0.74	4.18	3.65	6.52	6.42	4.44	0.37	3.49	3.80	26.00
PM101-70-1	494.00	142.00	53.10	13.80	114.00	6.18	4.03	9.71	0.69	3.48	1.10	8.87	8.26	3.36	0.38	3.85	4.34	26.20
PM104-29-1	894.00	117.00	381.00	14.90	165.00	10.50	2.94	8.20	0.80	4.51	4.36	8.43	11.07	6.77	0.52	25.57	14.53	28.84
PM105-47-1	716.00	114.00	167.00	10.30	127.00	4.19	3.31	7.54	0.56	3.21	1.41	3.75	12.33	3.41	0.46	16.21	7.14	28.94
PM105-49-1	757.00	124.00	144.00	10.40	109.00	4.44	3.28	6.95	0.96	3.34	2.24	7.31	10.48	3.31	0.72	13.85	6.06	32.16
PM101-35-1-1	476.00	135.00	52.70	15.90	117.00	2.96	4.03	8.80	0.67	3.43	2.55	4.86	7.36	1.31	0.30	3.31	3.24	24.29
PM104-35-2	848.00	117.00	102.00	14.60	124.00	1.88	2.39	9.55	0.63	3.97	2.21	7.91	8.49	1.09	0.37	6.99	4.85	25.47

注：样品均由沈阳地质调查中心测试中心分析。Q. 石英；An. 钙长石；Ab. 钠长石；Or. 钾长石；A. 碱性长石；P. 斜长石；Ap. 磷灰石；Cs. 刚玉；Ilm. 钛铁矿；Mt. 磁铁矿；DI. 分异指数；SI. 固结指数；AR. 碱度指数；$R_1=4Si-11(Na+K)-2(Fe+Ti)$；$R_2=6Ca+2Mg+Al$。

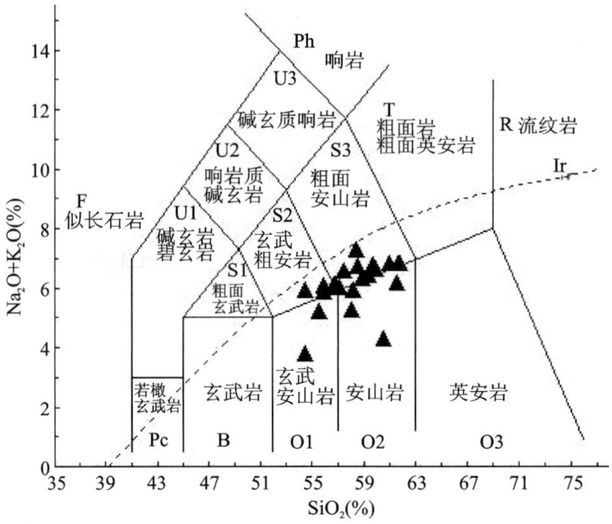

图 3-74　梅勒图期火山岩 TAS 图解

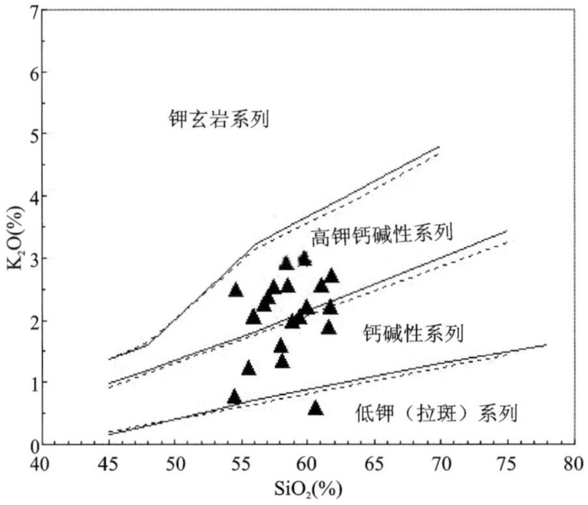

图 3-75　梅勒图期火山岩 K_2O-SiO_2 图解

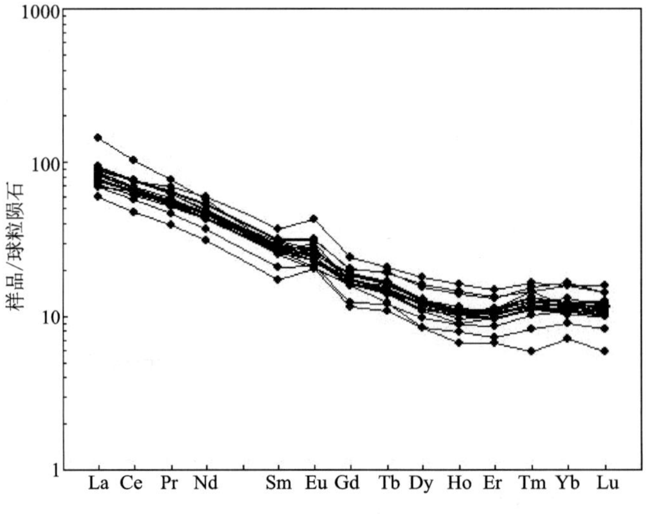

图 3-76　梅勒图期火山岩稀土元素
球粒陨石标准化分布型式图

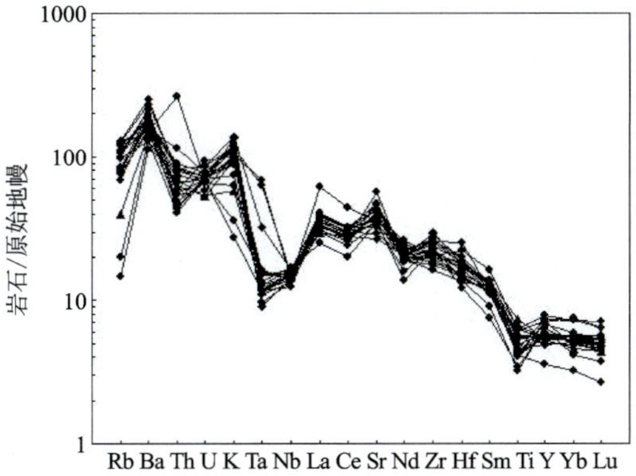

图 3-77 梅勒图期火山岩微量元素
原始地幔标准化蛛网图

4. 岩石成因与构造环境分析

图中可见梅勒图期玄武岩在 Th/Yb-Ta/Yb 图解(图 3-78)中数据投点基本均落入活动大陆边缘(陆源弧)内,在 TiO_2-Zr 图解(图 3-79)中主体落入岛弧玄武岩区内。

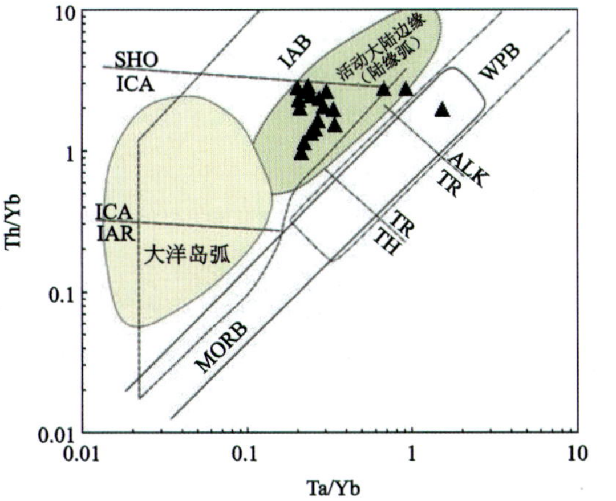

图 3-78 梅勒图期火山岩 Th/Yb-Ta/Yb 图解
SHO. 钾玄质系列;ICA. 岛弧钙碱性系列;IAT. 岛弧拉斑质系列;ALK. 碱性系列;TR. 过渡性系列;TH. 拉斑系列;IAB. 岛弧玄武岩;MPRB. 洋中脊玄武岩;WPB. 板内玄武岩

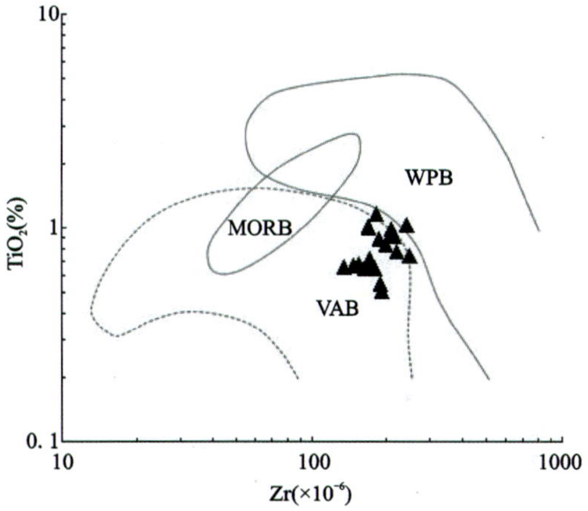

图 3-79 梅勒图期火山岩 TiO_2-Zr 图解
MORB. 洋中脊玄武岩;VAB. 火山弧玄武岩;WPB. 板内玄武岩

综上所述,对本区梅勒图组中—基性火山岩岩石地球化学的研究结果表明,梅勒图期火山岩属于高钾钙碱性系列,主要为弱过铝质,部分为准铝质。研究区玄武岩的 Ta/Hf、Nb/Ta、Ta/Yb、Sm/Nd 平均值近似于球粒陨石、原始地幔值,其 SiO_2 含量不高,$Mg^{\#}$ 值中等,具有幔源的特征。玄武岩轻、重稀土分异较强,轻稀土富集程度高,Rb、K 等大离子亲石元素明显富集,高场强元素 Nb、Ta、Ti 等明显亏损,其微量元素含量类似大陆岛弧玄武岩的特征;玄武岩的 SiO_2、Na_2O、K_2O 含量和 K_2O/Na_2O 比值分别落入钾质火成岩相应含量范围内,类似葛文春等(1999)报道的碱性系列高钾岩类,表明岩石主要起源于有来自消减带的水和大离子亲石元素加入的富集地幔。结合玄武岩大离子亲石元素富集的特征反映,出梅勒图期玄武岩的源区为新形成的富集地幔。梅勒图期安山岩 TiO_2 含量平均值为 0.79%,Ba/La 的平均值为 44.7,La/Nb 的平均值为 2.41,Th/Ta 的平均值为 6.45,Ta/Hf 的平均值为 0.16,显示玄武岩形成于与俯冲作用有关的拉张环境。大兴安岭地区中生代火成岩的展布方向、年代学和地球物理资料以及亚洲大陆东部边缘发育侏罗纪—白垩纪拼贴增生杂岩等表明,研究区早白垩世梅勒图期玄武岩的形成可能与太平洋板块俯冲作用后的陆内伸展环境有关。

梅勒图期火山岩元素分析结果见表 3-11。

表 3-11　梅勒图期火山岩分析结果及特征参数

常量元素分析及特征参数																
样品编号	填图单元	岩性	SiO_2 (%)	TiO_2 (%)	Al_2O_3 (%)	Fe_2O_3 (%)	FeO (%)	MnO (%)	MgO (%)	CaO (%)	Na_2O (%)	K_2O (%)	P_2O_5 (%)	LOI (%)	总计 (%)	Na_2O+K_2O (%)	K_2O/Na_2O
PM102-58	K_1ml	灰黑色玄武安山岩	58.48	1.03	16.93	3.57	3.27	0.11	3.30	3.81	4.37	2.93	0.30	1.34	99.44	7.30	0.67
PM105-38-1	K_1ml	灰黑色玄武安山岩	57.49	0.91	17.75	2.45	3.94	0.12	2.92	5.20	4.03	2.55	0.32	1.66	99.34	6.58	0.63
PM105-39-1	K_1ml	灰黑色玄武安山岩	59.79	0.74	17.02	2.42	3.36	0.12	2.69	4.00	3.79	2.99	0.24	2.21	99.37	6.78	0.79
PM105-45-1	K_1ml	灰黑色玄武安山岩	57.12	0.89	17.36	2.19	4.46	0.13	3.68	5.07	3.65	2.38	0.30	2.00	99.23	6.03	0.65
PM105-55-1	K_1ml	灰黑色含橄榄石玄武岩	55.64	1.17	16.94	2.60	4.69	0.12	4.28	6.55	4.00	1.24	0.35	1.67	99.25	5.24	0.31
PM105-59-1	K_1ml	灰黑色橄榄玄武岩	55.92	0.91	17.02	2.22	4.49	0.11	3.32	5.56	3.85	2.05	0.28	3.53	99.26	5.90	0.53
PM106-20-1	K_1ml	黑色玄武安山岩	55.97	1.00	17.79	1.95	5.12	0.13	3.84	6.32	4.01	2.07	0.30	0.70	99.20	6.08	0.52
PM106-29-1	K_1ml	黑色玄武安山岩	58.59	0.78	16.81	1.44	4.93	0.11	3.72	5.08	4.19	2.57	0.26	0.73	99.21	6.76	0.61
PM106-35-1	K_1ml	青灰色安山岩	58.04	0.84	17.91	2.31	3.77	0.11	2.66	5.75	3.67	1.60	0.27	2.41	99.34	5.27	0.44
PM106-37-1	K_1ml	灰黑色玄武安山岩	56.82	0.99	17.73	2.92	4.08	0.12	3.04	6.44	3.88	2.26	0.32	0.66	99.26	6.14	0.58
G001	K_1ml	黑色粗安岩	59.97	0.65	17.44	1.61	4.47	0.12	2.06	4.92	4.45	2.21	0.28	1.20	99.38	6.66	0.50
G002	K_1ml	灰绿色粗安岩	54.55	0.65	17.89	1.84	4.33	0.18	2.63	7.05	3.01	0.78	0.28	6.17	99.36	3.79	0.26
G005	K_1mn	角闪安山岩	61.83	0.67	16.76	3.39	2.01	0.07	1.76	3.83	4.51	2.68	0.22	1.46	99.19	7.19	0.59
PM113-2-2	K_1ml	黑色玄武粗安岩	58.16	0.72	18.12	2.01	5.24	0.16	2.01	5.43	4.56	1.36	0.36	1.06	99.19	5.92	0.30
PM113-3-1	K_1ml	黑色玄武粗安岩	61.75	0.51	17.54	1.27	4.58	0.15	1.28	3.96	4.63	2.22	0.27	1.13	99.29	6.85	0.48
PM113-4-1	K_1ml	黑色粗安岩	61.07	0.55	17.72	3.04	3.14	0.15	1.39	4.28	4.30	2.56	0.33	0.81	99.34	6.86	0.60
PM113-5-1	K_1ml	黑色玄武粗安岩	58.89	0.68	17.98	1.58	5.26	0.15	1.94	4.94	4.34	1.98	0.31	1.16	99.21	6.32	0.46
PM113-6-1	K_1ml	黑色玄武粗安岩	59.42	0.65	17.83	1.30	5.44	0.15	1.77	4.89	4.40	2.05	0.34	0.96	99.20	6.45	0.47
PM113-9-1	K_1ml	灰色玄武安山岩	60.61	0.66	16.33	4.13	0.92	0.09	2.06	5.64	3.74	0.59	0.22	4.70	99.69	4.33	0.16
PM113-10-1	K_1ml	灰色玄武安山岩	61.84	0.68	16.97	3.73	1.48	0.11	2.00	4.32	4.13	2.72	0.23	1.42	99.63	6.85	0.66
PM113-11-1	K_1ml	灰黑色玄武安山岩	61.60	0.67	16.92	1.59	3.68	0.11	2.26	4.78	4.28	1.89	0.23	1.41	99.42	6.17	0.44
PM116-34-4	K_1ml	黑色橄榄玄武岩	54.58	1.01	18.08	3.83	4.22	0.15	3.03	6.55	3.43	2.49	0.32	1.64	99.33	5.92	0.73

续表 3-11

样品编号	CIPW 分析及特征参数														
	Q (%)	An (%)	Ab (%)	Or (%)	A (%)	P (%)	Ap (%)	Cs (%)	Ilm (%)	Mt (%)	DI	A/CNK	SI	AR	R_1	R_2
PM102-58	8.70	17.28	37.71	17.66	36.72	35.93	0.71	0.37	1.99	4.79	64.07	0.98	18.96	2.09	1480	921
PM105-38-1	8.29	23.35	34.91	15.43	29.32	44.37	0.76	0	1.77	3.64	58.63	0.94	18.38	1.80	1646	1074
PM105-39-1	13.33	18.81	33.01	18.19	34.42	35.59	0.57	0.88	1.45	3.61	64.53	1.02	17.64	1.95	1816	921
PM105-45-1	9.18	23.85	31.77	14.47	26.47	43.62	0.71	0.29	1.74	3.27	55.42	0.98	22.49	1.74	1800	1096
PM105-55-1	7.42	25.21	34.69	7.51	15.47	51.94	0.83	0	2.28	3.86	49.62	0.85	25.46	1.57	1814	1276
PM105-59-1	8.20	24.13	34.03	12.66	24.37	46.45	0.68	0	1.81	3.36	54.89	0.91	20.84	1.71	1749	1142
PM106-20-1	4.54	24.80	34.45	12.42	23.92	47.75	0.71	0	1.93	2.87	51.41	0.88	22.60	1.67	1628	1234
PM106-29-1	6.57	19.77	36.00	15.42	31.19	40.00	0.61	0	1.50	2.12	57.99	0.89	22.08	1.89	1646	1074
PM106-35-1	13.72	27.61	32.04	9.75	18.11	51.29	0.65	0.34	1.65	3.46	55.51	0.98	18.99	1.57	2067	1133
PM106-37-1	7.82	24.63	33.30	13.55	25.37	46.11	0.75	0	1.91	4.29	54.67	0.86	18.79	1.68	1690	1205
G001	10.57	21.47	38.35	13.30	27.97	45.15	0.66	0	1.26	2.38	62.22	0.94	13.92	1.85	1748	989
G002	14.23	35.41	27.33	4.95	8.30	59.39	0.70	0	1.32	2.86	46.51	0.96	20.89	1.36	2359	1326
G005	14.61	17.99	39.08	16.22	34.75	38.54	0.52	0	1.30	3.85	69.91	0.97	12.33	2.07	1774	846
PM113-2-2	9.78	25.05	39.32	8.19	17.88	54.68	0.85	0.14	1.39	2.97	57.29	0.96	13.24	1.67	1755	1056
PM113-3-1	13.85	18.22	39.91	13.37	30.26	41.24	0.64	0.98	0.99	1.88	67.13	1.02	9.16	1.94	1811	847
PM113-4-1	14.87	19.36	36.93	15.36	31.70	39.95	0.78	0.90	1.06	4.34	67.16	1.01	9.64	1.91	1791	888
PM113-5-1	10.24	22.93	37.45	11.93	24.75	47.56	0.73	0.47	1.32	2.34	59.62	0.98	12.85	1.76	1749	997
PM113-6-1	10.31	22.43	37.90	12.33	25.77	46.89	0.80	0.30	1.26	1.92	60.54	0.97	11.83	1.79	1746	978
PM113-9-1	22.16	27.46	33.39	3.68	7.63	56.90	0.54	0	1.32	3.11	59.23	0.96	18.34	1.49	2558	1082
PM113-10-1	15.28	20.12	35.63	16.39	32.38	39.76	0.54	0	1.32	3.61	67.30	0.97	14.36	1.95	1901	912
PM113-11-1	14.92	21.81	36.95	11.40	24.08	46.08	0.54	0	1.30	2.35	63.27	0.95	16.50	1.79	2022	975
PM116-34-4	6.54	27.22	29.72	15.07	25.66	46.35	0.76	0	1.96	5.11	51.33	0.89	17.86	1.63	1635	1235

续表 3-11

样品编号	稀土元素分析结果及特征参数																
	La ($\times10^{-6}$)	Ce ($\times10^{-6}$)	Pr ($\times10^{-6}$)	Nd ($\times10^{-6}$)	Sm ($\times10^{-6}$)	Eu ($\times10^{-6}$)	Gd ($\times10^{-6}$)	Tb ($\times10^{-6}$)	Dy ($\times10^{-6}$)	Ho ($\times10^{-6}$)	Er ($\times10^{-6}$)	Tm ($\times10^{-6}$)	Yb ($\times10^{-6}$)	Lu ($\times10^{-6}$)	$(La/Yb)_N$	δEu	ΣREE ($\times10^{-6}$)	LREE/HREE
PM102-58	17.90	39.90	5.37	21.90	4.49	1.53	3.86	0.63	3.29	0.59	1.83	0.37	1.95	0.30	6.20	1.10	103.91	7.10
PM105-38-1	21.00	45.70	5.98	24.30	4.75	1.56	3.79	0.60	3.17	0.59	1.86	0.32	1.98	0.29	7.20	1.09	115.89	8.20
PM105-39-1	19.70	41.20	5.15	20.40	3.85	1.18	3.30	0.52	2.76	0.51	1.60	0.29	1.88	0.27	7.10	0.99	102.61	8.20
PM105-45-1	18.10	38.50	5.03	20.30	3.95	1.48	3.60	0.55	3.00	0.54	1.67	0.30	1.79	0.29	6.80	1.19	99.10	7.40
PM105-55-1	16.40	39.50	5.16	21.80	4.63	1.46	3.95	0.63	3.09	0.57	1.72	0.30	1.71	0.25	6.50	1.02	101.17	7.30
PM105-59-1	19.30	41.70	5.35	21.60	4.41	1.38	3.64	0.57	3.14	0.60	1.80	0.34	2.06	0.32	6.30	1.03	106.21	7.50
PM106-20-1	16.90	37.00	4.89	19.70	3.94	1.35	3.54	0.54	3.02	0.58	1.79	0.32	1.91	0.28	6.00	1.09	95.76	7.00
PM106-29-1	22.10	46.00	5.89	23.00	4.39	1.55	3.78	0.62	3.25	0.61	1.87	0.34	2.02	0.31	7.40	1.14	115.73	8.00
PM106-35-1	21.80	45.50	5.84	22.60	4.28	1.45	3.85	0.61	3.23	0.60	1.85	0.33	2.08	0.32	7.10	1.08	114.34	7.90
PM106-37-1	18.00	40.50	5.21	21.30	4.05	1.35	3.39	0.54	2.82	0.57	1.60	0.28	1.79	0.26	6.80	1.09	101.66	8.00
G001	34.10	62.90	7.23	26.60	4.10	1.20	3.22	0.46	2.11	0.38	1.10	0.15	1.20	0.15	19.20	0.98	144.90	15.50
G002	20.40	41.50	5.34	21.50	4.07	1.43	3.32	0.53	3.04	0.59	1.78	0.29	2.05	0.27	6.70	1.16	106.11	7.90
G005	20.40	41.90	5.26	21.10	4.05	1.30	3.24	0.55	2.98	0.54	1.61	0.27	1.81	0.23	7.60	1.07	105.24	8.40
PM113-2-2	21.20	45.90	6.08	24.70	4.78	1.80	4.18	0.72	4.10	0.82	2.19	0.37	2.70	0.36	5.30	1.21	119.90	6.80
PM113-3-1	16.50	34.60	4.37	17.10	3.17	1.22	2.52	0.45	2.49	0.50	1.42	0.26	1.84	0.25	6.00	1.28	86.69	7.90
PM113-4-1	14.00	29.00	3.70	14.60	2.61	1.17	2.34	0.40	2.13	0.45	1.19	0.21	1.52	0.21	6.20	1.43	73.53	7.70
PM113-5-1	18.40	39.60	5.10	20.20	3.98	1.72	3.44	0.59	3.26	0.65	1.69	0.31	2.20	0.30	5.60	1.40	101.44	7.20
PM113-6-1	22.30	46.70	6.12	25.00	4.81	1.82	4.08	0.73	3.93	0.79	2.16	0.39	2.80	0.36	5.40	1.23	121.99	7.00
PM113-9-1	20.70	38.10	5.13	20.40	4.31	1.30	3.32	0.53	2.83	0.61	1.56	0.28	1.92	0.26	7.30	1.02	101.25	8.00
PM113-10-1	20.70	42.40	5.51	21.60	4.21	1.60	3.43	0.59	3.28	0.63	1.74	0.30	2.00	0.27	7.00	1.25	108.26	7.80
PM113-11-1	18.70	39.80	5.05	20.00	3.90	1.34	3.28	0.56	3.02	0.58	1.57	0.28	1.90	0.25	6.60	1.12	100.23	7.80
PM116-34-4	21.40	45.50	6.49	28.00	5.60	2.48	4.98	0.77	4.51	0.91	2.44	0.42	2.67	0.40	5.40	1.41	126.57	6.40

续表 3-11

样品编号	微量元素分析结果及特征参数																
	Ba ($\times10^{-6}$)	Rb ($\times10^{-6}$)	Sr ($\times10^{-6}$)	Y ($\times10^{-6}$)	Zr ($\times10^{-6}$)	Th ($\times10^{-6}$)	U ($\times10^{-6}$)	Nb ($\times10^{-6}$)	Ta ($\times10^{-6}$)	Hf ($\times10^{-6}$)	Ni ($\times10^{-6}$)	Cr ($\times10^{-6}$)	Zr/Y	Th/Yb	Ta/Yb	Sr/Y	Ti/Zr	Ce/Yb
PM102-58	838.00	70.00	479.00	18.80	242.00	4.79	1.20	8.99	0.48	5.08	19.60	43.50	12.87	2.46	0.25	25.48	25.63	20.46
PM105-38-1	910.00	65.30	775.00	17.80	212.00	5.20	1.24	7.89	0.47	4.90	0.57	9.86	11.91	2.63	0.24	43.54	25.71	23.08
PM105-39-1	1 200.00	70.10	682.00	16.40	249.00	5.22	1.56	9.01	1.28	4.83	7.09	42.10	15.18	2.78	0.68	41.59	17.72	21.91
PM105-45-1	1 300.00	72.30	720.00	16.90	188.00	5.03	1.34	7.98	0.36	3.91	7.15	31.00	11.12	2.81	0.20	42.60	28.54	21.51
PM105-55-1	738.00	22.00	721.00	18.10	184.00	4.02	0.96	8.15	0.47	4.48	31.80	91.70	10.17	2.35	0.27	39.83	38.07	23.10
PM105-59-1	954.00	42.40	618.00	18.90	216.00	5.40	1.32	7.90	0.48	5.44	7.45	22.40	11.43	2.62	0.23	32.70	25.15	20.24
PM106-20-1	785.00	60.90	731.00	18.50	170.00	4.45	0.94	7.60	0.39	3.97	4.68	29.10	9.19	2.33	0.20	39.51	35.39	19.37
PM106-29-1	935.00	66.80	573.00	19.80	223.00	5.78	1.40	8.48	0.48	4.96	8.27	63.30	11.26	2.86	0.24	28.94	20.97	22.77
PM106-35-1	663.00	53.70	833.00	19.60	200.00	4.15	1.26	7.50	0.44	4.95	5.71	27.30	10.20	2.00	0.21	42.50	25.21	21.88
PM106-37-1	1 100.00	58.10	827.00	24.10	212.00	3.51	1.03	7.82	2.75	6.73	1.51	16.70	8.80	1.96	1.54	34.32	27.93	22.63
G001	766.00	42.70	637.00	12.10	164.00	17.00	1.26	8.08	0.61	5.04	0.91	3.17	13.55	14.17	0.51	52.64	23.86	52.42
G002	576.00	8.06	764.00	19.00	162.00	5.43	1.19	8.37	0.62	3.76	1.15	4.35	8.53	2.65	0.30	40.21	24.01	20.24
G005	676.00	62.60	514.00	12.50	170.00	5.16	1.46	8.02	0.91	4.29	0.28	7.37	13.60	2.85	0.50	41.12	23.69	23.15
PM113-2-2	939.00	37.80	826.00	25.30	172.00	3.11	1.18	8.50	0.60	4.61	0.44	0.70	6.80	1.15	0.22	32.65	25.10	17.00
PM113-3-1	978.00	59.10	601.00	21.70	192.00	3.75	1.68	9.44	0.54	3.68	0.34	2.64	8.85	2.04	0.29	27.70	15.91	18.80
PM113-4-1	1 000.00	46.10	621.00	21.40	190.00	3.02	1.56	9.20	0.51	3.25	1.54	0.13	8.88	1.99	0.34	29.02	17.34	19.08
PM113-5-1	863.00	45.70	623.00	23.00	175.00	3.58	1.25	8.64	0.60	4.39	5.76	21.80	7.61	1.63	0.27	27.09	23.18	18.00
PM113-6-1	872.00	44.30	636.00	24.10	181.00	2.75	1.29	9.06	0.60	4.76	3.77	2.15	7.51	0.98	0.21	26.39	21.58	16.68
PM113-9-1	667.00	11.10	1000.00	18.80	134.00	2.59	1.25	6.90	0.47	3.61	1.00	8.53	7.13	1.35	0.24	53.19	29.49	19.84
PM113-10-1	1 100.00	54.70	523.00	19.80	154.00	2.85	1.32	8.04	0.52	4.12	3.82	14.20	7.78	1.43	0.26	26.41	26.53	21.20
PM113-11-1	792.00	65.40	628.00	19.00	147.00	2.90	1.29	7.81	0.65	3.96	2.16	15.30	7.74	1.53	0.34	33.05	27.27	20.95
PM116-34-4	796.00	42.00	665.00	26.60	170.00	7.39	1.39	8.47	2.49	5.96	2.09	8.64	6.39	2.77	0.93	25.00	35.51	17.04

注：样品均由沈阳地质调查中心测试中心分析。Q. 石英；An. 钙长石；Ab. 钠长石；Or. 钾长石；A. 碱性长石；P. 斜长石；Ap. 磷灰石；Cs. 刚玉；Ilm. 钛铁矿；Mt. 磁铁矿；DI. 分异指数；SI. 固结指数；AR. 碱度指数；$R_1=4Si-11(Na+K)-2(Fe+Ti)$；$R_2=6Ca+2Mg+Al$。

第四章　岩浆岩活动期次及构造背景

一、突泉地区晚三叠世—早白垩世岩浆活动期次

结合近年来研究区获得的高精度同位素年代学资料，本次将大兴安岭南部突泉地区晚三叠世—早白垩世岩浆作用划分为晚三叠世（220～202Ma）、中侏罗世（166～163.3Ma）、晚侏罗世（160～146Ma）和早白垩世（141～127Ma）4期（表4-1；本次研究中采用145Ma作为侏罗纪和白垩纪的界限）。

表4-1　研究区晚三叠世—早白垩世岩浆岩格架

分类	岩性	年龄(Ma)
花岗岩	早白垩世花岗岩	141～127
	晚侏罗世花岗岩	155～146
	中侏罗世花岗岩	166～163.3
	晚三叠世花岗岩	220～202
火山岩	早白垩世酸性火山岩	135～130
	早白垩世中基性火山岩	135～130
	晚侏罗世酸性火山岩	160～151
	晚侏罗世中基性火山岩	160～151
	中侏罗世中性—中酸性火山岩	—

研究区晚三叠世岩浆作用主要为侵入作用，未发生喷出作用，花岗岩的岩浆活动时限为220～202Ma。中侏罗世岩浆作用包括侵入作用和喷出作用，侵入作用的岩浆活动时限为166～163.3Ma，侵入岩主要为二长岩-花岗岩类，火山岩以中性—中酸性火山岩为主，中性火山岩与塔木兰沟期火山岩相当。晚侏罗世岩浆作用包括侵入作用和喷出作用，侵入作用的岩浆活动时限为155～146Ma，喷出作用的岩浆活动时限为160～151Ma；侵入岩主要为花岗岩-花岗闪长类，火山岩以中性、中酸性为主，其中晚侏罗世中酸性火山岩形成于160～151Ma，与满克头鄂博期火山岩相当，晚侏罗世中性火山岩与玛尼吐期火山岩相当。早白垩世也可分为侵入作用和喷出作用，侵入作用的岩浆活动时限为141～127Ma，喷出作用的岩浆活动时限为135～130Ma；侵入岩主要为花岗岩-花岗闪长岩类，火山岩以中基性、酸性火山岩为主，与白音高老期及梅勒图期火山岩相当（表4-1）。

从区域上看，突泉地区晚三叠世—早白垩世岩浆活动期次基本代表了大兴安岭南段中生代岩浆活动期次，并且可与大兴安岭中段（图4-1；施璐，2015；唐宗源，2019）、北段额尔古纳地块（唐杰，2016）、东部张广才岭—小兴安岭地区（刘翠等，2011；葛茂卉等，2020）作对比。突泉地区晚三叠世侵入岩具有

A型花岗岩的特征，与小兴安岭—张广才岭—吉黑东部晚三叠世火成岩特征一致，指示了伸展的构造环境，而与大兴安岭北段额尔古纳-兴安地块晚三叠世火成岩有区别(唐杰等，2018)。

结合区域晚中生代岩浆岩年龄频数可以看出，晚侏罗世—早白垩世侵入岩结晶年龄显示出由北至南变年轻的趋势，峰值年龄由晚侏罗世逐渐转变为早白垩世晚期(约125Ma)，早白垩世晚期岩浆活动强度明显增强，这种岩浆作用的突发性可能与构造环境的变化有关(张超，2020)。

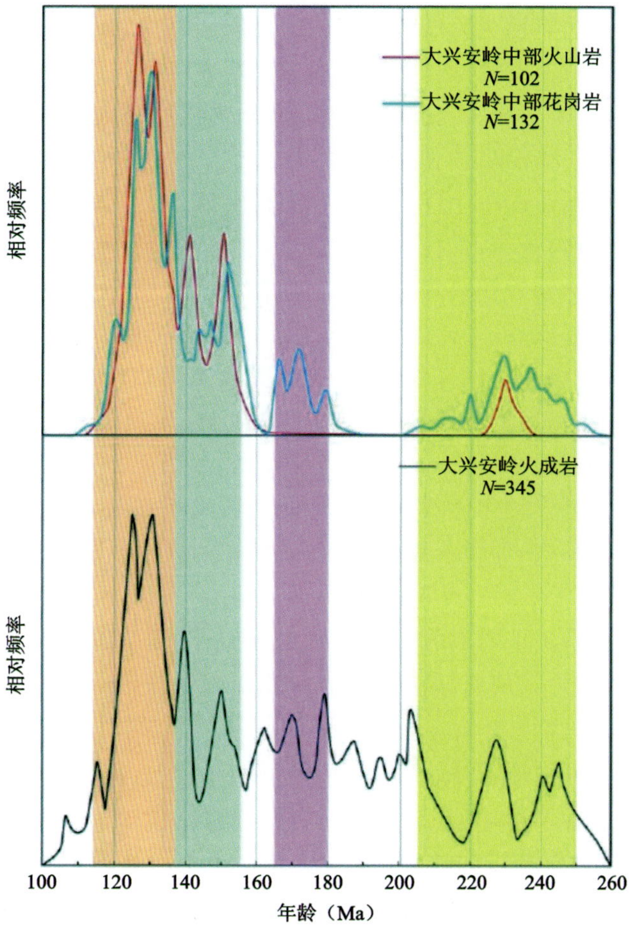

图4-1 大兴安岭中段岩浆岩年龄频率图(唐宗源，2019)

二、突泉地区晚三叠世—早白垩世岩浆岩形成的构造背景

对于大兴安岭中生代火山岩形成的构造背景以往总体上有3种观点。

第一种观点认为大兴安岭中生代火山岩与地幔柱活动或相关的板内作用有关(林强等，1998；葛文春等，1999，2000；郭锋等，2001)。林强等(1998，1999)根据大兴安岭及其邻区火山岩的分布特征认为，东北亚地区晚古生代—晚中生代火山岩呈环状分布，构成热向斜，推断在古亚洲构造域闭合以及欧亚大陆形成过程中，古亚洲构造域冷板块向地幔深部潜入而引发的热地幔柱上升是中生代火山岩形成的重要控制因素。然而中生代岩浆作用的时空分布特征不支持地幔柱模式，例如年代学研究表明大兴安岭及其邻区并不存在环状火山岩带，并且大兴安岭地区中生代火山岩具有较大的时代范围(185～105Ma)，而与地幔柱作用有关的岩浆作用通常持续时间较短。同时中国东部中生代岩浆作用呈带状沿大陆边缘分布，这一点使地幔柱作用模式很难解释。

第二种观点认为大兴安岭中生代火山岩形成于蒙古-鄂霍茨克洋闭合作用以及闭合后的造山带伸展作用（邵济安等，1994，1995，2001），尽管区内晚侏罗世火山岩可能受到该缝合事件的影响，但是地球物理和年代学研究结果并不支持这一观点。地球物理资料表明，洋壳是向北俯冲到西伯利亚板块之下的，但是同时代的火山岩同样分布在蒙古和俄罗斯东部地区（例如东蒙古戈壁省）。年代学研究表明，蒙古一鄂霍茨克缝合带的最终缝合时间不小于170Ma，因而如果大兴安岭中生代火山岩与其相关，则火山岩的展布方向应该与之相一致，然而大兴安岭中生代火山岩明显呈北北东向展布，此外考虑到中国东部中生代岩浆作用的时空分布特征，与该缝合带的展布方向明显不同。因而蒙古-鄂霍茨克洋闭合作用以及闭合后的造山带伸展作用很难解释大兴安岭地区北北东向分布的火成岩带（张吉衡，2009）。

第三种观点则认为古太平洋板块的俯冲作用（徐公愉，1983；马家骏和方大赫，1991；赵国龙等，1989）是大兴安岭乃至整个中国东部中生代岩浆作用的根本原因。主要证据包括以下几个方面：①中国东部中生代火成岩呈北北东方向分布，平行于大陆边缘，年代学研究表明，这些火成岩在时代上具有自东向西逐渐年轻的趋势；②地球物理资料表明中国东部存在一个明显但是在横向上不均一的地震波速异常带，并且其西部边界与大兴安岭-太行山重力异常带相吻合，反映了冷的高密度物质，通常被认为是俯冲板片或拆沉进入软流圈地幔的下地壳物质；③亚洲大陆东部边缘发育的侏罗纪—白垩纪拼贴增生杂岩为古太平洋板块的俯冲作用提供了证据，最新研究表明，佳木斯地块上分布的黑龙江岩群具有拼贴增生杂岩的性质，而其形成时代为190Ma左右，表明早侏罗世期间古太平洋板块已经俯冲拼贴到亚洲大陆边缘。以上证据表明，大兴安岭中生代火山岩可能为古太平洋板块俯冲作用及后继作用过程的产物，而较老的岩石可能也受到蒙古-鄂霍茨克洋或黑河-贺根山缝合事件的影响，但是需要进一步工作的确定。

近年来，随着同位素测试技术的发展和基础地质调查与研究工作的不断深入，研究人员在中国东北地区获得一大批新的有关前中生代地质的同位素测年数据。这些锆石的U－Pb测年数据大部分来自岩体的单颗粒锆石和晚古生代沉积地层的碎屑锆石，且数据多集中在2500Ma、510Ma、440Ma和380Ma等峰值（Meng et al.，2010；赵芝等，2012；郭晓丹等，2011）。这些数据一方面证明了中国东北地区确实存在新太古代陆块（吴才来等，2010）、早古生代构造热事件（Wang et al.，2012）和晚古生代伸展事件（Meng et al.，2011；孟恩等，2011）的同时，另一方面揭示了兴蒙复合造山区早古生代陆块汇聚形成褶皱带交织中间地块的格架特点和晚古生代（泥盆纪—石炭纪）存在大陆地壳裂解作用的属性。

晚石炭世—早二叠世华夏植物群越过西拉木伦河带向北发展，其分布范围的扩大及其与安哥拉植物群化石混生的现象，已陆续在吉林省敦化隆起以东（殷长建等，2003）、吉林省汪清大兴沟（李明松等，2011）、黑龙江省中部阿城（邓胜徽等，2009）、黑龙江省北部伊春红山（金建华和米家榕，1993）、内蒙古自治区东乌珠穆沁旗满肚胡宝拉格（周志广等，2010）和甘肃省玉门（孙克勤等，2010）等地区陆续被发现，这证明古亚洲洋在晚二叠世前已经闭合。

古生代晚期主要为残余海盆、陆表海和大陆地壳垂向增生与隆升的过程。北美与欧亚古陆晚古生代末—中生代初的短暂碰撞，在西伯利亚古陆北侧形成泰梅尔造山带（280～240Ma）；华南与华北古陆之间的超碰撞作用除在秦岭—苏鲁—大别地区形成超高压变质带外，在华北地区也造成同期构造-岩浆作用的叠加。这些事件及其过程产物标志着古亚洲洋的闭合和古欧亚大陆东部主体的形成。

晚三叠世以来，印度板块持续向北运动，以及北美大陆板块与欧亚大陆板块之间的持续汇聚与碰撞，加之与古、今太平洋板块之间的相互作用，体现了欧亚大陆东部边缘形成的复杂过程及大陆地壳不断向外增长的历史。从晚三叠世开始，东北地区的构造格架与其前期历史相比发生了深刻的变化，由东西向构造转变为北东向和北北东向构造，进入环太平洋构造体系和蒙古-鄂霍茨克构造体系的演化阶段（任战利等，2010；许文良等，2013；施璐，2015）。

根据大兴安岭南部突泉地区晚三叠世以来中生代岩浆岩的年龄结果可以将岩浆活动分为4期：晚三叠世(220～202Ma)、中侏罗世(166～163.3Ma)、晚侏罗世(160～146Ma)和早白垩世(144～127Ma)。

(一)晚三叠世—中侏罗世(220～163.3Ma)前造山期控制下伸展、裂解作用

华北板块与西伯利亚板块在晚泥盆世—石炭纪晚期发生碰撞后，华北及其以北地区晚古生代的残余海水内形成广泛的海相-陆相沉积序列。该沉积建造反映的古亚洲洋构造域碰撞-超碰撞过程一直延续到中三叠世(张允平和李景春，2010)。晚三叠世—中侏罗世的构造格架继承了原有的东西向构造体制。逆冲推覆构造和大规模走向滑动断裂的位移规模在蒙古南部地区达数百千米(Webb and Johnson，2006)。

美国地质调查局(USGS)有关俄罗斯西西伯利亚盆地石油地质与资源研究报告中(Ulmishek，2003)，利用油气田钻探、地震和地质的研究资料编制的基底构造图，显示了平原覆盖层下面的贝加尔期褶皱带、加里东期褶皱带和海西期褶皱带的分布情况，揭示了西伯利亚平原地区三叠纪裂谷构造发育于贝加尔期、加里东期和海西期褶皱基底之上。西西伯利亚的三叠纪裂谷构造规模宏大，占据了西伯利亚古陆西缘的叶尼塞贝加尔褶皱带和西部乌拉尔褶皱带之间的广大地区。Jahn等(2009)报道了蒙古-鄂霍茨克褶皱带外贝加尔地区广泛发育的碱性—过碱性花岗杂岩及相关的双模式火山岩，同位素年龄集中于230～190Ma时段的碱性杂岩的$\varepsilon_{Nd}(t)$值为0～4，与中亚造山带典型的正值特征基本相同。这一大陆地壳内部的伸展构造特征，与外贝加尔褶皱区晚三叠世—早侏罗世碱性—过碱性岩浆岩带的构造环境遥相呼应。研究区二长—正长—碱长花岗岩具有A型花岗岩的特征。本次研究测试数据分析投图，在Rb-(Yb+Ta)、Rb-(Y+Nb)判别图(图4-1)上，岩石多数样点投于板内花岗岩区，部分样点落入板内花岗岩区与同碰撞花岗岩区结合部位；在Ta-Yb判别图(图4-1)上多数样点投入板内花

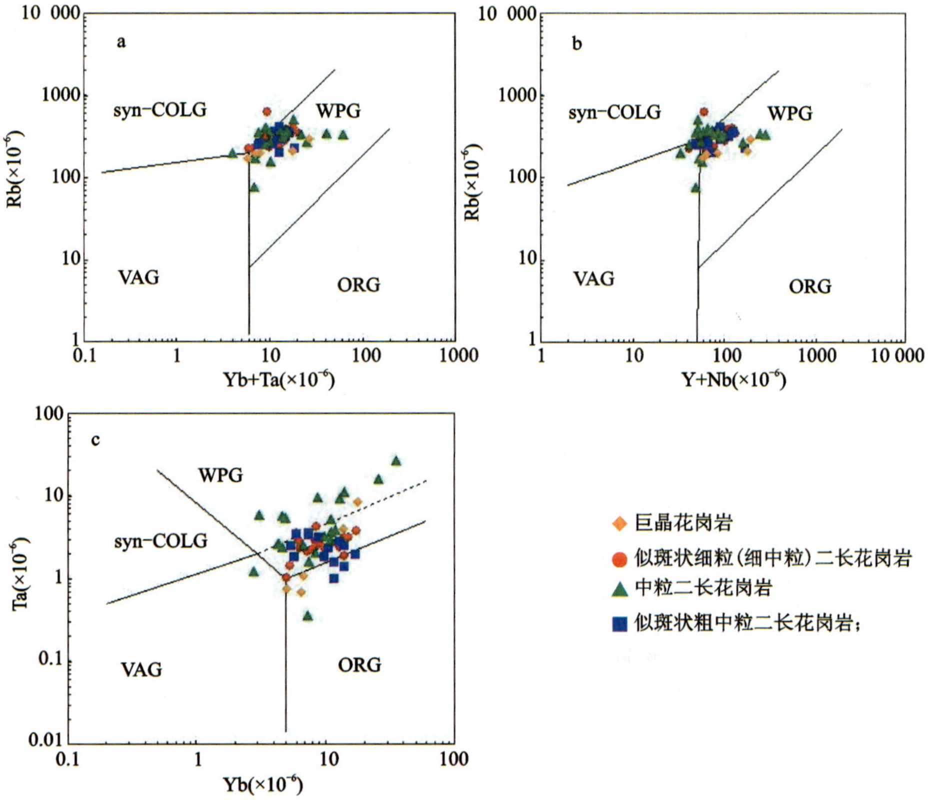

图4-1 晚三叠世Rb-(Yb+Ta)、Rb-(Y+Nb)、Ta-Yb图解

WPG.板内花岗岩；syn-COLG.同碰撞花岗岩；VAG.火山弧花岗岩；ORG.洋脊花岗岩

岗岩区，少数投点位于火山弧花岗岩区和洋中脊花岗岩区；在 Batchelor 和 Bowden 的花岗岩类岩石组合示意图解 $R_1 - R_2$ 图解（图 4－2）中，本期侵入岩样品均落于晚造山花岗岩与造山后花岗岩过渡区域；在 Nb－Y－Ce 三角图解中（图 4－3）中，本期侵入岩显示具有 A_2 型花岗岩特征。上述特征表明，晚三叠世这套侵入岩形成的构造环境为后造山-造山后构造环境，表现出研究区自中三叠世强烈挤压后，到晚三叠世开始构造环境逐渐向后造山-造山后伸展环境转变。

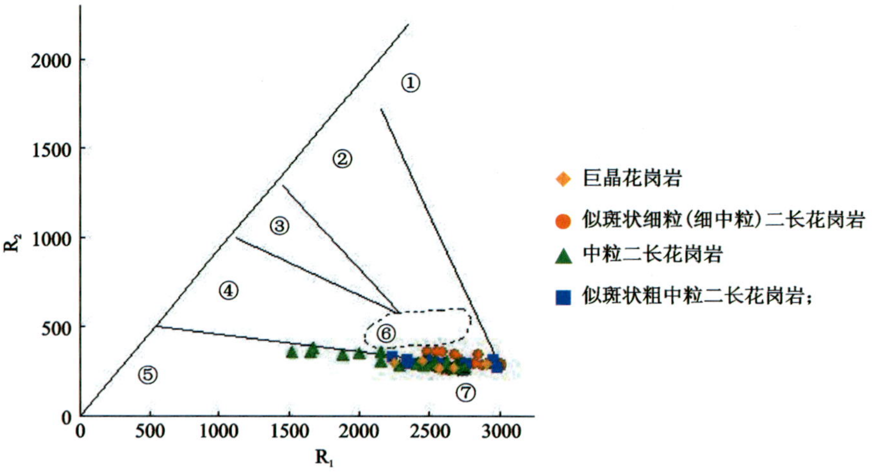

图 4－2　晚三叠世花岗岩类 $R_1 - R_2$ 图解

①地幔斜长花岗岩；②破坏性活动板块边缘（板块碰撞前）花岗岩；③板块碰撞后隆起期花岗岩；
④晚造山期花岗岩；⑤非造山区 A 型花岗岩；⑥同碰撞（S 型）花岗岩；
⑦造山期后 A 型花岗岩

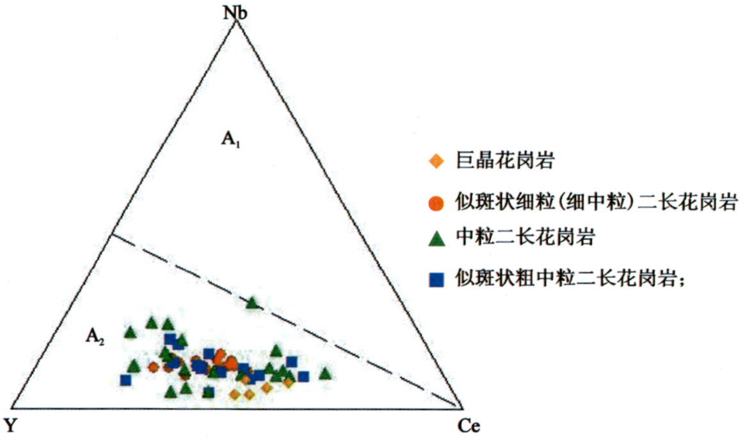

图 4－3　晚三叠世花岗岩类 Nb－Y－Ce 构造判别图解

综上所述，大兴安岭南部突泉地区晚三叠世至中侏罗世早期花岗岩形成于前造山期控制下的伸展、裂解作用，本次研究工作也为其提供了新的证据。

（二）晚侏罗世（160～146Ma）蒙古-鄂霍茨克洋消亡、闭合、碰撞造山作用

蒙古-鄂霍茨克构造带主要分布在俄罗斯和蒙古境内，西起蒙古国中部的杭盖山脉，向东至鄂霍茨克海的乌达海湾，总体近南西—北东走向，北邻西伯利亚板块，南邻蒙古-图瓦、额尔古纳及佳木斯-布列亚等地块交织的蒙古造山带，东邻今太平洋板块。关于蒙古-鄂霍茨克洋闭合时间一直存在争议，一些

学者认为在三叠纪—晚侏罗世闭合(Zonenshain et al.,1990),一些学者认为在中—晚侏罗世闭合(Zorin,1999;Parfenov et al.,2001),一些学者认为东段在晚侏罗世—早白垩世闭合(李锦轶,1998,2013;Şengör and Natal'in,1996;Yakubchuk and Edwards,1999;Kravchinsky et al.,2002;Cogné et al.,2005),一些学者认为蒙古-鄂霍茨克洋在中晚侏罗世—早白垩世早期闭合(张允平等,2016)。蒙古-鄂霍茨克造山系属复合造山系起源于新元古代—早古生代,经历了晚古生代—中生代蒙古-鄂霍茨克洋的俯冲-闭合及西伯利亚与蒙古-中国北方陆块群之间的碰撞作用(张允平等,2016)。南侧蒙古-中国北方陆块群具有被动陆缘属性,应与蒙古-鄂霍茨克洋的闭合有关。在大兴安岭北部漠河地区形成巨厚的中侏罗世前陆盆地陆相类磨拉石和含煤沉积(孙广瑞等,2002;幸任臣等,2003;李锦轶等,2004;和钟铧,2008;侯伟等,2004;肖传桃等,2015)。洛古河东发育的早白垩世花岗斑岩体的U-Pb年龄为129.82±2.2Ma,显示后碰撞花岗岩的岩石地球化学特征(武广等,2009)。早泥盆世的结晶灰岩、泥灰岩以飞来峰形式逆冲于前陆盆地的中侏罗世碎屑岩之上(黑龙江省地质矿产局,1997)。中—晚侏罗世的磨拉石沉积代表一次碰撞作用(Tomurtogoo et al.,2005)。在华北古陆块北部燕山—大青山及其以北地区,普遍发育褶皱-逆冲作用,形成山前和山间断陷、坳陷和压陷盆地、沉积-火山-沉积磨拉石(或类磨拉石),以及与这一时段构造背景有关的逆冲断层、飞来峰和花岗质侵入岩。漠河盆地的地层学及构造研究成果揭示了在晚侏罗世—早白垩世发生了由北向南的逆冲推覆(张顺等,2003),并于130~127Ma沿东西向断裂发育左行滑动(武利文等,2005;李锦轶等,2004),说明蒙古-鄂霍茨克洋闭合于中—晚侏罗世之间。南北向的强烈挤压造成蒙古-鄂霍茨克地壳的深层次滑脱和大规模逆冲变形(Johnson,2004)。燕辽地区在早中生代板内造山推覆-逆冲-走滑体系极其发育(Davis et al.,1998;王根厚等,2001;张长厚等,2002,2004a,2004b,2006;和政军和牛宝贵,2004;和政军等,2007),基本上沿燕辽沉降带分布,呈向东南突出的弧形,并形成早中生代东西向—北东向叠瓦状逆冲推覆构造,形成前陆冲断构造带。同时,在这种持续挤压的背景下,自北向南初步形成早中生代北东向的额尔古纳隆起带、海拉尔沉降带、东乌旗隆起带、二连沉降带等板内造山和隆-坳相间的构造格局。火山-沉积磨拉石包括大兴安岭地区万宝组(新民组)—塔木兰沟组—土城子组(木瑞组),辽西地区海房沟组—蓝旗组—土城子组,冀北地区九龙山组—髫髻山组—后城组,无论从岩石组合-地层序列,还是从时空展布,均具有可对比性,它们共同代表一次重大事件。蒙古-鄂霍茨克造山系南部褶皱-逆冲带的宽度,与深部地球物理研究揭示的蒙古-鄂霍茨克褶皱带大规模向南逆冲(Zorin et al.,2002)的深部构造特征是一致的。应当指出的是,在中侏罗世末—晚侏罗世,主要是蒙古-鄂霍茨克洋闭合,西伯利亚古陆南缘与蒙古-中国北方板块之间发生碰撞、褶皱-逆冲作用。

晚侏罗世和早白垩世花岗岩形成于不同的构造环境(葛文春等,2005),即晚侏罗世为收缩环境,早白垩世为伸展环境,这主要与中国东部岩石圈减薄有关,145Ma可能是岩石圈减薄的转折时期(吴福元和孙德有,1999;吴福元等,2003)。侏罗纪花岗岩形成于活动大陆边缘构造背景,部分岩石具有类似于埃达克岩的地球化学特征(高晓峰等,2005;张永北等,2006;隋振民,2007),暗示了由大洋板块的俯冲作用导致岩石圈加厚的过程。研究区晚侏罗世花岗岩岩石组合为花岗闪长岩、英云闪长岩及少量花岗斑岩,在Rb/10-Hf-3Ta花岗岩微量元素构造判别图解(图4-4)中,晚侏罗世花岗岩落入碰撞背景上的花岗岩区域内,在Rb-(Y+Ta)构造环境判别图解中(图4-5),晚侏罗世花岗岩均落入后碰撞构造环境,研究区经历了陆壳加厚的过程。因此,大兴安岭南部突泉地区晚侏罗世岩浆活动与蒙古-鄂霍茨克洋的消亡、闭合、碰撞造山作用有关。

(三)早白垩世(135~130Ma)造山期后大陆地壳伸展

张允平(2011)研究东北亚晚中生代构造格架认为,南太平洋发生板块动力学重大事件,鄂霍茨克洋微板块快速向北漂移,鄂霍茨克洋板块北侧形成俯冲加积楔(J_3—K_1),北亚克拉通边缘形成上叠乌达-马加尔陆缘火山岩带(J_3—K_1),鄂霍茨克洋微板块与北侧欧亚板块发生碰撞(K_1);萨哈林-北海道高压变质带折返到地表(K_1),东亚大陆边缘发育大规模走滑断层(134～110Ma),锡霍特-阿林带发育 S－I 型花岗岩(110～98Ma);连同萨哈林-北海道俯冲带的弱或无增生,揭示东亚大陆边缘可能为转换边缘。

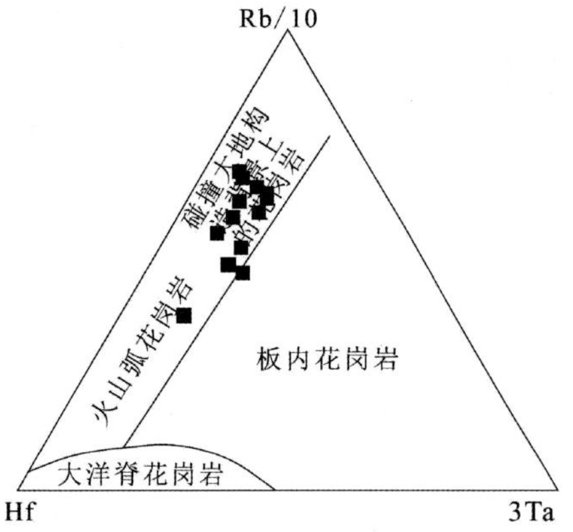

图 4－4　晚侏罗世花岗岩 Rb/10－Hf－3Ta 图解

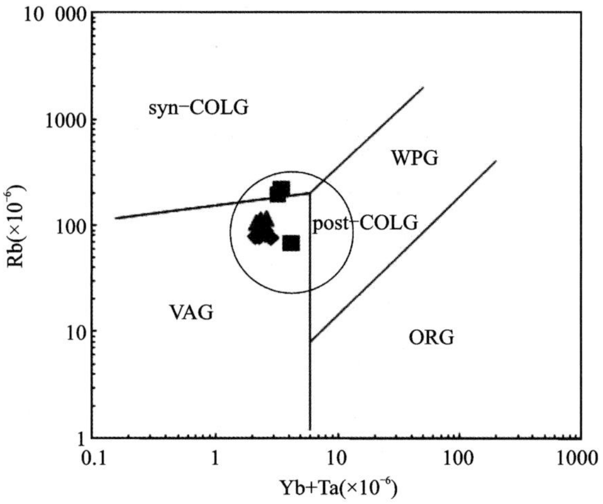

图 4－5　晚侏罗世花岗岩 Rb－(Y＋Ta)构造判别图

VAG. 火山弧花岗岩;ORG. 洋中脊花岗岩;WPG. 板内花岗岩;

syn－COLG. 同碰撞花岗岩;post－COLG. 后碰撞花岗岩

▲晚侏罗世花岗斑岩　■ 晚侏罗世花岗闪长斑岩　◆ 晚侏罗世英云闪长岩

在东北亚造山期后地壳伸展及东部大陆边缘性质转换的构造背景下,东北亚活动大陆边缘陆缘活化带广泛发育伴随伸展构造、走滑断层、断块化、小型断陷盆地、A 型花岗岩和流纹岩、双峰式火山岩和变质核杂岩(张允平,2011)。东北地区盆岭构造阶段起始于张家口期的火山活动,全盛于义县期大规模火山作用的义县期—九佛堂期,萎缩于沙海期—阜新期,结束于张老公屯期(东山期)。义县期及其后所形成东北亚大面型展布的盆岭群,其盆地大多是义县期火山活动后所形成的断陷盆地,发展至孙家湾期以类磨拉石沉积为主。因此盆岭(小)盆山阶段(135～96Ma)为张家口期一张老公期。早白垩世张家口期,整个东北地区断陷盆地均以北北东向展布,以形成的火山伸展盆地为代表。早白垩世义县期—张老公屯期,全面形成盆岭构造体系并在东北亚广泛分布,以东北地区最为典型(既分布于前期的造山带上,也分布于前期地块之上),西至外贝加尔、蒙古东北部,东至辽东—朝鲜半岛,南至冀北—辽西地区,北至鄂霍茨克洋西部,即李思田等(1987)称的东北亚断陷盆地系。

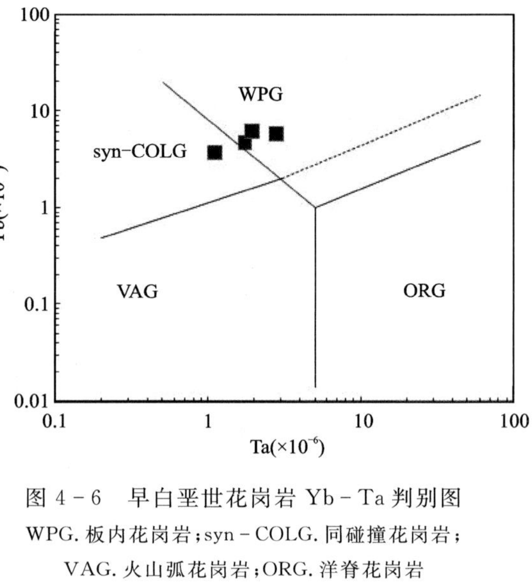

图 4－6　早白垩世花岗岩 Yb－Ta 判别图

WPG. 板内花岗岩;syn－COLG. 同碰撞花岗岩;

VAG. 火山弧花岗岩;ORG. 洋脊花岗岩

大兴安岭南部突泉地区早白垩世晚期花岗岩岩石主要为碱长花岗岩,地球化学特征表现为 A 型花岗岩的特点,暗示了伸展的大地构造背景。本次研究测试数据分析投图,在 Yb－Ta 判别图(图 4－6)上岩石投点多投于板内花岗岩区。另外研究区早白垩世火山岩包括白音高老期流纹岩和梅勒图期玄武岩、玄武安山岩,其地球化学特征具有双峰式火山岩特征,体现了该区伸展的大地构造背景,与区域上共同指示蒙古-鄂霍茨克洋闭合,造山期后大陆地壳总体伸展构造背景。

第五章 成矿作用与多金属成矿规律

一、矿产概况

研究区位于东北地区大兴安岭南部，属突泉-翁牛特 Pb - Zn - Ag - Fe - Sn - REE 成矿带的东部(简称突泉-翁牛特成矿带)。突泉-翁牛特成矿带总体上呈北东向带状分布于二连坳陷东缘断裂(西界)、西拉木伦河断裂(南界)、二连-贺根山-黑河断裂(北界)和嫩江断裂(东界)之间。大地构造位置位于华北板块与西伯利亚板块之间的缝合-造山带内。前中三叠世受古亚洲洋构造域控制，晚三叠世—早白垩世期间研究区受来自其西北侧和北侧蒙古-鄂霍茨克洋的南向俯冲、闭合造山作用和东北亚东侧古太平洋的北西西向俯冲所引发的走滑剪切作用，晚白垩世开始受滨西太平洋北西向俯冲影响，构造环境复杂。

研究区内有色金属矿产有铜、钼、银、铅、锌，并伴有利用价值的金、锡等。目前，已知中型矿床 3 处，小型矿床 4 处，矿点 16 处(图 5 - 1，表 5 - 1、表 5 - 2)。矿床成矿时代为早侏罗世—早白垩世，其中早—中侏罗世成矿系列以铅锌银多金属为主，形成于伸展环境；晚侏罗世—早白垩世成矿系列以铜、铅、锌多金属为主，形成于挤压-伸展环境。矿床成因类型主要有热液型和斑岩型。热液型矿床在本区分布较多，其中主要有孟恩陶勒盖银铅矿床、莲花山银铜矿床等中型矿床及长春岭银铅锌矿床等小型矿床；斑岩型矿床是本区重要矿床类型，典型矿床为莲花山银铜矿床，闹牛山铜钼矿床也发育斑岩型。另外，研究区邻区发育的布敦花热液型-斑岩型中型铜矿床、金鸡岭中型热液铜矿床可代表本区典型矿床特征，纳入本次研究范围(表 5 - 2)。

二、典型矿床

研究区金属矿产有铜、钼、银、铅、锌并伴有利用价值的金、锡，多为热液型和斑岩型。目前已知中型矿床 3 处，即莲花山热液型银铜矿床、孟恩陶勒盖热液型银铅矿床和闹牛山热液型-斑岩型铜钼矿床；小型矿床 4 处，即长春岭热液型铅锌银矿床、毛呼都格热液型多金属矿床、查干楚鲁热液型铅锌银矿床和护林站银铅锌矿床；矿点 16 处。紧邻工作区同期与岩浆岩密切相关的中型矿床 2 处，即布敦花热液型-斑岩型铜矿和金鸡岭热液型铜矿。

(一)莲花山热液型银铜矿床

莲花山银铜矿位于内蒙古自治区科尔沁右翼中旗(简称科右中旗)突泉县九龙乡，地处大阪-乌兰浩特火山喷发带突泉中生代火山盆地的野马次级隆起带西南缘，区域上受东西向和南北向断裂构造的交会控制，矿床主要赋存于晚侏罗世闪长岩、斜长花岗斑岩、英安岩、角砾熔岩中，矿床成因类型为与斜长花岗斑岩有关的热液型矿床。该矿床是 1981 年发现的中型铜矿。

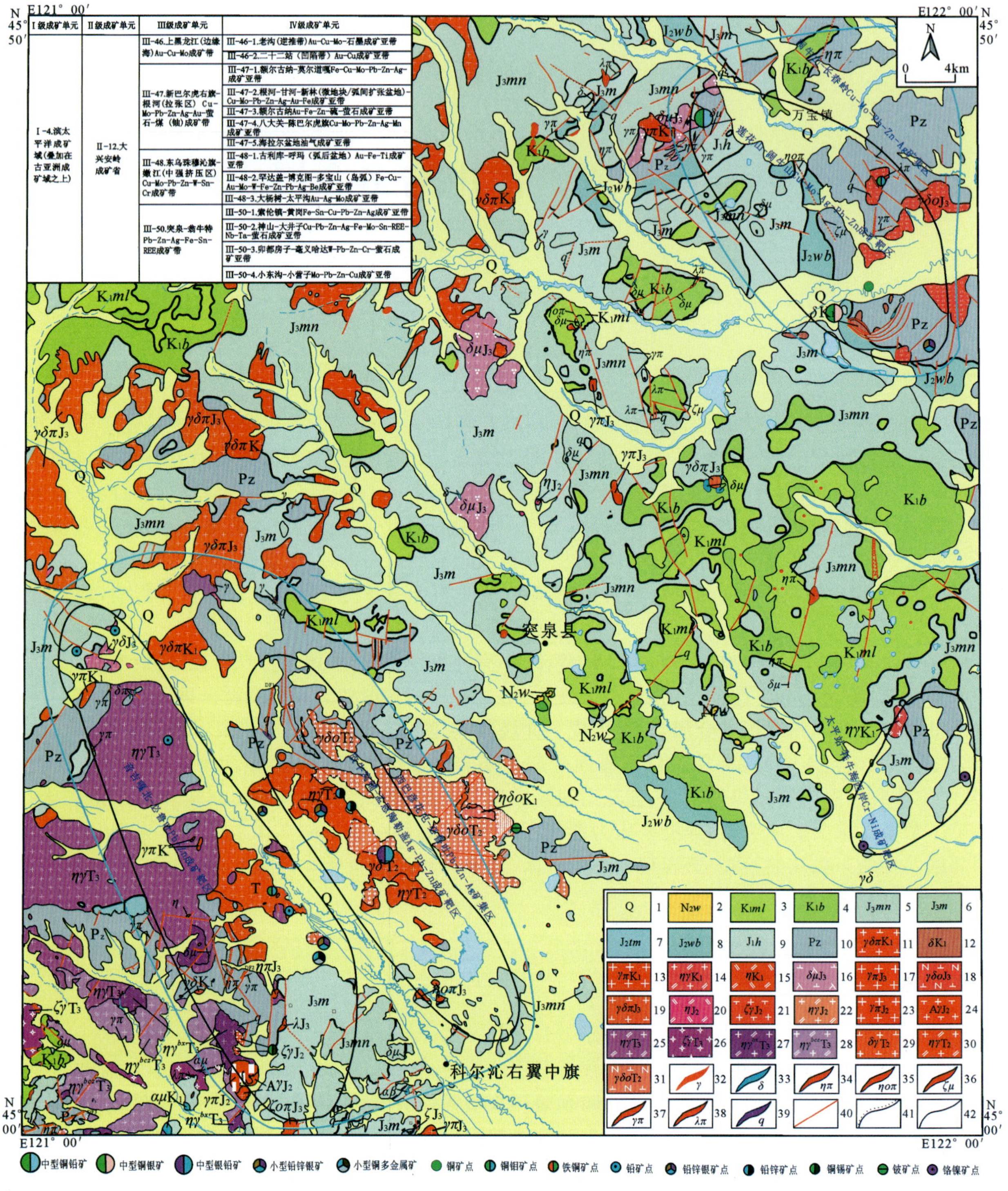

图 5-1 研究区矿产(矿点)分布图

1.第四系;2.上新统五岔沟组;3.下白垩统梅勒图组;4.下白垩统白音高老组;5.上侏罗统玛尼吐组;6.上侏罗统满克头鄂博组;7.中侏罗统塔木兰沟组;8.中侏罗统万宝组;9.下侏罗统红旗组;10.前中生代地层;11.早白垩世花岗闪长斑岩;12.早白垩世闪长岩;13.早白垩世花岗斑岩;14.早白垩世二长花岗岩;15.早白垩世二长岩;16.晚侏罗世闪长玢岩;17.晚侏罗世花岗斑岩;18.晚侏罗世英云闪长岩;19.晚侏罗世花岗闪长斑岩;20.中侏罗世二长岩;21.中侏罗世正长花岗岩;22.中侏罗世二长花岗岩;23.中侏罗世花岗斑岩;24.中侏罗世碱长花岗岩;25.晚三叠世中粒二长花岗岩;26.晚三叠世巨晶正长花岗岩;27.晚三叠世似斑状细粒二长花岗岩;28.晚三叠世似斑状粗中粒二长花岗岩;29.中三叠世花岗闪长岩;30.中三叠世二长花岗岩;31.中三叠世英云闪长岩;32.细晶岩脉;33.闪长玢岩;34.二长斑岩;35.石英二长斑岩;36.正长斑岩;37.花岗斑岩;38.流纹斑岩;39.石英脉;40.断层;41.不整合界线;42.地质界线

表 5-1 研究区有色金属矿产一览表

序号	名称	产地	矿种	规模	类型
1	莲花山	突泉县九龙乡莲花山	银、铜	中型	中高温热液型
2	孟恩陶勒盖	科右中旗孟恩陶勒盖	银、铅	中型	中温热液型
3	闹牛山	突泉县闹牛山季家屯	铜、钼	中型	中低温热液型-斑岩型
4	长春岭	突泉县九龙乡东长春岭屯	银、铅、锌	小型	中低温热液型
5	毛呼都格	科右中旗毛呼都格	铅、锌、银、铜	小型	中高温热液型
6	查干楚鲁	科右中旗查干楚鲁	铅、锌、银	小型	中温热液型
7	护林站	科右中旗护林站	银、铅、锌	小型	中温热液型
8	莲花山陈台屯	突泉县陈台屯	铜	矿点	斑岩型
9	东升	洮南县东升乡北西 3km	铜、铁	矿点	高—中温热液型
10	后新立屯	突泉县九龙乡后新立屯	铜、钼	矿点	斑岩型
11	巴扎拉格新发屯	科右中旗巴扎拉格新发屯	铜	矿点	中温热液型-斑岩型
12	西巴颜花屯	科右中旗西杜尔基乡西巴颜花屯	铅	矿点	中温热液型
13	音吉嘎北	科右中旗西杜尔基乡音吉嘎北	铅	矿点	中温热液型
14	特图花	科右中旗特图花	铅	矿点	中高温热液型
15	放牛窝铺	科右中旗放牛窝铺	铅、锌	矿点	中温热液型
16	义罗花	科右中旗义罗花	铅、锌	矿点	中温热液型
17	嘎查屯	科右中旗嘎查屯	铅、锌、银	矿点	中温热液型
18	代钦塔拉	科右中旗代钦塔拉	铍	矿点	伟晶岩型
19	双山屯	科右中旗双山屯	铜、铅	矿点	中温热液型
20	敖包图	科右中旗敖包图	铅	矿点	中低温热液型
21	必鲁吐	科右中旗必鲁吐	铜、锡	矿点	中高温热液型
22	太平站	科右中旗太平站	铬镍	矿点	与超基性岩有关
23	牦牛海西岸	科右中旗牦牛海西岸	铬镍	矿点	与超基性岩有关

表 5-2 邻区典型有色金属矿产信息表

序号	名称	产地	矿种	规模	类型
1	布敦花(邻区)	科右中旗	铜、金、银	中型	热液或岩浆流体矿床
2	金鸡岭(邻区)	位于科右中旗	铜、金、银	中型	热液型

1. 矿区地质概况

莲花山银铜矿位于大兴安岭布敦花-孟恩陶勒盖-闹牛山 Cu、Pb、Zn 多金属成矿带。矿区出露的地层主要有中二叠统大石寨组变质安山岩、英安质凝灰岩、凝灰质砂岩(图 5-2),中侏罗统万宝组安山质—英安质角砾岩、凝灰岩夹砂岩以及上侏罗统玛尼吐组灰白色英安质凝灰熔岩,其中大石寨组地层是形成矿体的主要围岩和赋矿层位。矿体主要受走向北西(300°～330°)、倾向北东的断裂控制。矿区出露岩浆岩主要为闪长玢岩、斜长花岗斑岩、花岗闪长斑岩等，其中斜长花岗斑岩与成矿关系最为密切。矿化主要集中在斑岩体顶部及外接触带附近，并受岩体起伏顶面形态控制，斑岩体上凸部位是富矿体赋存有利地段(赵一鸣和张德全，1997)。

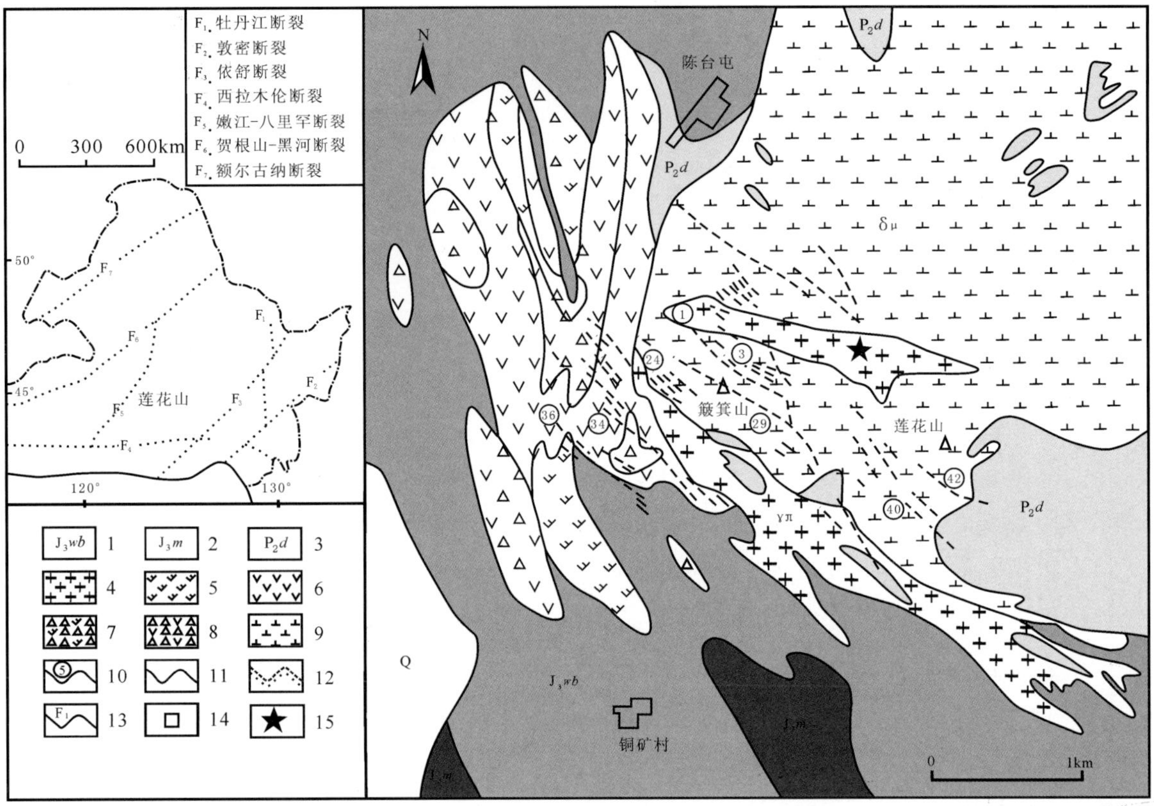

图 5-2 莲花山银铜矿床地质简图(王忠禹等，2014)

1.万宝组；2.满克头鄂博组；3.大石寨组；4.花岗闪长斑岩；5.英安岩；6.安山岩；7.英安质角砾岩；8.安山质角砾岩；9.闪长玢岩；10.矿体；11.地质界线；12.推测不整合界线；13.断裂；14.地名；15.采样位置

2.矿床地质特征

莲花山银铜矿床矿区现已探明矿体30多条，按空间分布关系划分为3个矿脉群，矿体总体走向300°～310°，倾向北东，倾角50°～70°，矿体一般长300～500m，最长者可达700m以上，厚度一般为1.14～3.39m，最厚可达10m；Cu品位一般为0.7%～1.45%，伴生Ag品位一般为44.87×10^{-6}～67.45×10^{-6}，铜储量为中型(肖丙建等，2008)。

矿体产于大石寨组和闪长玢岩、斜长花岗斑岩、中酸性次火山岩中。矿体呈脉状，共有3个平行脉群，走向北西。北部脉群以5号脉为主矿体，长700m，平均厚2.35m，斜深250m，Cu平均品位为0.95%。中部脉群以1号、3号、2号脉为主矿体，矿化带延长近2000m，宽300～500m，最宽700m，主矿体为单工程矿体连续较好部分，一般长200～300m，延深100～200m，平均厚1～2m。个别工程矿体厚度大于10m，呈透镜状产出，Cu平均品位为1.13%。南部脉群以36号和36-1号为主矿体，长1100～1500m，宽300～500m。各矿体平行斜列展布，沿走向及倾向具尖灭再现和尖灭侧现。该脉群脉多、脉密，一般长300m，部分大于500m，厚1～3m，连续性好，矿化不均，南部比北部Ag含量增高，Cu平均品位为0.96%，Ag平均品位为51.40×10^{-6}。

矿床围岩蚀变强烈，主要有钠长石化、黑云母化、电气石化、阳起石化、绿泥石化、硅化和碳酸盐化等。主要金属矿物有黄铜矿、黄铁矿、毒砂、闪锌矿、方铅矿、磁黄铁矿、磁铁矿、深红银矿、银黝铜矿、硫锑铜银矿等，次要金属矿物有辉铜矿、黝铜矿、辉铋矿、辉锑铋矿、硫镍钴矿、钴镍黄铁矿等。脉石矿物主要有石英、阳起石、电气石、绿泥石、绿帘石、黝帘石、方解石等(盛继福等,1999)。成矿可分为5个阶段:①磁铁矿-赤铁矿成矿阶段;②毒砂-黄铜矿成矿阶段;③黄铜矿成矿阶段;④黄铜矿-磁黄铁矿-闪锌矿成矿阶段;⑤闪锌矿-方铅矿-碳酸盐成矿阶段。其中,黄铜矿主要产于③和④阶段,而区内的银矿物、铋矿物和钴镍矿物多产于④阶段(周振华等,2012)。

3. 成矿物质来源

周振华等(2012)认为莲花山斜长花岗斑岩主要来源于从亏损地幔中新增生的年轻地壳物质的部分熔融,在侵位过程中受到了地壳或岩石圈地幔的混染或者直接来源于轻度富集的地幔物质部分熔融。

矿石中单矿物硫同位素$\delta^{34}S$的值为1.0‰~1.9‰,变化范围较小,接近陨石硫,属深部硫源。岩石中主要成矿元素Cu、Ag、Pb、Zn等高出背景值数倍。Ni、Co等幔源组分含量较高,均反映成矿物质来源于上地幔或下地壳。Fe、Mg、Ca等物质的含量与地壳丰度值接近或略低。成矿实验证明,大量的Fe、Mg、Ca等物质被带入含矿热液中会对Cu^{2+}的迁移不利。因而原始含矿热液中不可能含有大量的Fe、Mg、Ca等物质与Cu^{2+}一起运移,而是在原始岩浆上侵过程中从围岩中捕获。因此,来源于上地幔或下地壳的深源含有大量成矿物质的原始岩浆热液的多次上侵是形成矿床的物质基础(肖丙建等,2008)。

4. 成矿时代

盛继福等(1999)测得斜长花岗斑岩的单颗粒锆石U-Pb年龄为161.8 Ma,内蒙自治区115地质队测得斜长花岗斑岩的U-Pb等时线年龄为161.75Ma。

5. 矿床成因

肖丙建等(2008)据单矿物包体测温结果,金属矿物的形成温度在200~350℃之间,而黄铜矿、黄铁矿、闪锌矿主要形成温度在240~320℃之间,毒砂的形成温度略高,为320~355℃,属于中高温环境。矿床矿石矿物以硫化物为主,反映出贫氧、富硫相对较封闭的还原环境。综上所述,该矿床是在相对封闭的还原环境下形成的中高温热液矿床。

(二)布敦花热液型-斑岩型铜矿床

布敦花铜矿床矿区位于内蒙古自治区科右中旗布敦花苏木西南8km处,紧邻本次研究区的南界,区域上位于大兴安岭隆起带南段,中生代孟恩陶勒盖断隆与白音胡硕火山喷发盆地过渡带的断隆一侧。

1. 矿区地质特征

矿区包括南部金鸡岭网脉浸染状型铜矿段和北部孔雀山热液脉型铜矿段,二者以布敦花杂岩体为界。

矿区出露地层主要是中二叠统大石寨组、中侏罗统万宝组以及上侏罗统满克头鄂博组,其中大石寨组为重要赋矿地层。中二叠统大石寨组岩性组合为凝灰质砂岩、火山凝灰岩和硅质岩。中侏罗统万宝组岩性组合为河湖相复成分砾岩、砂岩、含砾粗砂岩、细砂岩夹少量中酸性火山碎屑岩,含大量植物化石。上侏罗统满克头鄂博组为一套陆相酸性火山碎屑岩(图5-3)。

矿区构造以东西向和北北东向为主,发育3个北东向展布的挤压带,由北至南分别为草格吐查顺花挤压带、布敦花挤压带和五九山冲断带。矿区中部东西向断裂挤压带与布敦花复式背斜轴部断裂构造斜接复合,切割破坏了沿褶皱轴部侵位的花岗闪长岩。南北向复合断裂构造是孔雀山矿区的主要控岩控矿构造,被闪长玢岩侵位充填。活化构造活动所产生的先张后压(扭)复合断裂构造破碎带成为矿液活动通道和容矿构造,控制了布敦花矿区的主要工业矿体。先张后压复合性质构造活动和脉动性成矿作用过程相伴发展,对本区铜多金属成矿作用具有很重要的控制作用。北西向张扭性断裂构造是金鸡

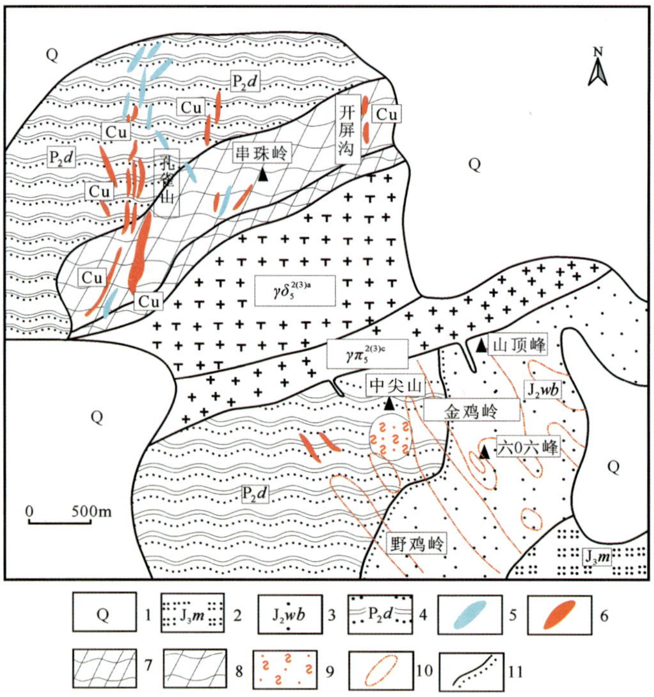

图 5-3 布敦花铜矿床地质图(仇一凡等,2011)

1.第四系;2.上侏罗统满克头鄂博组;3.中侏罗统万宝组;4.中二叠统大石寨组;5.花岗斑岩;6.花岗闪长岩;7.闪长玢岩;8.铜矿脉;9.角岩;10.角岩化;11.电英岩

岭矿区的主要容矿构造。由一系列走向 315°~330°的张扭性、张性断裂的密集裂隙带构成,倾向北东,倾角为 45°~60°,总体受东西向断裂构造控制,呈雁行式斜列组合。北北东向断裂构造在通榆山矿段发育,常成群分布,是主要容矿构造。北北东向断裂与南北向断裂的交会部位往往是容矿的最有利部位。

矿区出露的岩浆岩主要为燕山期的布敦花杂岩体,由黑云母花岗闪长岩、斜长花岗斑岩及花岗斑岩组成,斜长花岗斑岩隐伏于金鸡岭矿区下部,此外闪长岩、闪长斑岩等中酸性脉岩也较发育。布敦花杂岩体中的花岗斑岩呈岩墙状产出,与北侧的黑云母花岗闪长岩呈侵入接触关系,而隐伏于金鸡岭矿区之下的斜长花岗岩与前者无接触关系。3 类岩石化学成分特征及稀土元素特征均表现出良好的演化关系,属同源不同期的产物,认为布敦花杂岩体的第一阶段为黑云母花岗闪长岩,第二阶段为斜长花岗斑岩,第三阶段为花岗斑岩,其中第一、二阶段岩体伴有铜矿化,第三阶段未见明显矿化。斜长花岗斑岩 Rb-Sr 等时线年龄为 166±2Ma(赵一鸣和张德全,1997),SHRIMP U-Pb 年龄为 152.6±1.6Ma(冯祥发,2010)。闪长玢岩 SHRIMP U-Pb 年龄为 151.3±1.5Ma(冯祥发,2010)。

2. 矿床地质特征

矿区内矿床类型有热液脉状类型和细脉浸染型(斑岩型)两类。热液脉状矿床分布于布敦花杂岩体北侧外带孔雀山矿段,赋矿围岩主要为角岩化的变质砂岩、板岩、黑云母角岩以及闪长玢岩等。矿体以不规则弯曲的脉状为主,在大脉旁侧围岩中有广泛的网脉状矿化。矿脉自南向北近于左列雁行排列。斑岩型矿床赋存于布敦花岩浆杂岩体南翼内带金鸡岭矿段,矿化面积较大,矿化分散,矿石品位相对较低(Cu 品位一般在 0.2%~0.7%),矿体埋深通常在 250~300m。主矿体赋存于隐伏的斜长花岗斑岩岩体顶部起伏界面之外接触带下二叠统寿山沟组及中侏罗统万宝组内,矿化受斜长花岗斑岩形态的控制。

1)金鸡岭脉状浸染型铜矿段

金鸡岭矿段东西长 3000m,南北宽 1500m,矿化较分散,矿石较贫,Cu 品位一般为 0.2%~0.5%。

矿体埋深通常在250～300m，最大埋深为600m。矿体赋存于斜长花岗斑岩的内外接触带中，主要在末带。矿体形态复杂，有透镜状、树枝状、网状等，常以脉带形式出现。单矿体长几十至百余米，厚1～3m。矿化主要为浸染状和脉状。

矿石矿物有黄铜矿、磁黄铁矿、闪锌矿、方铅矿、毒砂、斜方砷铁矿、黄铁矿等。脉石矿物主要有石英、长石、角闪石、黑云母、绿泥石、方解石、电气石等。矿石Cu品位一般为0.3%～0.5%，伴生有益组分Ag品位为$17.5\times10\times10^{-6}$，Au品位为$0.48\times10^{-6}$，In品位为$52\times10^{-6}$。伴生元素常以类质同象形式赋存在方铅矿、黄铜矿、黄铁矿、磁黄铁矿等矿物中。

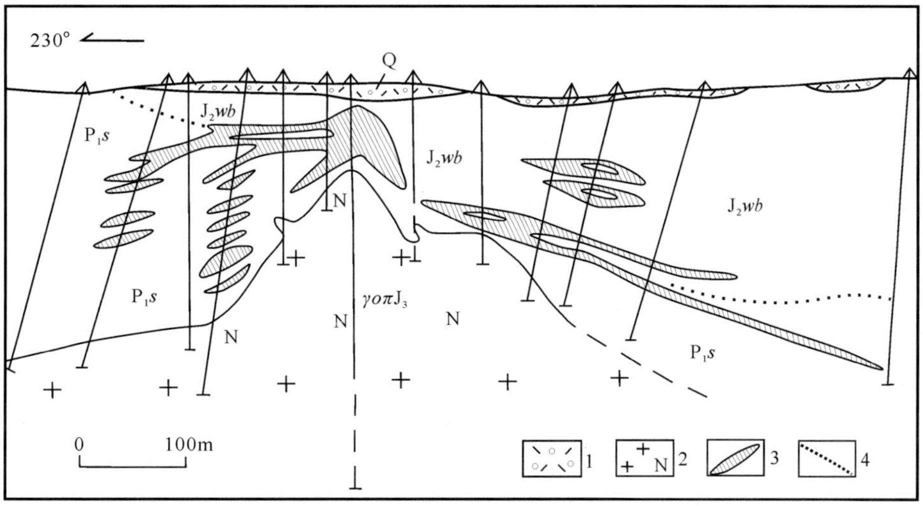

图5-4 布敦花铜矿金鸡岭矿段勘探线剖面图(据内蒙古地矿局115队资料改编)

J_2wb.中侏罗统万宝组；P_1s.下三叠统寿山沟组；1.第四系；2.燕山期斜长花岗斑岩；3.矿体；4.不整合界线

矿石以半自形晶粒结构和交代溶蚀结构为主，次为交代残余结构、变晶结构、固溶体分离结构等。矿石构造主要为细脉状和稀疏细脉浸染状，部分为斑杂状。

成矿作用可分为4个阶段：磁黄铁矿-黄铜矿阶段、磁黄铁矿-闪锌矿-方铅矿-黄铜矿阶段、黄铜矿-黄铁矿阶段和黄铁矿-碳酸盐阶段。

区内广泛发育一套从高温到中低温的蚀变，包括钾长石化、黑云母化、电气石化、硅化、绢云母化、绿泥石化、碳酸盐化、高岭土化等。自岩体向外可分为下列蚀变带：在斜长花岗斑岩体内有钾长石化、黑云母化、电气石化带；在外接触带含砾砂岩、变质砂岩中靠近岩体处为硅化-电气石化带；远离岩体为绢英岩化带、绢云母-绿泥石-碳酸盐化带，其中，绢英岩化带与矿化关系最为密切。

2)孔雀山脉型铜矿段

孔雀山矿段位于矿区西北，南北长1.8km，东西宽0.8km。脉状矿体产在离岩体1～2km的围岩中，赋矿围岩主要为寿山沟组角岩化的变质砂岩、板岩、黑云母角岩以及闪长斑岩、黑云母闪长岩等。孔雀山矿段内查明矿脉12条，大致呈南北向陡倾斜产出，矿体露头海拔最高为310m，最低为280m，一般为300m左右。矿体以不规则弯曲的大脉为主，在脉侧围岩中有广泛的网脉状矿化。矿体一般长数百米，最长达1000余米，一般延深200～300m，矿体厚一般为3～5m，最厚可达25m以上。矿脉自南向北近于雁行排列，铜矿体上部叠加铅锌矿体。主矿体向北侧伏，在矿体北侧深部可能有新的矿体存在。

矿石矿物以黄铜矿、磁黄铁矿、黄铁矿、斜方砷铁矿、毒砂为主，辉铋矿、自然铋、方铅矿、闪锌矿次之，黑铜矿、砷黝铜矿、辉铅铋矿、磁铁矿等少量。脉石矿物以石英、长石、黑云母为主，角闪石、绢云母、绿泥石次之，红柱石、阳起石、绿帘石、碳酸盐、电气石、榍石、锆石、萤石、独居石、磷钇矿等少量。

矿石结构有细—中粒半自形粒状结构、交代残余结构、固溶体分离结构和包含结构等，其中以半自形粒状结构和交代残余结构为主。矿石构造有网脉状、致密块状、斑杂状、角砾状和细脉浸染状等，以致密块状和斑杂状构造为主。

成矿可分为4个阶段:黄铁矿-黄铜矿阶段、毒砂-黄铜矿阶段、方铅矿-闪锌矿-黄铜矿阶段、黄铁矿-碳酸盐阶段。矿化自下而上具有顺向分带特征,高温组合的矿化在下,低温组合的矿化在上,在黄铜矿-磁铁矿矿体的上部有方铅矿-闪锌矿矿体的叠加。

围岩蚀变以硅化、黑云母化、绢云母化、钠长石化为主,碳酸盐化、黄铁矿化、绿泥石化次之。围岩蚀变以矿体为中心,形成与之相似的蚀变矿物晕。宏观上大致可划分两个蚀变带,即以矿体(矿化带)为中心的强蚀变带和较远离矿体的弱蚀变带,宽度一般几米至几十米。强蚀变带为黑云母硅化带,钠长石化亦较发育;弱蚀变带为绢云母硅化带,并有绿泥石化、碳酸盐化、黄铁矿化等。

3. 成矿物质来源与矿床成因

布敦花铜矿床包括布敦花岩浆杂岩体外带的热液脉状铜矿床和内带的斑岩型铜矿床,其成矿物质和介质都来自上地幔(花岗闪长岩中有大量的团块状暗色闪长质深源包体,前人对布敦花斜长花岗斑岩、黑云母花岗闪长岩及花岗斑岩进行Rb-Sr同位素测定,其初始$^{87}Sr/^{86}Sr$值为0.705 5±0.000 07和0.705 3±0.000 16),都是岩浆期后气水热液成矿作用形成的。矿床成因类型的不同主要取决于成矿地质条件和物理化学条件,包括成矿作用在岩浆杂岩体演化期次和含矿气水热液本身的演化等,由于矿床成因类型不同,矿体形状、产状、物质成分和分布规律亦各有特性。

布敦花铜矿成矿流体具有较高盐度(5%~50%)和高密度(>0.85g/cm^3),基本上属岩浆水,成矿作用是在150~600℃和压力11~40MPa条件下进行的。

布敦花铜矿的形成与中侏罗世晚期—晚侏罗世中酸性杂岩体的演化密切相关。随着燕山期的多次构造活动,具有地幔物质来源的深部岩浆房中经过充分分异的中酸性岩浆,沿深大断裂系统多次上侵,形成浅成、超浅成的布敦花杂岩体,并伴随着矿化作用。

控矿构造因素上的差异导致南部矿段在矿化形式上有明显的不同。在北矿区(孔雀山矿段)远离岩体的围岩中形成了受南北破裂带控制的孔雀山脉状铅铜矿体(热液型),在南矿区(金鸡岭矿段)近岩体的围和岩体内部形成了金鸡岭脉状和浸染状(斑岩型)铜矿体。

4. 成矿时代

布敦花铜矿隐伏的斜长花岗斑岩体Rb-Sr等时线年龄为166±2Ma(赵一鸣和张德全,1997)。布敦花斑状微粒角闪黑云母花岗闪长岩单颗粒锆石U-Pb表面年龄为152.3±0.6Ma和157.0±0.7Ma。据《内蒙古自治区主要成矿区(带)和成矿系列》(邵和明和张履桥,2017)所收集到的矿区3个方铅矿铅同位素测定结果,3个样品的平均模式年龄约为145Ma。冯祥发(2010)对矿区斜长花岗斑岩和闪长玢岩的锆石U-Pb同位素进行了分析,测得的布敦花铜矿成矿岩体的SHRIMP年龄152.6Ma。可见,岩体形成年龄大于方铅矿年龄,方铅矿的形成年龄基本代表成矿年龄。

5. 成矿模型

区内无论金鸡岭斑岩型铜矿床还是孔雀山热液脉状铜矿床,均为岩浆期后热液成矿作用演化所致,其成矿介质和成矿物质与杂岩体为同源幔源,与岩浆杂岩体既有空间、时间关系,也有同源的成因关系,但成矿定位是浅成的,即所谓深源浅成矿床。总之,区内成矿作用为多构造岩浆热液期和多构造热液阶段所致。

随构造岩浆热液、成矿期和构造热液成矿阶段的演化,成矿气水热液和成矿物质成分在不断变化,因而每个构造岩浆热液期成矿的矿石成分不同,早期为斑岩型铜矿床,晚期为热液脉状铜矿床。每个成矿阶段的矿物组合也都有明显变化。早期斑状角闪微细粒黑云母花岗闪长岩为构造岩浆期,岩石本身无任何自变质作用和交代蚀变岩出现,说明此时只为岩浆活动;第二期斜长花岗斑岩期,为构造岩浆热液期,在斜长花岗斑岩末期,出现钾长石和黑云母化。在气水热液成矿作用中,构造热液多阶段活动,即所谓构造热液活动阶段。在脉岩期,早期花岗斑岩虽然本身无自变质和热液交代蚀变岩,但斜长石有序指数已标志着挥发分和水存在，闪长玢岩期的岩浆源又富集着大量的含矿气水热液，因而在闪长玢岩末期有大规模气水热液上升，发生交代和成矿作用，形成热液脉状铜矿床。

布敦花铜矿床的形成主要是岩浆岩、构造、地层（岩性）和热液蚀变四大因素相互作用的结果。中侏罗世晚期—晚侏罗世的花岗杂岩体是成矿母岩，岩浆分异较好，早期相对富 Ca、Mg 贫 K，不利于深部岩浆分馏出 Cu 元素而进入晚期。晚期富含挥发组分，K 元素含量随着岩浆富碱而继续增长，铜质转入气液向上迁移，使 Cu 元素集聚在溶液中，含矿溶液沿着岩体接触带附近裂隙最发育地段所提供的良好导矿、容矿空间，进行迁移、聚集，Cu 元素含量较高的岩石为矿质的补充来源，硅铝质围岩闪长玢岩等脉岩起着良好的屏蔽作用，矿液在迁移过程与围岩发生交代蚀变，其性质不断发生变化，主要表现为 K、Na 带出，Ca、Mg 带入，导致 Cu 元素的沉淀富集而堆积成矿。

（三）孟恩陶勒盖热液型银铅矿床

孟恩陶勒盖银铅矿床，位于科右中旗西北约 18km，孟恩陶勒盖南山一带，地处林西复向斜构造北翼东段，嫩江-八里罕深断裂西侧的中生代火山岩带的局部隆起内。

1. 矿区地质特征

矿区地处孟恩陶勒盖杂岩体中部，主要由中三叠世细中粒（含斑）花岗闪长岩和其再度侵入阶段细中粒二长花岗岩组成，派生的伟晶岩脉发育且被闪长斑岩脉切穿。该杂岩体呈岩基状侵入于早二叠世地层中，西侧被杜尔基酸性岩体所截，东南侧被中生代火山岩所覆盖（图 5-5）。岩体东西长 30km，南北宽 18km，面积超过 400km^2，略呈椭圆形分布。南西及北东侧边缘发育有细粒结构的边缘相，宽 2～5km。岩体边部捕虏体较多，局部角岩化强，同化混染作用弱。

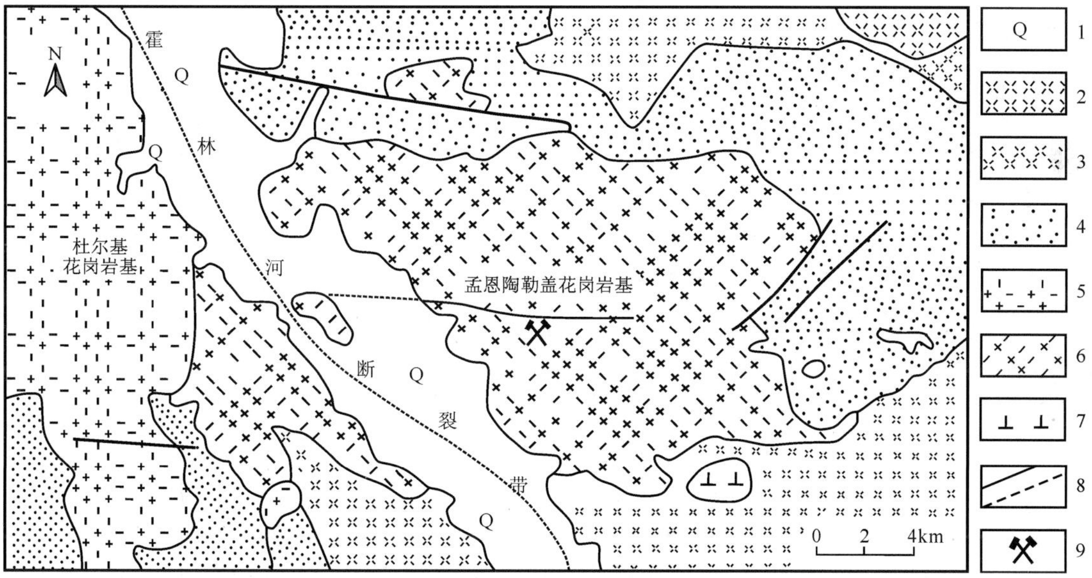

图 5-5 孟恩陶勒盖矿床区域地质简图（朱笑青等，2004）

1. 第四系；2. 白垩系流纹岩；3. 侏罗系火山碎屑岩；4. 二叠系砂岩；5. 杜尔基花岗岩基；6. 孟恩陶勒盖花岗岩基；7. 安山玢岩；8. 断层；9. 孟恩陶勒盖矿床

近东西向破碎带横贯全区，控制长 6km，宽 250～500m。带内雁行排列一组产状渐变的含矿断层，自东而西产状依次为 150°～160°∠60°～80°、175°～180°∠60°～70°、210°～220°∠50°～60°。含矿断层内岩石强烈片理化，局部形成构造透镜体并见早期脉岩被错开，属压扭性。含矿断层单脉走向与控矿带总走向夹角小（局部近于平行），斜列长度重复小，剖面上有斜列现象，由此推断东西向控矿带为以压性为主且南盘西推、北盘东移的压(扭)性断裂带,被北西向(张扭)、北北东向(压性)及北东向(压扭性)断层切断。1号和11号矿体被与其产状基本一致的断层破坏,普遍见上盘下滑,说明含矿断层复活时具张扭性(图5-6)。

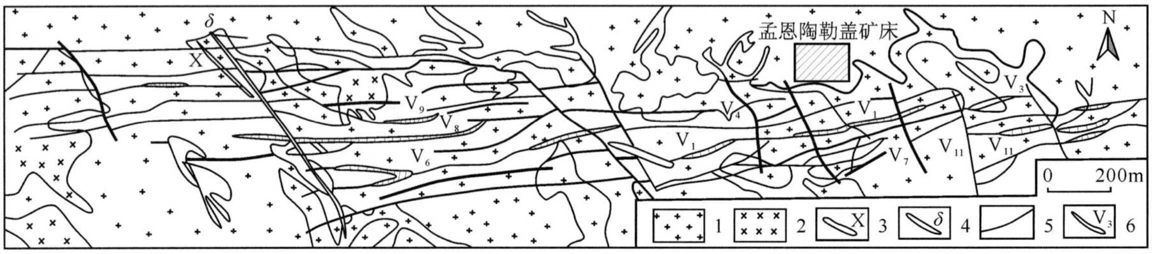

图5-6　孟恩陶勒盖矿床地质图

1.细中粒(含斑)花岗闪长岩;2.细中粒二长花岗岩;3.煌斑岩脉;4.闪长斑岩脉;5.断层;6.矿体及编号

2.矿床地质特征

区内矿石平均品位:Ag为$100\times10^{-6}\sim200\times10^{-6}$,Pb为2%～3%,Zn为3%～5%。Ag含量与Pb/Zn比值成正比,矿区东部Pb含量高于Zn,故Ag含量高,而矿区西部Zn含量高于Pb,故Ag含量较低。

矿体为复杂的脉状,产于中三叠世细中粒(含斑)花岗闪长岩或细中粒二长花岗岩内。在长3500m、宽500m的勘探区内,已发现矿化带数10条,共圈定出44条工业矿体,以隐伏矿体为主。其中,8、1、11、7、4、11-6、5、3、6号为主矿体,共9条。单个矿体长400～2000m,延深为250～500m,厚度一般为2～8m。主矿体较大分支矿体9条,延长数百米,其余为主矿体上、下盘分布的小矿体26条。矿体呈脉状,产状严格受容矿构造控制。按容矿构造空间分布,全区矿体由西向东根据赋存深度可分为下、中、上3个矿脉群,矿石类型依次递变为锌矿石→银铅锌矿石→银铅矿石,矿化强度以中段最高。同一脉群矿体相对集中,密集成群,沿走向或倾向常与主矿体复合贯通。

下脉群以8号为主矿体,走向275°～285°,倾向南南西,倾角为60°～70°,以复脉型为主,膨缩变化显著,矿化连续性较差,长度大于500m,富集标高基本位于70m以上。中脉群以1号为主矿体,走向80°～90°,倾向南南东,倾角为65°～75°,受后期顺矿断裂影响,其下盘主要矿体为6、4号,矿石呈网脉状、角砾状构造,串珠状夹石多现,向东与1号矿体复合贯通,脉间有2号北东向分支矿体。上脉群以11号为主矿体,走向70°～85°,向南东陡倾,倾角为70°～85°,矿石构造复杂,以角砾状、胶状环带构造为特征,发育浸染状方铅矿化及硅化闪锌矿,工业矿体段基本位于本脉群西部,延长在1000 m以上,富集标高基本在200m以上。

矿石结构有自形—半自形—他形粒状结构、交代溶蚀结构、交代残余结构和文象结构,矿石构造主要有致密块状构造、浸染状构造,脉状构造、网脉状构造、条带状构造和角砾状构造等。

区内矿石矿物比较复杂,常见矿物有20多种。主要金属矿物有方铅矿、闪锌矿,其次为黄铁矿、毒砂、磁黄铁矿、黄铜矿、深红银矿、辉银矿、硒铅矿等。脉石矿物以石英、方解石为主,其次有高岭土、绢云母、绿泥石等。主要金属矿物生成顺序为:毒砂-黄铁矿-黄铜矿-闪锌矿、方铅矿、黄铜矿、黄铁矿、磁黄铁矿、硫锑铜银矿、砷铜矿-方铅矿、深红银矿、硫锑铅锌矿-黄铁矿。

围岩蚀变主要有硅化、白云母化、绢云母化、绿泥石化、碳酸盐化和锰碳酸盐化(锰菱铁矿)。蚀变主要沿断裂构造发生,一般限于断裂两侧1～15 m的范围内。绿泥石化主要见于西部矿段,硅化则存在于整个矿床。

成矿作用可划分为4个阶段。

(1)毒砂-黄铁矿-石英-含锰菱铁矿阶段:最初上移的含矿热液沿继承性扭裂面和东西向陡倾斜平行解理裂隙充填,形成细脉浸染状锰菱铁矿化和细脉状石英闪锌矿化。

(2)石英-硫化物阶段：早期压扭性断裂带开始形成，向上运移的温度、压力较高的含矿热液沿挤压陡冲断带及次级扭裂隙广泛充填，沉淀结晶，形成主体矿脉(石英+闪锌矿脉)。伴随形成矿物有较早的毒砂、黄铁矿、黄铜矿、磁黄铁矿，较晚的少量方铅矿、黑硫银矿、深红银矿、银黝铜矿、辉银矿等。该阶段形成连续性较好的大脉、复脉、网脉状矿体。矿石呈致密块状、疏密不同的浸染状，使岩石松软呈黄绿色。矿脉两侧蚀变明显而强烈，蚀变具分带性，并伴有黄铁矿化。

(3)硫化物-硫盐阶段：方铅矿化、银矿化阶段，以压为主的断裂带转化为以扭为主，早期闪锌矿破碎、变质，较低温的含矿热液于主容矿构造陡直部位的二次张扭裂隙等张开空间沉淀析出，形成富矿段。

(4)胶状闪锌矿-玉髓阶段：构造活动微弱，较低温的残余矿液在压扭断裂内脉侧的张扭性空间以胶体形式充填，形成浅色球粒状闪锌矿(放射状重结晶)和锰菱铁矿细脉。蚀变为绢云母化交代较早的硅化，后期尚有暗色玉髓细网脉贯入，最后以含锰铁的方解石脉零星充填而告终。

3. 成矿时代

张炯飞等(2003)采用 Ar - Ar 同位素测年法对孟恩陶勒盖矿床云英岩化阶段形成的白云母进行了测试，获得白云母坪年龄为 179.0±1.5Ma，等时线年龄为 182.3±3.8Ma(Rb - Sr 等时线)并认为这组数据近似地代表了该矿床的形成年龄。

4. 成矿物质来源与矿床成因

孟恩陶勒盖矿床具有均一的硫同位素组成，总的 $\delta^{34}S$ 值变化于－1.7‰～4.6‰之间，极差为6.3，平均值为 1.4‰。不同矿物的 $\delta^{34}S$ 值从大到小的变化顺序为黄铁矿→闪锌矿→方铅矿。$\delta^{34}S$ 值分布较集中，大部分样品的 $\delta^{34}S$ 值为 0～3.0‰，峰值位于 1.0‰～2.0‰之间。成矿流体以岩浆水为主($\delta^{34}S$ 为 0～3.0‰)。

由于矿床内所有硫化物的 $\delta^{34}S$ 值都接近零，而该矿床又不存在富重硫的硫酸盐类矿物，因此可以直接利用硫化物的硫同位素组成近似地代替成矿流体的原始硫同位素组成。从其均一的、接近零值的 $\delta^{34}S$ 值可以认为，该矿床的硫来自岩浆(朱笑青等，2004)。

矿物中的流体包裹体结果显示，在主成矿阶段西段矿体形成温度为 270～350℃，中段矿体为 240～330℃，东段矿体为 180～250℃。次生流体包裹体中个别较大的气液包裹体均一温度为 130～170℃，明显低于主成矿温度。根据矿物和元素分布及成矿温度西高东低的特点，成矿流体是从西(深部)向东(浅部)运移的。仅从成矿温度来看，该矿床是一个典型的中高温热液脉状多金属硫化物矿床。

综上所述，矿床地质、成矿特征表明矿床成矿时间较长，含矿溶液温度由始至终比较大，但就其主成矿期而言，属中温热液型。

5. 成矿模型

中侏罗世(180Ma 左右)，由深部岩浆作用分异出的含矿流体沿断裂构造上升，当压力降低到使流体无法再上升时，含矿流体即在中三叠世花岗岩中的东西向断裂构造中降温、减压，最终使金属元素发生沉淀，形成孟恩陶勒盖矿床。因此，该矿床属于一种异地型岩浆热液矿床(即矿床与成矿母岩分离)。

(四)闹牛山热液型-斑岩型铜钼矿床

闹牛山铜钼矿床位于吉林省洮南市闹牛山一带，行政区划隶属吉林省洮南市万宝镇，矿区距洮南市约 100km，距乌兰浩特和突泉县约 45km。

1. 矿区地质特征

闹牛山铜钼矿床产于侏罗纪—白垩纪上叠火山-沉积盆地的闹牛山隆起状火山机构中，形成“盆中隆"控矿特征。矿区出露地层主要为上侏罗统玛尼吐组中性熔岩、火山碎屑岩及第四系松散堆积物。矿区出露的岩浆岩是一套中酸性火山-浅成超浅成次火山岩类，主要岩石类型有闪长玢岩、安山玢岩、花岗斑岩、花岗闪长斑岩、隐爆角砾岩、石英斑岩、流纹斑岩等(图5-7)。

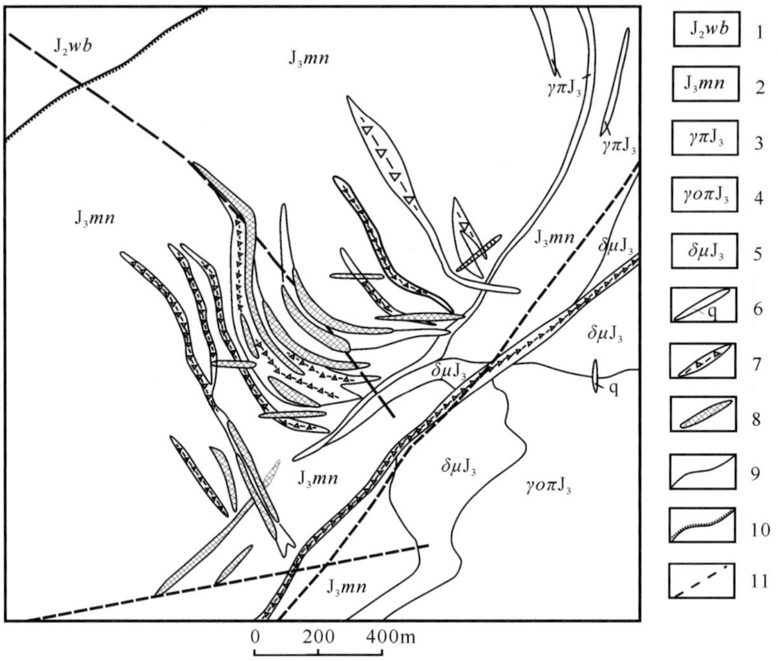

图5-7 闹牛山铜钼矿床平面地质草图(据内蒙古自治区有色地质勘查局108队资料修改)

1.中侏罗统万宝组;2.上侏罗统玛尼吐组;3.晚侏罗世花岗斑岩;4.晚侏罗世斜长花岗斑岩;5.晚侏罗世闪长玢岩;6.石英脉;7.蚀变矿化带;8.矿体;9.地质界线;10.不整合地质界线;11.推测断裂

矿区构造主要有两类:火山构造和断裂构造。其中，火山构造主要为闹牛山火山穹窿构造，面积为 $24km^2$ 左右，是在二叠纪形成的北东向短轴背斜的基础上发展起来的，属于中心式火山喷发而形成的穹窿构造。受区域性构造和火山作用影响，矿区北西向和北东向及近东西向构造均很发育。北西向构造面产状一般走向300°～340°，倾向北东，倾角为30°～40°，主要为压性结构面，控制北西向矿体及脉岩的分布。北东向构造面产状走向30°～40°，倾向北西，倾角为75°左右，沿走向构造面均呈舒缓波状，控制着北东向矿体及脉岩的分布。近东西向构造面产状走向280°～290°，倾向北或北东，倾角为35°～40°，控制了近东西向矿体的展布。成矿后断裂较小，对矿体无多大破坏。

2. 矿床地质特征

该矿床是与中酸性火山-浅成超浅成次火山岩类有关的浅成中低温热液型铜矿、斑岩型铜钼矿床。矿床发现铜矿体32条，其中工业铜矿体19条，规模较大铜矿体5条;发现钼矿体15条，其中工业钼矿体6条。铜资源储量为10 919.35t，Cu品位为0.4%～1.48%;钼资源储量为112.96t，Mo品位为0.02%～0.06%;伴生Au，品位为 $0.1\times10^{-6}\sim0.5\times10^{-6}$，银资源储量为22.46t，Ag品位为 8.6×10^{-6}。成矿年龄约为129Ma、126.6Ma、128.9Ma(耿文辉等，2000)。

3. 中低温热液型铜矿床

该类成因矿体基本分布在超浅成中酸性次火山等岩体的上部及两侧，且有些次火山岩即为成矿母岩。受火山构造控制，闹牛山穹窿状火山机构控制矿区，火山机构边部的放射状和环状断裂控制矿体。矿体多产在火山通道旁侧、次火山岩隐爆角砾岩带、隐爆裂隙带内。

矿区内发育北东向、北西向、近东西向3个方向的矿化蚀变带，对应3个方向均有矿体发育(表5-3)，表现为3个矿带。

A带：北东向矿体呈富而薄的细脉状，在平面和剖面呈平行脉带分布，矿体总体走向35°～45°，倾向北西或南东，倾角为55°～86°，倾深一般为50～200m，矿体厚度多在2m以下，Cu品位一般为0.40%～1.00%，主要受北东向（走向30°～40°，倾向北西，倾角75°左右）断裂构造控制，沿走向其构造面均呈舒缓波状，主要蚀变为钾化、绢云母化、绿帘石化、阳起石化、硅化、绿泥石化等。

B带：北西向矿体平面和剖面上呈平行脉分布，其总体走向330°～340°，倾向北东，倾角为35°～40°，倾深为180m，厚度为1.00～2.81m，Cu品位一般为0.40%～1.48%，主要受走向300°～340°的压性构造控制，蚀变主要为线性蚀变，硅化、绿泥石化、碳酸盐化，与围岩界线明显，切穿北东向矿化蚀变带。

C带：近东西向矿体厚而贫，平面和剖面上呈平行脉带分布，个别矿体有分支复合和膨缩现象，总体走向260°～280°，倾向北，倾角为35°～40°，矿体斜深为50～150m，厚度为1～3.9m，Cu品位为0.40%～0.68%，受近东西向（走向280°～290°，倾向北或北东，倾角为35°～40°）构造控制，发育近东西向矿化蚀变带，蚀变范围较宽，为面性蚀变，主要有硅化、钾化、绿泥石化和阳起石化等。

表5-3 3组矿带(矿体)特征对比一览表

矿体	规模	形态	产状			品位	矿石构造	主要蚀变特征	产出部位	控矿构造特征	与围岩界线
			走向	倾向	倾角						
A带	中等	较复杂	北东	南东	55°～86°	较富	细脉浸染状、浸染状	钾化、绢云母化、绿帘石化、阳起石化、硅化、绿泥石化等线性蚀变，范围窄	产于花岗斑岩上、下盘附近	裂隙带（微裂隙）	过渡
B带	中等	简单	北西	北东	35°～40°	中等	块状、条带状	硅化、绿泥石化、碳酸盐化等线性蚀变，切穿北东向矿化蚀变带	主要产于石英斑岩上、下盘及矿化蚀变带中	断裂	明显
C带	较大	复杂	东西	北	35°～40°	较贫	浸染状	硅化、钾化、绿泥石化、阳起石化等面性蚀变，范围宽	与B带矿体复合或切穿A带、B带矿体	裂隙带（微裂隙）	过渡

该矿物属硫化物黄铜矿型。矿石中金属矿物主要为黄铜矿及少量黄铁矿、磁黄铁矿。脉石矿物主要为长石、角闪石、云母、方解石、石英、绿泥石、绿帘石和阳起石。矿石结构以半自形粒状结构和他形粒状结构为主，矿石构造有细脉浸染状构造、浸染状构造、细脉充填状构造、块状构造等。成矿方式以充填为主，交代为辅。容矿岩石为石英斑岩、安山玢岩、隐爆热液角砾岩。成矿物质为上地幔或下地壳深源来源，成矿温度为157～203℃。

综上所述，认为该铜矿床为与次火山岩有关的浅成中低温热液型铜矿床。

4.斑岩型钼矿床

研究区地表见70m宽钼矿化带，Mo品位为0.02%～0.06%，深部见15条钼矿体，工业钼矿体6条。矿体呈细脉浸染状平行产出，走向40°左右，倾向南东。矿体主要产于花岗闪长斑岩北西侧内、外接触带。容矿岩石为花岗闪长斑岩、安山质凝灰角砾岩、闪长玢岩。成矿以交代方式成矿为主，属硫化物型钼矿床。矿石矿物主要为辉钼矿、辉铜矿，其次为黄铜矿、黄铁矿；脉石矿物主要为石英、长石、黑云母、绿帘石、绢云母、角闪石等。矿石结构为他形粒状结构，矿石构造为细脉状构造、细脉浸染状构造和团块状构造等。蚀变多见钾化、绢云母化、绿帘石化、阳起石化。

沿火山通道及其活动中心侵位花岗闪长斑岩，岩体演化晚期的热液蚀变作用很强，由岩体内向外围呈硅化、钾化和青盘岩化带。矿化主要产在岩体的外接触带，由内向外形成斑岩型钼矿和次火山热液型铜矿。钼矿成矿温度在400℃以上。

5. 成矿时代、矿床成因及成矿模式

闹牛山铜矿床受闹牛山穹窿状火山机构控制，火山机构派生的放射状和环状断裂控制矿脉（体）。根据前人分析资料表明，矿区内火山-次火山岩浆中 Cu、Ag、Pb、Zn 等成矿元素含量一般高于同类岩石的维氏值，而区域上二叠系、侏罗系火山-沉积岩系中 Cu 等元素明显偏低。这说明闹牛山地区火山-次火山岩浆中含有较高的 Cu 元素，矿化和成矿作用与火山-次火山岩浆关系密切，随着火山喷溢和次火山岩侵入，使 Cu 等元素在火山岩浆期后富集沉淀。据吉林省第三地质调查所三队普查资料，闹牛山铜钼矿的成矿年龄为129.0Ma，据耿文辉等（2000）其成矿年龄为126.6Ma。据普查资料，硫同位素 $\delta^{34}S$ 平均值为1.5‰（据桂林矿产地质研究院分析），δD 为−92.8‰～93.5‰，$\delta^{18}O_{H_2O}$ 为−1.87‰～2.3‰，以及铅同位素都表明成矿物质来自于上地幔或下地壳深部，成矿温度为157～203℃，为中低温产物。据前文成矿特征，成因类型为与次火山岩有关的浅成中低温热液型。钼矿成矿温度大于400℃，矿化主要产在岩体的外接触带，由岩体内向外围呈硅化、钾化和青磐岩化带等特征得出，钼矿成因类型为斑岩型。

图5-8为闹牛山铜钼矿床的成矿模式示意图，“立方体”上面是据矿山资料实绘，其他为推测示意。矿床形成于燕山早期中酸性岩浆侵入后期，成矿与酸性侵入岩直接相关，区内侵入岩是地幔岩浆分异产物，岩浆通过区域性断裂带向上运移，侵入到岩浆通道顶部的有利构造部位，呈浅成、超浅成次火山岩相的岩株和岩脉。由于岩体侵入位置高，气成热液的气体比较集中形成了高压，致使岩体内部发生了隐爆，形成隐爆角砾岩。也正是由于岩体的高位侵入以及局部隐爆作用的影响，围岩中构造裂隙非常发育，为气成热液的迁移提供了很好的通道和有利成矿空间。所以闹牛山铜矿主要是热液脉型矿床，且与次火山岩密切相关，而浅成侵入岩的晚期热液蚀变作用很强，有岩体内向外围呈硅化、钾化、青磐岩化的分带规律，由内到外形成斑岩型钼矿、热液型铜矿。

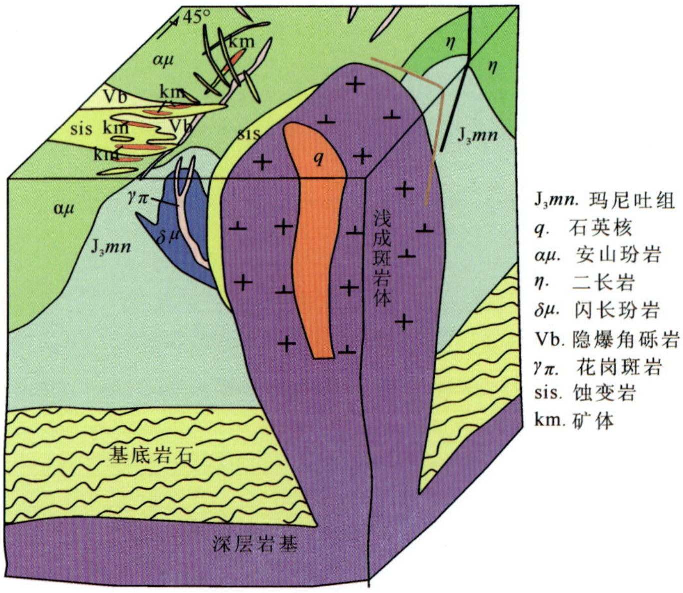

图5-8 闹牛山铜钼矿床成矿模式示意图

（五）典型矿床成矿要素总结

本书对区内的闹牛山铜钼矿床、莲花山铜多金属矿床和孟恩陶勒盖铅锌矿床的地质环境、矿产特征和成矿条件等成矿要素进行了系统的总结，见表5-4、表5-5。

表 5-4 典型热液型矿床成矿要素一览表

成矿要素		闹牛山热液型-斑岩型铜矿床	莲花山热液型银铜矿床	孟恩陶勒盖热液型银铅矿床
资源储量		铜资源储量为 10 919.35t,Cu 品位为 0.40%～1.48%;钼资源储量为 112.96t,Mo 品位为0.02%～0.06%;伴生 Au,品位为 0.1×10^{-6}～0.5×10^{-6},银资源储量为 22.46t,Ag 品位为 8.6×10^{-6}	扣除采空区铜 C 级储量为 1093t,截至 1991 年底保有储量:铜 C 级储量为 28 435t,D 级为 106 243t;银 C 级储量为 143t,D 级 203.1t;Cu 平均品位为 0.93%,Ag 平均品位为 62.35×10^{-6}	共查明金属(331+332+333)资源量:锌储量为 37.35×10^4t,铅储量为 16.73×10^4t,银储量为1 496.4t;伴生有益组分中铟储量为 394.9t,镉储量为 1 677.6t,镓储量为 283.5t,铜储量为 5023t,锡储量为 3404t,金储量为 3502kg
特征描述		与中酸性火山-浅成超浅成次火山岩类有关的中低温热液型铜矿、斑岩型钼矿床	与次火山岩闪长玢岩、安山岩、安山角砾熔岩、斜长花岗斑岩有关的中高温热液脉型铜矿床	与燕山早期酸性岩浆活动有关大型裂隙充填脉状银铅锌多金属中高温热液型矿床
矿体规模		发现铜矿体 32 条,其中工业铜矿体 19 条,规模较大铜矿体 5 条;发现钼矿体 15 条,其中工业钼矿体 6 条	已探明矿体 30 多条,平均厚度 1.82m,按空间分布关系划分为南、中、北 3 个矿脉群,为中型矿床	共圈定出 44 条工业矿体,以隐伏矿体为主。其中,8、1、11、7、4、11-6、5、3、6 号为主矿体,共 9 条。单个矿体长 400～2000m,延深达 250～500m,厚度一般为 2～8m
地质环境特征	岩石类型	安山质凝灰岩、安山质凝灰角砾岩、闪长玢岩、安山玢岩、花岗斑岩、花岗闪长斑岩、隐爆角砾岩、石英斑岩、流纹斑岩、粉砂质泥岩、凝灰质砾岩等	上泥盆统—下石炭统色日巴彦敖包组及中侏罗统万宝组,以及花岗闪长岩、斜长花岗斑岩、次火山岩相英安质熔岩、石英斑岩、闪长玢岩	岩石类型有黑云斜长花岗岩和白云二长花岗岩两类,黑云斜长花岗岩构成杂岩体主体
	岩石结构	凝灰结构、斑状结构等	斑状结构等	等粒结构等
	成矿时代	成矿年龄 129Ma、126.6Ma(耿文辉等,2000)	161.75Ma(U-Pb 等时线)、161.80Ma(U-Pb 等时线)	179.0Ma(张炯飞等,2003;Ar-Ar 法)、182.3Ma(张炯飞等,2003;Ar-Ar 法)
	成矿环境	侏罗纪—白垩纪上叠火山-沉积盆地的闹牛山隆起状火山机构中,形成“盆中隆”控矿特征	大阪-乌兰浩特火山喷发带突泉中生代火山盆地的野马次级隆起带西南缘	林西复向斜构造北翼东段,南疆-八里罕深断裂西侧的中生代火山岩带的局部隆起内
	成矿物质来源	成矿物质为上地幔或下地壳深源来源($\delta^{34}S$ 为 1.5‰;δD 为-92.8‰～93.5‰)	成矿物质为上地幔或下地壳深源来源的深源钙碱性岩浆($\delta^{34}S$ 为-3.52‰～3.30‰)	成矿流体以岩浆水为主($\delta^{34}S$ 为 0～3.0‰)
	构造背景	太平洋板块向亚洲大陆俯冲产生的弧后引张区,大陆边缘裂陷带的局部隆起区	太平洋板块向亚洲大陆俯冲产生的弧后引张区	太平洋板块向亚洲大陆俯冲产生的弧后引张区

续表 5-4

成矿要素		闹牛山热液型铜矿床	莲花山热液型银铜矿床	孟恩陶勒盖热液型银铅矿床
矿床特征	矿体产状	北东向矿体呈富而薄的细脉状，在平面和剖面导航呈平行脉带分布，矿体总体走向 35°～45°，倾向北西或南东，倾角为 65°～85°，倾深一般为 50～200m，矿体厚度多在 2m 以下，Cu 品位一般为0.40%～1.00%。 北西向矿体在平面和剖面上呈平行脉分布，其总体走向 330°～340°，倾向北东，倾角 35°～40°，倾深 180m，厚度为 1.00～2.81m，Cu 品位一般为0.40%～1.48%。 近东西向矿体厚而贫，平面和剖面上呈平行脉带分布，个别矿体有分支复合和膨缩现象，总体走向 260°～280°，倾向北，倾角为 35°～40°，矿体斜深为50～150m，厚度为 1～3.9m，Cu 品位为0.40%～0.68%	南带：共圈定北西向矿体 10 条，北东—近东西向矿体 4 条，二者相互交叉形成网格状矿带。矿带总体走向约 310°，单矿体走向 280°～300°和 55°～80°，或近东西向，倾向北东和北西或北，倾角 40°～70°，延长 50～200m，厚 1.4～5.9m。北东—近东西向矿体矿石品位较富，Cu 品位为 1.24%～4.26%，Ag 品位为 70.4×10^{-6}～409×10^{-6}；北西向矿体品位较贫，Cu 品位为0.42%～1.60%，Ag 品位为 19.7×10^{-6}～153.9×10^{-6}。 中带：矿带长约 2000m，宽 300～600m，总体走向 300°～330°，单个矿体走向 300°～330°，倾向北东；有近南北向倾向东的矿体发育。单矿体延长为 200～300m，一般厚 1～2m，个别可达 10m。Cu 品位为 0.44%～1.78%。 北带：矿体总体走向 300°左右，倾向北东，倾角 40°～50°，延长 700m，Cu 平均品位为 0.95%	上脉群：以 11 号为主矿体，走向 70°～85°，向南东陡倾，倾角 70°～85°。矿石构造复杂，以角砾状、胶状环带构造为特征，发育浸染状方铅矿化及硅化闪锌矿。工业矿体段基本位于本脉群西部，延长 1000m 以上，富集标高基本在 200m 以上。 中脉群：以 1 号为主矿体，走向 80°～90°，倾向南南东，倾角 65°～75°。受后期顺矿断裂影响，其下盘主要矿体为 6、4 号，矿石呈网脉状、角砾状构造，串珠状夹石多现，向东与 1 号矿体复合贯通，脉间有 2 号北东向分支矿体。 下脉群：以 8 号为主矿体，走向 275°～285°，倾向南南西，倾角为 60°～70°，以复脉型为主，膨缩变化显著，矿化连续性较差，长度大于 500m，富集标高基本位于 70m 以上
	矿物组合	属硫化物黄铜矿型，矿石中金属矿物主要为黄铜矿，少量黄铁矿，磁黄铁矿；脉石矿物主要为长石、角闪石云母、方解石、石英、绿泥石、绿帘石和阳起石	南带：矿石矿物为黄铜矿、斑铜矿、深红银矿、银黝铜矿、硫锑矿等，伴生方铅矿、闪锌矿、毒砂等；脉石矿物有石英、电气石、阳起石、绿泥石、黑云母、绢云母、方解石等。 中带：矿石矿物为黄铜矿，其次为闪锌矿、方铅矿，伴生磁铁矿等；脉石矿物有钠长石、阳起石、绿泥石、石英、电气石、方解石等。 北带：矿石矿物以黄铜矿为主，其次为斑铜矿、银黝铜矿，伴生磁铁矿、穆磁铁矿、毒砂、黄铁矿、闪锌矿、方铅矿等；脉石矿物有阳起石、绿帘石、石英、方解石等	主要金属矿物有方铅矿、闪锌矿，其次为黄铁矿、毒砂、磁黄铁矿、黄铜矿、深红银矿、辉银矿、硒铅矿等；脉石矿物以石英、方解石为主，其次有高岭土、绢云母、绿泥石等。主要金属矿物生成顺序：毒砂-黄铁矿-黄铜矿-闪锌矿、方铅矿、黄铜矿、黄铁矿、磁黄铁矿、硫锑铜银矿、砷铜矿-方铅矿、深红银矿、硫锑铅锌矿-黄铁矿
	结构构造	铜矿石结构以半自形粒状结构和他形粒状结构为主，构造为细脉浸染状构造、浸染状构造、细脉充填状构造、块状构造等	脉状构造、细脉浸染状构造	浸染状、致密块状及脉状构造；他形粒状构造、固溶体分离、文象结构、揉皱结构及少量自形晶结构

续表 5-4

成矿要素		闹牛山热液型铜矿床	莲花山热液型银铜矿床	孟恩陶勒盖热液型银铅矿床
矿床特征	蚀变	北东向矿化蚀变带：钾化、绢云母化、绿帘石化、阳起石化、硅化、绿泥石化等。 北西向矿化蚀变带：线性蚀变，具硅化、绿泥石化、碳酸盐化，与围岩界限明显，切穿北东向矿化蚀变带。 近东西向矿化蚀变带：蚀变范围较宽，为面型蚀变，具硅化、钾化、绿泥石化、阳起石化	在空间上的分带性不明显，相互叠加十分复杂；高温—中高温蚀变明显。高温蚀变主要有钠长石化、阳起石化、绿帘石化、绿泥石化、透闪石化等，其次有矽卡岩化。中高温蚀变主要为硅化、绿帘石化、阳起石化、电气石化、黑云母化、绿泥石化等	围岩蚀变主要有硅化、绢云母化、绿泥石化、碳酸盐化和锰碳酸盐化。蚀变主要沿断裂构造发生，一般限于断裂两侧 1～15m 的范围内。绿泥石化主要见于西部矿段，硅化则存在于整个矿床
	与成矿有关岩浆岩	石英斑岩	莲花山岩体：斜长花岗斑岩、次火山相英安质熔岩、石英斑岩	孟恩陶勒盖岩体：黑云斜长花岗岩和白云母二长花岗岩
	产出位置	火山通道旁侧，次火山岩隐爆角砾岩带、隐爆裂隙带	南带分布在莲花山斜长花岗斑岩体南带的西南侧，矿体主要产于次火山相英安质角砾熔岩体的顶部和外接触带。中带和北带分别分布于莲花山斜长花岗斑岩体的南、北带之间和北带的东北侧	赋存于晚二叠世花岗岩杂岩体中
	容矿岩石	石英斑岩、安山玢岩、隐爆热液角砾岩	中带和北带以闪长玢岩为主，南带为次火山岩相安山岩、安山质角砾熔岩。含矿岩体的斜长花岗斑岩、英安质角砾熔岩可成为矿化围岩	黑云斜长花岗岩和白云母二长花岗岩
	成矿方式	以充填为主，交代为辅	充填、交代	以充填为主，呈脉状产出
	控矿条件	岩浆岩控矿：铜矿基本分布在超浅成中酸性—酸性次火山等岩体的上部及两侧，且有些次火山岩即为成矿母岩。 控矿构造：铜矿受火山构造控制，闹牛山穹窿状火山机构控制矿区，火山机构边部的放射状和环状断裂控制矿体。北西向构造，走向 300°～340°，倾向北东，倾角为 30°～40°，主要为压性结构面，控制北西向矿体及脉岩分布；北东向构造，走向 30°～40°，倾向北西，倾角为 75°左右，沿走向其构造面均呈舒缓波状，控制北东向矿体及脉岩分布；近东西向构造，走向 280°～290°，倾向北或北东，倾角为 35°～40°，控制近东西向矿体的展布	南带：受由北西向压扭性断裂和北东—近东西向张性或张扭性断裂构成的 A 形构造控制。 中带：主要断裂呈北西走向，倾向北东，为压扭性，其次为南北—北北东向断裂，倾向东—南东东，倾角为 70°左右，可能为张扭性，中带矿体受由两种断裂组成的 A 形构造控制。 北带：主要断裂呈北东向，规模较大，延长达 700m，断裂结构面具明显的舒缓波状，经历了压扭→张扭→压扭的活动过程，属地区性应力作用产物，矿体受该主断裂及其次一级断裂控制	控矿构造为一组东西向展布、向东收敛的脆性断裂，断面向南倾斜，倾角为 60°～80°，东西长大于 6km，南北宽 200～1000m，具有多期活动特点
	成矿温度	成矿温度为 157～203℃（普查报告）	主成矿温度为 240～320℃	西段矿体形成温度为 270～350℃，中段矿体为 240～330℃，东段矿体为 180～250℃
	成因类型	与次火山岩有关的浅成中低温热液型铜矿	中高温热液型	中温热液型（主成矿期）

表 5-5　典型斑岩型矿床矿床特征一览表

成矿要素	闹牛山斑岩型钼矿床	莲花山斑岩型铜矿床
矿体产状	为北东向钼矿体，地表见 70m 宽钼矿化带，钼矿品位为 0.02%～0.06%，深部见 15 条钼矿体，工业钼矿体 6 条，矿体呈细脉浸染状平行产出，走向 40°左右，倾向南东	①产于岩体的顶部凸起部位，矿体呈较平缓的层状、似层状，其产状与岩体顶部接触带产状基本一致。 ②产于岩体外接触带，围岩为色日巴彦敖包组岩石、中侏罗统万宝组砂砾岩以及闪长玢岩，矿体呈脉状，受裂隙构造控制，Cu 品位低，各单矿体 Cu 平均品位为 0.36%～0.68%
矿物组合	属硫化物型钼矿，金属矿物主要为辉钼矿、辉铜矿，其次为黄铜矿、黄铁矿。脉石矿物主要为石英、长石、黑云母、绿帘石、绢云母、角闪石等	主要矿石矿物为黄铜矿，伴生辉钼矿、黑钨矿、方铅矿、闪锌矿、毒砂、黄铁矿等；脉石矿物有石英、绢云母、方解石、绿泥石等
结构构造	矿石结构为他形粒状结构，构造为细脉状构造、细脉浸染状构造和团块状构造等	构造以细脉浸染状构造为主
蚀变	钾化、绢云母化、绿帘石化、阳起石化	成矿岩体的深部→浅部→顶部围岩具有明显的蚀变分带，可分出硅化带、钾化带、石英-绢云母化带、青磐岩化带
与成矿有关岩浆岩	花岗闪长斑岩	陈台隐伏岩体：斜长花岗斑岩、花岗闪长岩
产出位置	花岗闪长斑岩北西侧内外接触带	产于陈台隐伏岩体的顶部凸起部位(内接触带)及其外接触带
容矿岩石	花岗闪长斑岩、安山质凝灰角砾岩、闪长玢岩	成矿岩体本身的斜长花岗斑岩和花岗闪长岩岩体围岩是色日巴彦敖包组凝灰岩、凝灰砂岩
成矿方式	交代	交代、充填交代
控矿条件	沿火山通道及其活动中心侵位了花岗闪长斑岩，岩体演化晚期的热液蚀变作用很强，由岩体内向外围呈硅化、钾化和青磐岩化带。矿化主要产在岩体的外接触带，由内向外形成斑岩型钼矿和次火山热液型铜矿	北东向断裂带控制了陈台隐伏斑岩体，矿体的富集与斑岩体有关：主要铜矿体产于岩体西南段顶部凸起最高的内接触带，受岩体内接触带控制；在斑岩体外接触带，由于岩浆的侵入和断裂构造的继续活动，发育北西向和北东向两组低序次断裂，控制了岩体外接触带脉状矿体的分布
成矿温度	400℃以上	270～360℃
成因类型	斑岩型	斑岩型

三、区域成矿规律

（一）矿集区的划分

莲花山银铜矿床、闹牛山铜钼矿床等分布于突泉-翁牛特 Pb－Zn－Ag－Fe－Sn－REE 成矿带上，该成矿带上有色金属矿产的分布具有较明显的分带性，研究区矿床（点）形成两条近平行西北向展布带。根据其分布特征，将区内有色金属矿产划分为两个重要的矿集区（图 5－1）。

（1）西巴彦花屯-必鲁吐 Pb－Zn－Ag 矿集区：代表矿床有查干楚鲁铅锌银矿床、必鲁吐铜锡矿床等，自西北至东南分布有西巴彦花屯、音吉嘎鲁、护林站等 10 余处矿床（点）等。该矿集区主要分布在科右中旗西北地区，晚三叠世复式侵入岩体是主要的成矿地质体，该期成矿作用主要与印支期岩浆侵入有关。

（2）闹牛山-长春岭 Cu－Mo－Pb－Zn－Ag 矿集区：位于万宝镇一带的晚古生代沉积盆地内，晚侏罗世、早白垩世侵入岩体是主要的成矿地质体，代表矿床有闹牛山铜钼矿床、莲花山银铜矿床等，自西北至东南分布闹牛山、后新立屯、莲花山、长春岭等铜铅银等多金属矿床，其成矿作用与燕山期岩浆作用有关。

（二）地层与成矿的关系

研究区斑岩型铜钼矿床和热液型银、铅、锌矿床对围岩没有明显的选择性，矿化在大石寨组、哲斯组、万宝组均有产出，如莲花山银铜矿床在中二叠统大石寨组和哲斯组以及闪长玢岩、斜长花岗斑岩、中酸性次火山岩中均有产出；布敦花铜矿床出露地层主要是中二叠统大石寨组、中侏罗统万宝组以及上侏罗统满克头鄂博组，而矿体赋存于隐伏的斜长花岗斑岩岩体顶部起伏界面之外接触带下二叠统哲斯组及中侏罗统万宝组内，矿化明显受斜长花岗斑岩形态的控制；孟恩陶勒盖银铅矿床主要与中三叠世细中粒（含斑）花岗闪长岩和细中粒二长花岗岩等杂岩体有关，岩体侵入下二叠统，并被上侏罗满克头鄂博组覆盖；闹牛山铜钼矿产于侏罗纪—白垩纪上叠火山-沉积盆地的闹牛山隆起状火山机构中，铜钼矿主要与一套中酸性火山-浅成超浅成次火山岩有关，主要岩石类型有闪长玢岩、安山玢岩、花岗斑岩、花岗闪长斑岩、隐爆角砾岩、石英斑岩、流纹斑岩等，但斑岩钼矿的矿化特征在一定程度上受控于斑岩体的围岩岩相环境。如当斑岩体侵位于火成岩区或砂板岩系，其矿化类型相对单一，当斑岩体与碳酸盐岩类围岩接触时，还会形成矽卡岩型矿化。区内铅锌银矿化主要产于中生代火山侵入岩系基底地层中，如莲花山银铜矿床的银铜矿化，而区域上铅锌矿化也有产于佳疙瘩组。大兴安岭中南段的铜、铅锌多金属矿床绝大部分产于前中生代基底地层，其中 80% 以上产于二叠系。二叠系各组地层的 Pb、Zn、Ag 丰度值较高，具备了提供成矿物质的可能（沙德铭等，2019）。

围岩在成矿过程中的作用表现在以下 5 个方面：①起到热流体通道的作用；②起到“屏蔽层”的作用；③提供容矿场所；④在铅锌银多金属矿的成矿过程中提供主要成矿物质；⑤不同性质的围岩在促使 Mo、Pb、Zn、Ag 等成矿元素从热液中析出与富集方面起到不同的作用，如钙矽卡岩有利于 Mo 的析出与富集，而镁矽卡岩利于 Fe 的析出等。

本地区的斑岩铜钼矿及银铅锌等的成矿物质主要来源于斑岩体本身，其成矿对围岩没有明显的选择性，而铅锌银多金属矿床的成矿物质主要来源于中生代火山侵入岩系基底地层，具有中生代构造岩浆活化前中生代成矿元素而成矿的特点。

(三)侵入岩与成矿的关系

岩浆活动作为成矿作用的重要因素之一,岩浆在上侵和侵位过程中,不仅使围岩发生较强的蚀变,而且使围岩产生了大量与上侵作用力相关的多方向裂隙。这些裂隙为岩浆携带大量金属元素和热液的沉淀提供了空间,同时使外接触带发生强烈的矿化蚀变。区内成矿与4次侵入岩浆活动(220～202Ma、166～163.3Ma、155～146Ma和141～127Ma)关系密切。其中,晚三叠世(220～202Ma期)侵入岩富含Pb、Zn、Ag、Sn等成矿元素,提供成矿物质;中侏罗世成矿与深部岩浆分异作用密切相关;晚侏罗世和早白垩世成矿与155～146Ma期及141～127Ma期花岗岩-花岗闪长类侵入岩关系密切,该花岗岩-花岗闪长类侵入岩或为成矿母岩或与成矿为同源岩浆,为成矿提供物质来源。

(1)与侵入岩有关的矿化蚀变有Cu、Pb、Zn、Fe、Au、Ag等,以Cu、Pb、Zn为主。矿化蚀变体一般赋存在岩体与围岩的接触带上,或产于内外接触带的细小裂隙中,另有部分矿化与岩浆期后侵入的岩脉有关。如区内的闹牛山铜钼矿床、后新立屯铜钼矿化点和莲花山银铜矿床中的细脉浸染状铜、钼矿化均直接产于岩体之中或其接触带,在闹牛山铜钼矿床和东升铜铁矿点均有脉状铜矿产于外接触带,另外后新立岩体中具有较高的次生晕铅异常。

(2)与4次侵入岩浆活动相关的典型矿床有:晚三叠世(220～202Ma期)侵入岩很发育,且岩体内Pb、Zn、Ag、Sn等元素含量较高,成矿物质较丰富,代表矿床为必鲁吐中高温热液型铜矿点;中侏罗世由深部岩浆作用分异出的含矿流体异地就位成矿,代表矿床为孟恩陶勒盖中温热液型银铅矿床;晚侏罗世(155～146Ma期)与花岗岩-花岗闪长类侵入岩关系密切,代表矿床为布敦花热液型斑岩型铜矿床和金鸡岭热液型铜矿床;早白垩世(141～127Ma期),与花岗岩-花岗闪长岩类侵入岩密切相关,代表矿床为长春岭中低温热液型银铅锌矿床。

(3)与次火山活动有关的典型矿床闹牛山热液型-斑岩型铜钼矿床、莲花山热液型银铜矿床和莲花山陈台屯斑岩型铜矿床。前者与早白垩世(144～130Ma)的中基性—酸性火山活动有关,后两者与160～151Ma的晚侏罗世中酸性火山活动有关。

综上所述,区内4期岩浆活动与区内内生金属矿产成矿密切相关。在时间上,各期成矿与4期岩浆活动(含侵入岩浆和火山活动)耦合;在空间上,铜钼矿化主要产于主岩体分枝的突出部位或相距不远的小岩株的内外接触带,且具有在岩体内或内接触带主要为细脉浸染状铜、钼矿化,在外接触带以脉状铜矿为主的规律。

(四)构造与成矿的关系

区内内生矿化作用,受构造因素控制非常明显,已发现的矿床、矿点几乎都分布在区域大断裂的旁侧,多为热液脉型矿床。大断裂的活动为火山活动、岩浆热液上侵提供了通道,也为成矿提供了有利的导矿和容矿通道,矿脉多沿断裂构造充填。从航磁异常、化探异常和区内矿床、矿点的分布情况来看,具有比较明显的带状展布特点,其延伸方向主要为北西向,形成两条明显的近平行的北西向展布带。从构造方面考虑,主要有以下特点。

(1)区内北西向断裂构造为导矿构造,北北东向或者次级北北西向分支断裂为区内的布矿、容矿构造,尤其是北西向断裂转化为压扭性质并与北北东向断裂交会部位,也即导矿构造与布矿构造复合地段更有利于各种矿产的形成。区内的闹牛山铜钼矿床受区域性构造和火山机构作用影响,北西向和北东向及近东西向构造均很发育,矿区内发育北东向、北西向、近东西向3个方向的矿化蚀变带,对应3个方向均有矿体发育。

(2)两组或两组以上断裂复合控矿:区内东西向构造体系多次活动,属于该体系的东西向褶皱冲断带、北西向扭裂带在古隆起(色日巴彦敖包组)边缘较发育,当与北北东向压扭性断裂复合时,可形成有利的控矿构造，如区内的东升、后新立屯矿点以及莲花山矿床。

(3)火山机构控矿：区域侏罗纪火山活动以中心式喷发为主，受区域性北北东向、北西向断裂构造的控制，总体呈北北东向展布，通道多位于北西向与北北东向断裂的交会部位。在机构的中心及外围发育有放射及环状断裂，常常是成矿热液运移的良好通道，也是矿质沉淀的空间，尤其是与区域断裂构造的复合部位，有利于矿化蚀变的形成。如区内闹牛山隆起状火山机构，在火山机构中心形成各类中酸性斑岩株，在环形断裂及一些放射状断裂构造中也有岩脉充填，围绕火山机构发育硅化、阳起石化、绿帘石化、绿泥石化等蚀变，并发现有铅锌矿化及铁矿化。另外，莲花山银铜矿床亦明显受古火山机构控制。

四、成矿动力学模式

综合前述各章节对研究区构造背景、岩浆活动和典型矿床等的研究结果，将研究区总结了 3 次主要的构造-岩浆成矿事件(表 5-6)。晚三叠世，大兴安岭地区进入以陆相构造为主的演化阶段，陆陆碰撞已经结束，转入造山后伸展垮塌阶段，在 160Ma 左右转为以来自其西北侧和北侧蒙古-鄂霍茨克洋南向俯冲、闭合造山作用影响为主的构造活动。同时，受其东侧古太平洋的北西西向俯冲所引发的走滑剪切作用远程影响，在松辽盆地以西地区，发育北北东向带状展布的高钾钙碱性过铝质—偏铝质岩石、同碰撞期花岗闪长岩和二长花岗岩、后碰撞碱长花岗岩。在松辽盆地以东、吉黑东部普遍缺乏该期岩浆事件。早白垩世，开始受滨西太平洋北西向俯冲影响，大兴安岭进入岩石圈减薄的伸展阶段，是中生代成矿大爆发时期。根据各时期的沉积、岩浆活动和构造动力学背景，晚三叠世以来的构造演化可以大致分为 3 个阶段，并伴生有对应的多金属成矿作用，分述如下。

表 5-6 研究区岩浆-构造-成矿事件一览表

编号	构造阶段	地质时代	主要岩浆作用	主要成矿作用	代表性矿床
Ⅰ	古亚洲洋闭合后的后造山-造山后阶段	T_3—J_2 227～162.8Ma	220～202Ma 侵入岩浆作用	与伸展有关的热液型矿化	必鲁吐、孟恩陶勒盖
			166～163.3Ma 侵入岩浆作用	与伸展有关的热液型矿化	
Ⅱ	蒙古-鄂霍茨克洋消亡、闭合下的碰撞阶段	J_3 162.8～145Ma	160～151Ma 中性—中酸性火山岩作用、155～146Ma 侵入岩浆作用	挤压环境的斑岩型、热液型矿化	莲花山、布敦花、金鸡岭
Ⅲ	蒙古-鄂霍茨克洋闭合后的造山后伸展阶段	K_1 145～96Ma	144～130Ma 中基性、酸性火山岩作用，141～127Ma 侵入岩浆作用	与伸展有关的热液型矿化	闹牛山、长春岭

1. 古亚洲洋闭合后的后造山-造山后阶段(220～163.3Ma)

早中三叠世，大兴安岭地区已经完成了地块群拼合固结，并受华北板块和兴蒙造山带陆-陆碰撞挤压影响整体抬升，以一套干热环境下形成的陆相沉积建造为代表，火山-岩浆活动较为微弱。

晚三叠世—中侏罗世，研究区可能处于伸展环境，该伸展环境可能与蒙古-鄂霍茨克洋南向俯冲形成的弧后伸展环境有关，也可能与古亚洲洋最终闭合后的伸展环境有关。主要发育两期侵入岩浆活动：220～202Ma 侵入岩浆活动和 166～163.3Ma 侵入岩浆活动，伴随 Cu、Ag、Pb、Zn 多金属成矿，典型矿床分别为布鲁图热液型铜矿床和孟恩陶勒盖热液型银铅矿床。

2. 蒙古-鄂霍茨克洋同碰撞-后碰撞阶段(160～146Ma)

晚侏罗世，研究区一方面受蒙古-鄂霍茨克洋南向俯冲、闭合造山作用影响，另一方面受古太平洋的北西西向俯冲引发的走滑剪切作用的远程影响，处于挤压造山环境，发育同碰撞岩浆侵入活动，伴随铜金银多金属成矿。典型矿床如莲花山银铜矿床、布敦花铜矿床和金鸡岭铜矿床等，在成因上属于斑岩型、热液型矿床。

3. 蒙古-鄂霍茨克洋闭合后拆沉及古太平洋俯冲伸展阶段(135～130Ma)

早白垩纪早期，蒙古-鄂霍茨克构造带经碰撞造山形成的增厚地壳开始拆沉，地幔岩浆不断上涌，致使整个东北亚地区发生强烈引张，形成大量白垩纪岩浆岩和拉张盆地，晚期古太平洋向欧亚大陆俯冲，而松辽盆地-大兴安岭则形成于古太平洋板块俯冲下的陆内岩石圈伸展环境，自陆缘向陆内火成岩中碱性组分具有增高的成分极性变化，发育多期次花岗质火山-侵入杂岩带，伴随较强烈的成矿作用。典型矿床有闹牛山铜钼矿床、长春岭银铅锌矿床，矿床类型主要为热液型。

综上，研究区与多金属成矿有关的构造-岩浆作用事件主要为(图5-9)：①与古亚洲洋闭合后的后造山-造山后有关的构造岩浆作用与成矿事件，发育热液型铜锡铅锌矿；②与蒙古-鄂霍茨克洋消亡、闭合碰撞有关的构造岩浆作用与成矿事件，发育斑岩型钼矿和热液型铜银矿；③与蒙古-鄂霍茨克洋闭合后的造山后伸展有关的构造岩浆作用与成矿事件，发育热液型铜钼银铅锌矿。

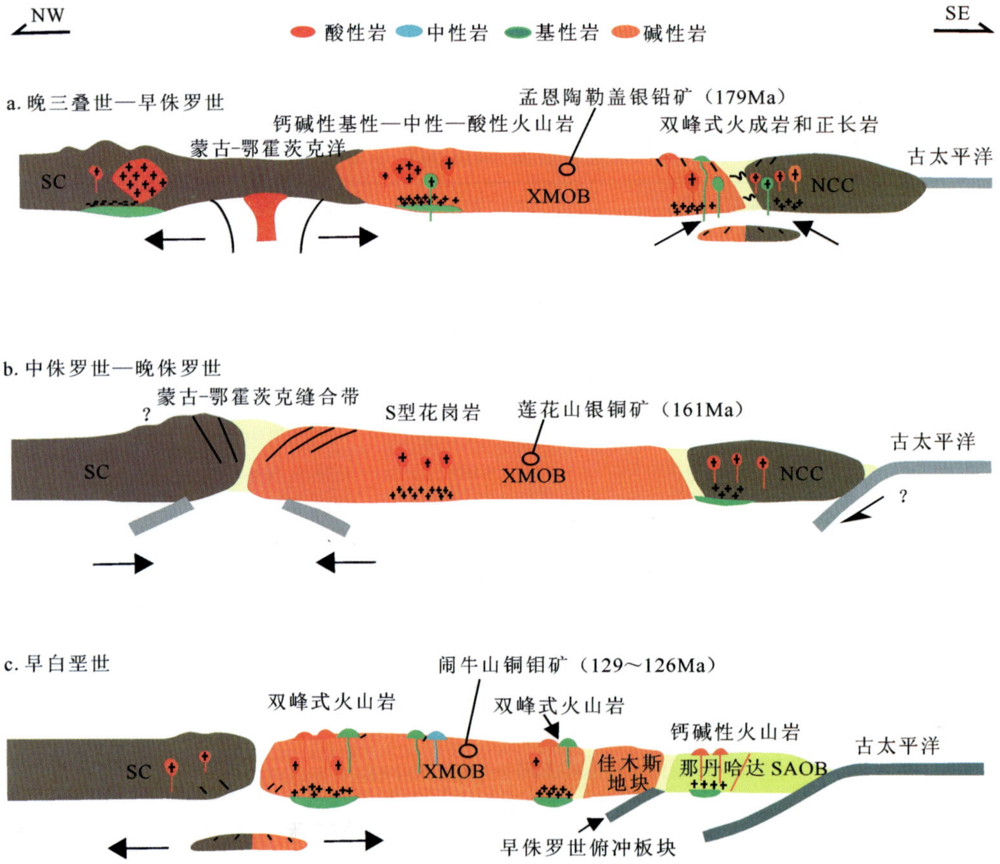

图5-9　成矿动力学模式图(据唐杰等，2018修改)

XMOB. 兴蒙造山带；NCC. 华北克拉通；SC. 西伯利亚克拉通；SAOB. 锡霍特阿林造山带

五、找矿标志与找矿方向

（一）找矿标志

1. 岩体标志

成矿岩体主要为酸性小规模浅成侵入岩体。岩体面积多小于 $2km^2$，多为复式岩体，成群产出。岩性主要为花岗闪长岩、二长花岗岩、花岗斑岩、花岗闪长斑岩，矿（化）体主要出现在岩株岩体的顶部及边部、围岩侵入接触带。

2. 构造标志

矿床多受北东与北西向断裂控制，多组断裂构造的交会部位控制着含矿岩体及铜钼银铅锌矿床的产出。断裂及其交会部位矿化明显富集，裂隙越发育，矿化越富集。火山构造与矿床的形成关系密切，主要表现为北东向断裂与北西向断裂的复合构造控制中心式火山构造、深源岩浆作用及矿化。

3. 蚀变标志

矿床具有明显的蚀变分带，从成矿岩体的深部→浅部→顶部围岩可分出硅化带、钾化带、石英-绢云母化带、青磐岩化带。

4. 地球物理标志

区域呈封闭状态的重力低值异常、区域正磁异常或正负磁异常的交接处，是矿床成矿的有利部位。

5. 地球化学标志

区域化探异常多呈条带状、椭圆形，Mo、Pb、Zn、Ag、Cu 等主要成矿及伴生元素异常规模大、强度高，具有明显的浓集中心，元素组合具有明显的环状分带特征，内带为 Mo、Cu 等，外带为 Ag、Pb、Zn 等。

（二）找矿方向

通过对研究地区成矿地质背景、构造演化、典型矿床矿化特征、成矿规律等的综合分析研究，本文认为区内斑岩铜钼矿及热液银铅锌等成矿潜力巨大，应该以寻找斑岩型钼矿床为主，其次为热液型、矽卡岩型铅锌、银多金属矿床，此外还应兼顾火山岩型银、铅锌多金属矿床。在上述理论认识的基础上，结合区域地球化学异常特征、区域地球物理异常特征，初步划分出 4 个铜钼铅锌银多金属成矿靶区。

1. 音吉嘎北-必鲁吐 Pb－Zn 成矿靶区（Ⅰ）

该靶区位于科右中旗北西一带，主要出露晚三叠世二长花岗岩、花岗闪长岩及早白垩世花岗斑岩，哲斯组中酸性火山岩大面积分布在晚三叠世及早白垩世岩体周围，玛尼吐组中基性火山岩分布零星。目前靶区内已发现毛呼都格小型多金属矿床、护林站小型银铅锌矿床，以必鲁吐铜锡矿点、音吉嘎北铅矿点等多处矿点。区内异常元素以 Pb、Zn、Cu、Ag 为主，伴有 Sn、Mo 等，元素组合各类较多，Pb、Zn、Ag 异常强度高，成矿地质条件较好，具有进一步寻找大中型铜、铅锌等多金属矿的良好前景。

2. 放牛窝铺-孟恩陶勒盖 Ag－Pb－Zn 成矿靶区（Ⅱ）

该靶区位于科右中旗北侧，内主要出露有晚三叠世复式岩体石英闪长岩、花岗二长花岗岩及早白垩世花岗斑岩、花岗闪长斑岩，二叠系哲斯组火山岩分布在晚三叠世侵入岩体北侧，玛尼吐组火山岩零星分布在岩体南侧。北西向断裂发育，并控制花岗质岩体的分布，而北西向次级断裂主要发育在哲斯组内。靶区内有孟恩陶勒盖中型银铅矿床、查干楚鲁小型银铅锌银矿床、放牛窝铺及义罗花铅锌矿点等。二叠系哲斯组及晚三叠世花岗质岩石原岩光谱 Ag、Pb、Zn 含量明显较高，化探 Ag、Pb、Zn、Mo、W、Cu、等异常分布在区内，表明其具有较好的成矿潜力。在岩体内部或边部主要寻找斑岩型铜钼矿床、热液型铅锌矿床，在岩体与二叠系哲斯组接触带主要寻找矽卡岩型银铅锌矿床。

3. 太平站–牤牛海西岸 Cr – Ni 成矿靶区(Ⅲ)

该靶区分布在太平站一带，区内主要出露上侏罗统玛尼吐组中基性火山岩及少量上侏罗统满克头鄂博组及中二叠统哲斯组中酸性火山岩，早白垩世二长花岗岩及辉长岩、闪长岩等零星分布，在早白垩世二长花岗岩和二叠系哲斯组接触带常见有铜钼矿化。区内已发现太平站及牤牛海西岸铬镍矿点 2 处，异常元素以 Cu、Mo、W、Bi、Cr、Ni 为主，主要异常元素以 Cu、Mo、Cr、Ni 强度高，浓集中心明显，具有中高温热液成矿元素组合特征。从单元素异常分布来看，Mo、Cr、Ni 等受岩体控制，Cu、Ag、Sb 为二叠系哲斯组岩石的反映。从异常特征及成矿地质条件分析，该区寻找矽卡岩型铜钼矿床及热液型铬镍矿床潜力较大，通过进一步的工作，有望取得找矿重大突破。

4. 莲花山–闹牛山 Cu – Mo – Ag – Pb – Zn 成矿靶区(Ⅳ)

该靶区位于万宝镇南，呈北西向展布，零星出露晚侏罗纪石英闪长斑岩及花岗斑岩，早白垩纪二长花岗岩，大面积分布二叠系哲斯组，中侏罗系万宝组和上侏罗统满克头鄂博组分布零星，北西及北东向断裂发育。区内产出莲化山中型银铜矿床、闹牛山中型铜钼矿床、长春岭小型银铅锌矿床、莲花山陈台屯铜矿点及后新立屯铜钼矿点等。区内多元素异常套合，具有明显的 Cu、Mo、Pb、Zn、Ag 异常，强度高，浓集中心及分带明显，伴有 As、Hg、W、Bi 异常，是寻找斑岩型钼矿和热液型铅锌矿床的有利区域。

第六章 结 论

经过多年的野外调查与科学研究充分结合，发挥在中生代基础地质调查研究方面取得了成果如下。

(1)大兴安岭南部突泉地区岩浆作用划分为4期：晚三叠世(220～202Ma)、中侏罗世(166～163.3Ma)、晚侏罗世(160～146Ma)和早白垩世(141～127Ma)。

(2)晚三叠世岩浆作用主要为侵入作用，未发生喷出作用，花岗岩的岩浆活动时限为220～202Ma。中侏罗世岩浆作用包括侵入作用和喷出作用，侵入作用的岩浆活动时限为166～163.3Ma，侵入岩主要为二长岩-花岗岩类，火山岩以中性—中酸性火山岩为主，中性火山岩与塔木兰沟期火山岩相当。晚侏罗世岩浆作用包括侵入作用和喷出作用，侵入作用的岩浆活动时限为155～146Ma，喷出作用的岩浆活动时限为160～151Ma，侵入岩主要为花岗岩-花岗闪长岩类，火山岩以中性、中酸性火山岩为主，其中晚侏罗世中酸性火山岩形成于160～151Ma，与满克头鄂博期火山岩相当，晚侏罗世中性火山岩与玛尼吐期火山岩相当。早白垩世也可分为侵入作用和喷出作用，侵入作用的岩浆活动时限为141～127Ma，喷出作用的岩浆活动时限为135～130Ma；侵入岩主要为花岗岩-花岗闪长岩类，火山岩以中基性、酸性火山岩为主，与白音高老期及梅勒图期火山岩相当。

(3)大兴安岭南部突泉地区晚三叠世—早白垩世岩浆岩地球化学特征表明：晚三叠世—中侏罗世早期的岩浆岩，具有非常低Sr、高Yb型花岗岩特征及典型的A型花岗岩的特征，是伸展背景低压长英质地壳物质熔岩的产物；晚侏罗世岩浆岩，具有低Sr、低Yb型花岗岩特征及典型的I型花岗岩的特征，是挤压背景加厚地壳部分熔岩的结果；早白垩世岩浆岩，具有非常低Sr、高Yb型花岗岩特征及典型的A型花岗岩特征，是伸展背景下的产物。

(4)大兴安岭南部突泉地区晚三叠世—中侏罗世，与古亚洲洋构造格局控制下陆壳加厚之后的岩石圈伸展环境有关；晚侏罗世岩浆活动与蒙古-鄂霍茨克洋闭合、挤压环境有关；早白垩世岩浆岩与中国东部大陆边缘向东蠕散、伸展环境有关。

(5)研究区内4期岩浆活动与区内内生金属矿产成矿密切相关。在时间上，各期成矿与4期岩浆活动(含侵入岩浆和火山活动)耦合；在空间上，铜钼矿化主要产于主岩体分枝的突出部位或相距不远的小岩株的内外接触带，且具有在岩体内或内接触带主要为细脉浸染状铜、钼矿化，在外接触带以脉状铜矿为主的规律。

(6)研究区内内生矿化作用受构造因素控制非常明显，大断裂的活动为火山活动、岩浆热液上侵提供了通道，也为成矿提供了有利的导矿和容矿通道。矿脉多沿断裂构造充填，矿床(点)的分布也具有比较明显的带状展布特点，其延伸方向主要为北西向，形成两条明显的近平行的北西向展布带。

(7)研究区内主要经历了3次构造-岩浆成矿事件：①与古亚洲洋闭合后的后造山-造山后有关的构造岩浆作用与成矿事件(220～202Ma)，发育热液型铜锡铅锌矿；②与蒙古-鄂霍茨克洋消亡、闭合碰撞有关的构造岩浆作用与成矿事件(160～146Ma)，发育斑岩型钼矿和热液型铜银矿；③与蒙古-鄂霍茨克洋闭合后的造山后伸展有关的构造岩浆作用与成矿事件(135～130Ma)，发育热液型铜钼银铅锌矿。

(8)总结了研究区的主要找矿标志，并初步划分出4个铜钼铅锌银多金属成矿靶区：①音吉嘎北-必鲁吐Pb-Zn成矿靶区；②放牛窝铺-孟恩陶勒盖Ag-Pb-Zn成矿靶区；③太平站-牦牛海西岸Cr-Ni成矿靶区；④莲花山-闹牛山Cu-Mo-Ag-Pb-Zn成矿靶区。

参考文献

白新会，徐仲元，刘正宏，等，2015. 中亚造山带东段南缘早志留世岩体锆石 U-Pb 定年、地球化学特征及其地质意义[J]. 岩石学报，31(1)：67-79.

鲍庆中，张长捷，吴之理，2011. 内蒙古乌斯尼黑蛇绿混杂岩带形成时代的地质新证据[J]. 地质与资源，20(1)：16-20.

陈义贤，陈文寄，1997. 辽西及邻区中生代火山岩：年代学、地球化学和构造背景[M]. 北京：地震出版社.

邓胜徽，万传彪，杨建国，2009. 黑龙江阿城晚二叠世安加拉-华夏混生植物群：兼述古亚洲洋的关闭问题[J]. 中国科学(D辑)，39(12)：1744-1752.

董树文，张岳桥，李海龙，等，2019. 燕山运动与东亚大陆晚中生代多板块汇聚构造：纪念“燕山运动”90周年[J]. 中国科学(D辑)，49(6)：913-938.

段吉业，安素兰，2001. 黑龙江伊春早寒武世西伯利亚型动物群[J]. 古生物学报，40(3)：362-370.

冯发祥，2010. 内蒙古兴安盟布敦化铜矿地质与地球化学特征研究[D]. 北京：中国地质科学院.

付俊彧，那福超，郑少林，等，2018. 内蒙古科尔沁右翼中旗协和尔斯德中生代火山沉积地层时代研究[J]. 中国地质，45(1)：129-140.

付俊彧，汪岩，钟辉，等，2017. 内蒙古突泉县牤牛海地区超铁镁质岩地球化学及源区特征[J]. 吉林大学学报(地球科学版)，47(4)：1172-1186.

高福红，许文良，杨德彬，等，2007. 松辽盆地南部基底花岗质岩石锆石 LA-ICP-MS U-Pb 定年：对盆地基底形成时代的制约[J]. 中国科学(D辑)，37(3)：331-335.

高晓峰，郭锋，范蔚茗，等，2005. 南兴安岭晚中生代中酸性火山岩的岩石成因[J]. 岩石学报，21(3)：737-748.

葛茂卉，张进江，刘凯，等，2020. 小兴安岭—张广才岭地区晚古生代至中生代花岗岩的成因及其地质意义[J]. 岩石矿物学杂志，39(4)：385-405.

葛文春，林强，孙德有，等，1999. 大兴安岭中生代玄武岩的地球化学特征：壳幔相互作用的证据[J]. 岩石学报，15(3)：396-407.

葛文春，林强，孙德有，等，2000. 大兴安岭中生代两类流纹岩成因的地球化学研究[J]. 地球科学，25(2)：172-178.

葛文春，吴福元，周长勇，等，2005. 大兴安岭中部乌兰浩特地区中生代花岗岩的锆石 U-Pb 年龄及地质意义[J]. 岩石学报，21(3)：749-762.

葛文春，吴福元，周长勇，等，2007. 兴蒙造山带东段斑岩型 Cu、Mo 矿床成矿时代及其地球动力学意义[J]. 科学通报，52(20)：2407-2417.

耿文辉，王滋平，姚金炎，2000. 中国东部中生代陆相次火岩型铜银矿床成矿地球化学特征[J]. 地质与勘探，36(1)：10-13.

郭锋，范蔚茗，王岳军，等，2001. 大兴安岭南段晚中生代双峰式火山作用[J]. 岩石学报，17(1)：161-168.

郭晓丹，周建波，张兴洲，等，2011. 内蒙古西乌珠穆沁旗本巴图组碎屑锆石 LA-ICP-MS U-Pb

年龄及其意义[J]. 地质通报,30(2-3):278-290.

韩国卿,刘永江,FRANZN NEUBAUER,等,2012. 松辽盆地西缘边界断裂带中南段走滑性质、时间及其位移量[J]. 中国科学(D辑),42(4):471-482.

韩国卿,刘永江,温泉波,等,2009. 嫩江-八里罕断裂带岭下韧性剪切带变形特征[J]. 吉林大学学报(地球科学版),39(3):397-405.

和政军,牛宝贵,2004."承德逆掩片"之商榷来自燕山地区中元古代长城系的沉积地质证据[J]. 地质论评,50(5):464-470.

和政军,牛宝贵,张新元,2007. 辽西朝阳地区晚侏罗世逆冲断裂及同构造沉积盆地系统[J]. 地质论评,53(2):152-165.

和钟铧,2008. 漠河盆地中侏罗世沉积源区分析及地质意义[J]. 吉林大学学报(地球科学版),38(3):398-404.

黑龙江省地质矿产局,1997. 黑龙江省岩石地层[M]. 武汉:中国地质大学出版社.

洪大卫,王式洸,韩宝福,等,1995. 碱性花岗岩的构造环境分类及其鉴别标志[J]. 中国科学(B辑),25(4):418-426.

侯伟,刘招君,何玉平,等,2004. 漠河盆地上侏罗统沉积特征与构造背景[J]. 吉林大学学报(地球科学版),40(2):286-297.

黄本宏,1993. 大兴安岭地区石炭系—二叠系及植物群[M]. 北京:地质出版社.

黄波,付冬,李树才,2016. 内蒙古贺根山蛇绿岩形成时代及构造启示[J]. 岩石学报,32(1):158-176.

贾小辉,王强,唐功建,2009."A"型花岗岩的研究进展及意义[J]. 大地构造与成矿学,33(3):465-480.

金建华,米家榕,1993. 黑龙江伊春红山华夏-安加拉混生植物群[J]. 长春地质学院学报,23(3):241-248.

李春昱,汤耀庆,1983. 亚洲古板块划分及有关问题[J]. 地质学报,57(1):1-10.

李锦轶,1998. 中国东北及邻区若干地质构造问题的新认识[J]. 地质论评,44(4):339-347.

李锦轶,和政军,莫申国,等,2004. 大兴安岭北部绣峰组下部砾岩的形成时代及其大地构造意义[J]. 地质通报,23(2):120-129.

李锦轶,莫申国,和政军,等,2004. 大兴安岭北段地壳左行走滑运动的时代及其对中国东北及邻区中生代以来地壳构造演化重建的制约[J]. 地学前缘,11(3):157-168.

李锦轶,曲军峰,张进,等,2013. 中国北方造山区显生宙地质历史重建与成矿地质背景研究进展[J]. 地质通报,32(2-3):207-219.

李明松,孙跃武,赵国伟,2011. 吉林延边地区汪清县大兴沟早二叠世华夏植物群的发现及其地质意义[J]. 地球科学进展,26(3):339-346.

李思田,杨世恭,吴冲龙,等,1987. 中国东北部晚中生代裂陷作用和东北亚断陷盆地系[J]. 中国科学(B辑),21(2):185-195.

李宇,王成文,2017. 东北及邻区晚古生代地层接触关系与佳-蒙地块的形成与演化[J]. 吉林大学学报(地球科学版),47(5):1331-1340.

林强,葛文春,孙德有,等,1998. 中国东北地区中生代火山岩的大地构造意义[J]. 地质科学,33(2):129-139.

林强,葛文春,孙德有,等,1999. 东北亚中生代火山岩的地球动力学意义[J]. 地球物理学报,42(增刊):75-84.

刘翠,邓晋福,许立权,等,2011. 大兴安岭—小兴安岭地区中生代岩浆-构造-钼成矿地质事件序列的初步框架[J]. 地学前缘,18(3):166-178.

刘建峰,李锦轶,迟效国,等,2013. 华北克拉通北缘与弧-陆碰撞相关的早泥盆世长英质火山岩锆石U-Pb定年及地球化学证据[J]. 地质通报,32(2):267-278.

马家骏,方大赫,1991. 黑龙江省中生代火山岩初步研究[J]. 黑龙江地质,2(2):1-16.

孟恩,许文良,裴福萍,等,2011.黑龙江省东部中泥盆世火山作用及其构造意义:来自岩石地球化学、锆石U-Pb年代学和Sr-Nd-Hf同位素的制约[J].岩石矿物学杂志,30(5):883-900.

内蒙古自治区地质矿产局,1996.内蒙古自治区岩石地层[M].武汉:中国地质大学出版社.

那福超,付俊彧,汪岩,等,2014.内蒙古莫力达瓦旗哈达阳绿泥石白云母构造片岩LA-ICP-MS锆石U-Pb年龄及其地质意义[J].地质通报,33(9):1326-1332.

裴福萍,王志伟,曹花花,等,2014.吉林省中部地区早古生代英云闪长岩的成因:锆石U-Pb年代学和地球化学证据[J].岩石学报,30(7):2009-2019.

齐忠友,冯志强,温泉波,等,2017.东北地区嫩江东北部早古生代闪长岩的成因探讨:锆石U-Pb年代学和地球化学证据[J].吉林大学学报(地球科学版),47(1):113-125.

钱程,陈会军,陆露,等,2018.黑龙江省龙江地区新太古代花岗岩的发现[J].地球学报,39(1):27-36.

钱程,汪岩,陆露,等,2019.大兴安岭北段扎兰屯地区斜长角闪岩年代学、地球化学和Hf同位素特征及其构造意义[J].地球科学,44(10):3193-3208.

秦亚,梁一鸿,邢济麟,等,2013.内蒙古正镶白旗地区早古生代O型埃达克岩的厘定及其意义[J].地学前缘,20(5):106-114.

仇一凡,张航,龚鹏,2011.内蒙古呼伦贝尔盟科尔沁右翼中旗布敦花铜矿床成矿物质来源探讨[J].工程地球物理学报,8(6):692-698.

任纪舜,牛宝贵,刘志刚,1999.软碰撞、叠覆造山和多旋回缝合作用[J].地学前缘,6(3):85-93.

任战利,崔军平,史政,等,2010.中国东北地区晚古生代构造演化及后期改造[J].石油与天然气地质,31(6):734-742.

沙德铭,赵东芳,寇林林,等,2019.东北地区重要矿产与区域成矿规律[M].北京:地质出版社.

邵和明,张履桥,2017.内蒙古自治区主要成矿区(带)和成矿系列[M].武汉:中国地质大学出版社.

邵济安,刘福田,陈辉,等,2001.大兴安岭燕山晚中生代岩浆活动与俯冲作用关系[J].地质学报,75(1):56-63.

邵济安,臧绍先,牟保磊,等,1994.造山带的伸展构造与软流圈隆起:以兴蒙造山带为例[J].科学通报,39(6):533-537.

邵济安,张履桥,牟保磊,等,2007.大兴安岭的隆起与地球动力学背景[J].北京:地质出版社.

邵济安,赵国龙,王忠,等,1995.大兴安岭中生代火山岩活动构造背景[J].地质论评,45(增刊):422-430.

邵军,李永飞,周永恒,等,2015.中国东北额尔古纳地块新太古代岩浆事件:钻孔片麻状二长花岗岩锆石LA-ICP-MS测年证据[J].吉林大学学报(地球科学版)45(2):364-373.

佘宏全,李进文,向安平,等,2012.大兴安岭中北段原岩锆石U-Pb测年及其与区域构造演化关系[J].岩石学报,28(2):571-594.

盛继福,付先政,李鹤年,1999.大兴安岭中段成矿环境与铜多金属矿床地质特征[M].北京:地震出版社.

施璐,2015.大兴安岭中部柴河—蘑菇气地区晚中生代岩浆作用及其构造背景[D].长春:吉林大学.

宋彪,张玉海,万渝生,等,2002.锆石SHRIMP样品靶制作、年龄测定及有关现象讨论[J].地质论评,48(增刊):26-30.

宋维民,杜继宇,那福超,等,2019,大兴安岭中段突泉地区早白垩世碱性流纹岩锆石U-Pb定年及岩石成因[J].地质通报,38(4):619-631.

宋维民,巩恩普,刘世伟,等,2014a.内蒙古科尔沁右翼中旗孟恩陶勒盖岩体年代学研究[J].东北大学学报(自然科学版),35(6):898-902.

宋维民,李之彤,付俊彧,等,2014b.内蒙古科尔沁右翼中旗孟恩套勒盖岩体成因研究[J].地质科学,(49)4:1150-1168.

宋维民,庞雪娇,付俊彧,等,2014c.内蒙古科尔沁右翼中旗碱长花岗岩锆石U-Pb年代学、地球化学及其动力学意义[J]吉林大学学报(地球科学版),3(45):847-589.

宋维民,庞雪娇,那福超,等,2018.大兴安岭中部石场山侵入体锆石 U-Pb 定年及构造意义[J].地质通报,37(9):1736-1747.

宋维民,陶楠,庞雪娇,等,2016.内蒙古科尔沁右翼中旗敖兰三队侵入体年龄及地球化学特征[J].地质通报,35(6):932-942.

隋振民,2007.大兴安岭东北部花岗岩类锆石 U-Pb 年龄、岩石成因及地壳演化[D].长春:吉林大学.

孙德有,2001.张广才岭中生代花岗岩成因及其地球动力学意义[D].长春:吉林大学.

孙德有,吴福元,高山,等,2005.吉林中部晚三叠世和早侏罗世两期铝质 A 型花岗岩的厘定及对吉黑东部构造格局的制约[J].地学前缘,12(2):263-275.

孙德有,吴福元,李惠民,等,2000.小兴安岭西北部造山后 A 型花岗岩的时代及与索伦山-贺根山-扎赉特碰撞拼合带东延的关系[J].科学通报,45(20):2217-2222.

孙广瑞,刘旭光,韩振哲,等,2002.上黑龙江盆地中上侏罗统二十二站群的地层划分与时代[J].地质通报,21(3):150-155.

孙克勤,刘俊,刘旭阳,等,2010.甘肃玉门华夏和安加拉混生植物群的发现及其意义[J].地质论评,56(3):305-311.

孙立新,任邦方,赵凤清,等,2012.额尔古纳地块太平川巨斑状花岗岩的锆石 U-Pb 年龄和 Hf 同位素特征[J].地学前缘,19(5):114-122.

孙立新,任邦方,赵凤清,等,2013.内蒙古额尔古纳地块古元古代末期的岩浆记录:来自花岗片麻岩的锆石 U-Pb 年龄证据[J].地质通报,32(2):341-352.

唐杰,2016.额尔古纳地块中生代火成岩的年代学与地球化学:对蒙古-鄂霍茨克缝合带构造演化的制约[D].长春:吉林大学.

唐杰,许文良,王枫,等,2018.古太平洋板块在欧亚大陆下的俯冲历史:东北亚陆缘中生代—古近纪岩浆记录[J].中国科学(D 辑),48(5):549-583.

唐宗源,2019.大兴安岭中段中生代火山岩成因及地球动力学机制[D].长春:吉林大学.

陶楠,宋维民,杨佳林,等,2016.大兴安岭中段突泉盆地玛尼吐组火山岩地球化学特征及成因[J].地质与资源,25(6):520-254.

王成文,金巍,张兴洲,等,2008.东北及邻区晚古生代大地构造属性新认识[J].地层学杂志,32(2):119-136.

王根厚,张长厚,王果胜,等,2001.辽西地区中生代构造格局及其形成演化[J].现代地质,15(1):1-6.

王荃,1986.内蒙古中部中朝与西伯利亚古板块间缝合线的确定[J].地质学报(1):31-43.

王微,许文良,纪伟强,等,2006.辽东中生代晚期和古近纪玄武岩及深源捕虏晶体对岩石围地幔性质的制约[J].高校地质学报,12(1):30-40.

王新社,郑亚东,2005.楼子店变质核杂岩韧性变形作用的$^{40}Ar/^{39}Ar$年代学约束[J].地质论评,51(5):574-582.

王忠禹,孙景贵,白令安,等,2014.内蒙古莲花山铜矿区花岗闪长斑岩 LA-ICP-MS 锆石 U-Pb 年龄[J].地质通报,33(9):1320-1325.

吴才来,陈安泽,高前明,等,2010.东北伊春地区桃山古元古代花岗岩的发现[J].地质学报,84(9):1324-1332.

吴福元,葛文春,孙德有,等,2003.中国东部岩石圈减薄研究中的几个问题[J].地学前缘,10(3):51-60.

吴福元,孙德有,1999.中国东部中生代岩浆作用与岩石圈减薄[J].长春科技大学学报,29(4):313-318.

吴福元,孙德有,李惠民,等,2000.松辽盆地基底岩石的锆石 U-Pb 年龄[J].科学通报,45(6):656-660.

吴咏敬,董平,王良书,等,2012.东北地区构造分区与深断裂研究:基于重力场小波多尺度分解[J].地球物理学进展,27(01):45-57.

武广,陈衍景,赵振华,等,2009.大兴安岭北端洛古河东花岗岩的地球化学、SHRIMP锆石U-Pb年龄和岩石成因[J].岩石学报,25(2):233-247.

武广,孙丰月,赵财胜,等,2005.额尔古纳地块北缘早古生代后碰撞花岗岩的发现及其地质意义[J].科学通报,50(20):2278-2288.

武利文,陈志勇,郭灵俊,等,2005.大兴安岭北部恩和哈达中侏罗统绣峰组韧性剪切带变形[J].地质与资源,14(1):1-4.

向安平,杨勋城,李贵涛,等,2012.黑龙江多宝山斑岩Cu-Mo矿床成岩成矿时代研究[J].矿床地质,31(6):1237-1248.

肖丙建,王伟德,张强,等,2008.内蒙古突泉县莲花山银铜矿床成矿地质背景探讨[J].地质与勘探,44(1):26-30.

肖传桃,叶明,文志刚,等,2015.漠河盆地额木尔河群古植物研究[J].地学前缘,22(3):299-309.

幸仁臣,吴河勇,杨建国,2003.漠河盆地上侏罗统层序地层格架[J].地层学杂志,27(3):199-204.

徐备,赵盼,鲍庆中,等,2014.兴蒙造山带前中生代构造单元划分初探[J].岩石学报,30(7):1841-1857.

徐公愉,1983.大兴安岭的大陆火山岩及其矿化作用[J].中国区域地质(5):39-49.

徐美君,许文良,孟恩,等,2011.内蒙古东北部额尔古纳地区上护林-向阳盆地中生代火山岩LA-ICP-MS锆石U-Pb年龄和地球化学特征[J].地质通报,30(9):1321-1338.

许文良,王枫,裴福萍,等,2013.中国东北中生代构造体制与区域成矿背景:来自中生代火山岩组合时空变化的制约[J].岩石学报,29(2):339-353.

杨佳林,宋维民,杨雅军,等,2014.吉林洮南下侏罗统红旗组假篦羽叶的发现[J].地质与资源,5(23):429-434.

殷长建,孙春林,彭玉鲸,等,2003.敦化隆起东缘晚石炭—早二叠世华夏植物群的发现及其地质意义[J].吉林大学学报(地球科学版),33(3):257-262.

张长厚,王根厚,王果胜,等,2002.辽西地区燕山板内造山带东段中生代逆冲推覆构造[J].地质学报,76(1):64-76.

张长厚,吴淦国,王根厚,等,2004a.冀东地区燕山中段北西向构造带:构造属性及其年代学[J].中国科学(D辑),34(7):600-612.

张长厚,吴淦国,徐德斌,等,2004b.燕山板内造山带中段中生代构造格局与构造演化[J].地质通报,23(9-10):864-875.

张长厚,张勇,李海龙,等,2006.燕山西段及北京西山晚中生代逆冲构造格局及其地质意义[J].地学前缘,13(2):165-183.

张超,吴新伟,刘永江,等,2020.大兴安岭中段早二叠世A型花岗岩成因及对扎兰图地区构造演化的制约[J].岩石学报,36(4):1091-1106.

张超,2020.大兴安岭南段巴林左旗—扎鲁特旗地区晚中生代岩浆作用及其构造背景[D].长春:吉林大学.

张超,吴新伟,刘正宏,等,2018.松嫩地块西缘前寒武岩浆事件:来自龙江地区古元古代花岗岩锆石LA-ICP-MS U-Pb年代学证据[J].岩石学报,34(10):3137-3152.

张吉衡,2009.大兴安岭中生代火山岩年代学及地球化学研究[D].武汉:中国地质大学(武汉).

张炯飞,庞庆邦,朱群,2003.内蒙古孟恩陶勒盖银铅锌矿床白云母Ar-Ar年龄及其意义[J].矿床地质,22(3):253-256.

张丽,刘永江,李伟民,等,2013.关于额尔古纳地块基底性质和东界的讨论[J].地质科学,48(1):227-244.

张旗，王焰，李承东，等，2006a. 花岗岩的 Sr－Yb 分类及其地质意义[J]. 岩石学报，22(9)：2249－2269.

张旗，王焰，李承东，等，2006b. 花岗岩按照压力的分类[J]. 地质通报，25(11)：1274－1278.

张旗，王焰，熊小林，2008. 埃达克岩和花岗岩：挑战与机遇[M]. 北京：中国大地出版社.

张顺，林春明，吴朝东，等，2003. 黑龙江漠河盆地构造特征与成盆演化[J]. 高校地质学报，9(3)：411－419.

张维，简平，2008. 内蒙古达茂旗北部早古生代花岗岩类 SHRIMP U－Pb 年代学[J]. 地质学报，82(6)：778－787.

张兴洲，马玉霞，迟效国，等，2012. 东北及内蒙古东部地区显生宙构造演化的有关问题[J]. 吉林大学学报(地球科学版)，42(5)：1269－1285.

张永北，孙世华，毛骞，2006. 大兴安岭南段东麓中生代 O 型埃达克质火山岩及其成因、古构造环境和找矿意义[J]. 岩石学报，22(9)：2289－2304.

张渝金，张超，吴新伟，等，2016. 大兴安岭北段扎兰屯地区晚古生代海相火山岩年代学和地球化学特征及其构造意义[J]. 地质学报，90(10)：2706－2720.

张允平，2011. 东北亚地区晚侏罗—白垩纪构造格架主体特点[J]. 吉林大学学报(地球科学版)，41(5)：1267－1284.

张允平，李景春，2010. 华北及其以北地区晚古生代—早中生代构造格架主体特点[J]. 中国地质，37(4)：916－930.

张允平，宋维民，那福超，等，2016. 东北亚活动大陆边缘中生代构造格架主体特点[J]. 地质与资源，25(5)：407－423.

张允平，苏养正，李景春，2010. 内蒙古中部地区晚志留世西别河组的区域构造学意义[J]. 地质通报，29(11)：1559－1605.

赵国龙，杨桂林，王忠，等，1989. 大兴安岭中南部中生代火山岩[M]. 北京：北京科学技术出版社.

赵盼，赵盼，鲍庆中，等，2014. 兴蒙造山带前中生代构造单元划分初探[J]. 岩石学报，30(7)：1841－1857.

赵硕，许文良，唐杰，等，2016a. 额尔古纳地块新元古代岩浆作用与微陆块构造属性：来自侵入岩锆石 U－Pb 年代学、地球化学和 Hf 同位素的制约[J]. 地球科学，41(11)：1803－1829.

赵硕，许文良，王枫，等，2016b. 额尔古纳地块新元古代岩浆作用：锆石 U－Pb 年代学证据[J]. 大地构造与成矿学，40(3)：559－573.

赵一鸣，张德全，1997. 大兴安岭及其邻区铜多金属矿床成矿规律与远景评价[M]. 北京：地震出版社.

赵芝，迟效国，刘建峰，等，2010a. 内蒙古牙克石地区晚古生代弧岩浆岩：年代学及地球化学证据[J]. 岩石学报，26(11)：3245－3258.

赵芝，迟效国，潘世语，等，2010b. 小兴安岭西北部石炭纪地层火山岩的锆石 LA－ICP－MS U－Pb 年代学及其地质意义[J]. 岩石学报，26(8)：2452－2464.

赵芝，迟效国，赵秀羽，等，2012. 大兴安岭北部红水泉组碎屑锆石 LA－ICP－MS U－Pb 年代学及其地质意义[J]. 吉林大学学报(地球科学版)，42(1)：126－135.

郑常青，李娟，金巍，等，2015. 松辽盆地西缘断裂带中花岗质糜棱岩的锆石 SHRIMP 和云母氩-氩年龄及其构造意义[J]. 吉林大学学报(地球科学版)，45(2)：349－363.

周振华，武新丽，欧阳荷根，2012. 内蒙古莲花山铜银矿斜长花岗斑岩 LA－MC－ICP－MS 锆石 U－Pb 测年、Hf 同位素研究及其地质意义[J]. 中国地质，39(6)：1472－1485.

周志广，谷永昌，柳长峰，等，2010. 内蒙古东乌珠穆沁旗满都胡宝拉格地区早—中二叠世华夏植物群的发现及地质意义[J]. 地质通报，29(1)：21－25.

朱笑青，张乾，何玉良，等，2004. 内蒙古孟恩陶勒盖银铅锌铟矿床成因研究[J]. 矿床地质，23(1)：52－60.

AUWERA J V，BOGAERTS M，LIEGEOIS J P，et al.，2003. Derivation of the 1.0～0.9 Ga ferro－potassic A－type granitoids of southern Norway by extreme differentiation from basic magmas[J].

Precambrian Research(124):107 - 148.

CLEMENS J D, HOLLOWAY J R, WHITE A J R, 1986. Origin of an A - type granite: Experimental constrains[J]. American Mineralogist(71):317 - 324.

COGNÉ J P, KRAVCHINSKY V A, HALIM N, et al., 2005. Late Jurassic - early Cretaceous closure of the Mongol - Okhotsk Ocean demonstrated by new Mesozoic palaeomagnetic results from the Trans - Baikal area(SE Siberia)[J]. Geophysical Journal International(163):813 - 832.

COLLINS W J, BEAMS S D, WHITE A J R, et al., 1982. Nature and Origin of A - Type Granites with Particular Reference to Southeastern Australia[J]. Contributions to Mineralogy and Petrology (80):189 - 200.

CREASER R A, PRICE R C, WORMALD R J, 1991. A - type granites revisited: Assessment of a residual - source model[J]. Geology(19):163 - 166.

DARBY B J, DAVIS A D, ZHANG X H, 2004. The newly discovered Waziyu metamorphic core complex, Yiwulushan, western Liaoning Province, northeast China[J]. Earth Sci. Frontiers(11):145 - 155.

DAVIS G A, WANG C, ZHENG Y D, et al., 1998. The enigmatic Yinshan fold - and - thrust belt of northern China: New views on its intraplate contractional styles[J]. Geology(26):43 - 46.

DE JONG K, XIAO W, WINDLEY B F, et al., 2006. Ordovician $^{40}Ar/^{39}Ar$ phengite ages from the blueschist - facies Ondor Sum subduction - accretioncomplex(Inner Mongolia) and implications for the early Paleozoic history of continental blocks in China and adjacent areas[J]. American Journal of Science, 306(10):799 - 845.

EBY G N, 1992. Chemical subdivision of the A - type granitoids: Petrogenetic and tectonic implications[J]. Geology(20):641 - 644.

FENG Z Q, LI W M, LIU Y J, et al., 2018b. Early Carboniferous tectonic evolution of the northern Heihe - Nenjiang - Hegenshan suture zone, NE China: Constraints from the mylonitized Nenjiang rhyolites and the Moguqi gabbros[J]. Geological Journal, 53(3):1005 - 1021.

FENG Z Q, LIU Y J, LI L, et al., 2018a. Subduction, accretion, and collision during the Neoproterozoic - Cambrian orogeny in the Great Xing' an Range, NE China: Insights from geochemistry and Bgeochronology of the Ali River ophiolitic mélange and arc - type granodiorites[J]. Precambrian Research(311):117 - 135.

FENG Z Q, LIU Y J, LI Y R, et al., 2017. Ages, geochemistry and tectonic implications of the Cambrian igneous rocks in the northern Great Xing'an Range, NE China[J]. Journal of Asian Earth Sciences(144):5 - 21.

FENG Z Q, LIU Y J, LIU B Q, et al., 2016. Timing and nature of the Xinlin - Xiguitu Ocean: Constraints from ophiolitic gabbros in the northern Great Xing'an Range, eastern Central Asian Orogenic Belt[J]. International Journal of Earth Sciences, 105(2):491 - 505.

GAO R Z, XUE C J, LV X B, et al., 2017. Genesis of the Zhengguang gold deposit in the Duobaoshan ore filde, Heilongjiang Province, NE China: Constraints from geology, geochronology and S - Pb isotopic compositions[J]. Ore Geology Review(84):202 - 217.

GE W C, WU F Y, ZHOU C Y, et al., 2005. Emplacement age of the Tahe granite and its constraints on the tectonic nature of the Erguna block in the northern part of the Da Hinggan Range[J]. Chin. Sci. Bull(50):2097 - 2105.

GLADKOCHUB D P, DONSKAYA T V, MAZUKABZOV A M, et al., 2007. Signature of Precambrian extension events in the southern Siberian craton[J]. Russian Geology and Geophysics(48): 17 -31.

GOU J,SUN D Y,REN Y S,et al. ,2013. Petrogenesis and geodynamic setting of Neoproterozoic and Late Paleozoic magmatism in the Manzhouli – Erguna area of Inner Mongolia,China:Geochronological,geochemical and Hf isotopic evidence[J]. Journal of Asian Earth Sciences(67 – 68):114 – 137.

GUO F ,FAN W M ,LI C W,et al. ,2009. Early Paleozoic Subduction of the Paleo – Asian Ocean: Geochronological and Geochemical Evidence from the Dashizhai Basalts,Inner Mongolia[J]. Sciencein China(Series D),52(7):940 – 951.

HAO Y J,REN Y S,DUAN M X,et al. ,2015. Metallogenic events and tectonic setting of the Duobaoshan ore field in Heilongjiang Province,NE China[J]. Journal of Asian Earth Sciences(97):442 – 458.

HARRIS C,MARSH J S,MILNER S C,1999. Petrology of the Alkaline Core of the Messum Igneous Complex,Namibia:Evidence for the Progressively Decreasing Effect of Crustal Contamination [J]. Journal of Petrology(40):1377 – 1397.

HOFMANN A W,1998. Chemical differentiation of the Earth:the relationship between mantle, continental crust,and oceanic crust[J]. Earth and Planetary Science letters(90):297 – 314.

JAHN B M,LITVINOVSKY B A,ZANVILEVICH A N,et al. ,2009. Peralkaline granitoid magmatism in the Mongolian – Transbaikalian Belt:Evolution,petrogenesis and tectonic significance[J]. Lithos,113(3):521 – 539.

JIAN P,LIU D,KRÖNER A,et al. ,2008. Time scale of an early to mid – Paleozoic orogenic cycle of the long – lived Central Asian Orogenic Belt,Inner Mongolia of China:Implications for continental growth[J]. Lithos,101(3):233 – 259.

JOHNSON C L,2004. Polyphase evolution of the East Gobi basin:sedimentary and structural records of Mesozoic – Cenozoic intraplate deformation in Mongolia[J]. Basin Research,16(1):79 – 99.

KRAVCHINSKY V A,COGNÉ J P,HARBERT W P,et al. ,2002. Evolution of the Mongol – Okhotsk Ocean as constrained by new palaeomagnetic data from the Mongol – Okhotsk suture zone,Siberia[J]. Geophysical Journal International(148):34 – 57.

LI Y,XU W L,WANG F,et al. ,2014. Geochronology and geochemistry of Late Paleozoic volcanic rocks on the western margin of the Songnen – Zhangguangcai Range Massif,NE China:Implications for amalgamation history of the Xing'an and Songnen – Zhangguangcai Range massifs[J]. Lithos(205): 394 – 410.

LI Y,XU W L,WANG F,et al. ,2017. Early – Middle Ordovician Volcanism along the Eastern Margin of the Xing'an Massif,Northeast China:Constraints on the Suture Location between the Xing'an and Songnen- Zhangguangcai Range Massifs[J]. International Geology Review,60(16):2046 – 2062.

LIU Y J,LI W M,FENG Z Q,et al. ,2017. A review of the Paleozoic tectonics in the eastern part of Central Asian Orogenic Belt[J]. Gondwana Research(43):123 – 148.

LOISELLE M C ,WONES D R,1979. Characteristics and Origin of Anorogenic Granites[J]. Geological Society of America Abstract Progressing(11):468.

LUDWIG K R,1994. Isoplot – A plotting and regression program for radiogenic – isotope data [R]. US Geol. Survey Open – File Report(39):91 – 445.

MA Y F,LIU Y J,WANG Y,et al. ,2019. Geochronology,petrogenesis,and tectonic implications of Permian felsic rocks of the Central Great Xing'an Range,NE China[J]. International Journal of Earth Sciences,108(2):427 – 453.

MA Y F,LIU Y J,WANG Y,et al. ,2020. Late Carboniferous mafic to felsic intrusive rocks in the central Great Xing'an Range,NE China:petrogenesis and tectonic implications[J]. International Journal of Asian earth Sciences,109(3):761 – 783..

MENG E,XU W L,PEI F P,et al. ,2010. Detrital - zircon geochronology of Late Paleozoic sedimentary rocks in eastern Heilongjiang Province,NE China:Implications for the tectonic evolution of the eastern segment of the Central Asian Orogenic Belt[J]. Tectonophysics(485):42 - 51.

MENG E,XU W L,PEI F P,et al. ,2011. Permian bimodal volcanism in the Zhangguangcai Range of eastern Heilongjiang Province,NE China:Zircon U - Pb - Hf isotopes and geochemical evidence[J]. Journal of Asian Earth Sciences(41):119 - 132.

MENG Q,2003. What drove late Mesozoic extension of the northern China - Mongoliatract[J]. Tectonophysics(369):155 - 174.

MIAO L C,FAN W M,LIU D Y,et al. ,2008. Geochronology and geochemistry of the Hegenshan ophiolitic complex:implications for late - stage tectonic evolution of the Inner Mongolia - Daxinganling Orogenic Belt,China[J]. Journal of Asian Earth Sciences(32):348 - 370.

MUSHKIN A,NAVON O,HALICZ L,et al. ,2003. The Petrogenesis of A - type magmas from the Amram Massif,Southern Israel[J]. Journal of Petrology(44):815 - 832.

NAZAKA T,LIU Y,2002. Petrology of the Hegenshan ophiolite and its implication for the tectonic evolution of northern China[J]. Earth and Planetary Science Letters(202):89 - 104.

PARFENOV L M, POPEKO L I, TOMURTOGOO O, 2001. Problems of tectonics of the Mongol - Okhotsk orogenic belt[J]. Geology of the Pacific Ocean,16(5):797 - 830.

PEARCE J A,HARRIS N B W,TINDLE A G,1984. Trace Element Discrimination Diagrams for the Tectonic Interpretation of Granitic Rocks[J]. Journal of Petrology,25(4):956 - 983.

PEI S H,ZHOU J B,LI L,2016. U - Pb ages of detrital zircon of the Paleozoic sedimentary rocks: New constraints on the emplacement time of the Hegenshan ophiolite,NE China[J]. Journal of Asian Earth Sciences(130):75 - 87.

RAPP R P,WATSON E B,1995. Dehydration Melting of Metabasalt at 8 - 32 kbar:Implications for Continental Growth and Crust - Mantle Recycling[J]. Journal of Petrology,36(4):891 - 931.

RITSK E Y,AMELIN Y V,KRYMSKI R S,et al. ,1999. The Baikal - Muya belt:Age,formation stages,and crustal evolution(U - Pb and Sm - Nd isotopic evidence)[M]// KARIAKIN Y V. Tectonics,Geodynamics,and the Processes of Magmatism and Metamorphism. Moscow:Geoscience Publishing House(2):93 - 95(in Russian).

ŞENGÖR A M C ,NATAL'IN B A,1996. Paleotectonics of Asia:fragments of a synthesis[M]// YIN A,HARRISON T M. The Tectonics Evolution of Asia. Cambridge:Cambridge University Press.

SHI L,ZHENG C Q,YAO W G,et al. ,2015. Geochronological framework and tectonic setting of the granitic magmatism in the Chaihe - Moguqi region,central Great Xing'an Range,China[J]. Journal of Asian Earth Sciences(113):443 - 453.

SKJERLIE K P,JOHNSTON A D,1992. Vapor - absent melting at 10 kbar of a biotite - and amphibole - Bearing tonalitic gneiss:Implications for the generation of A - type granites[J]. Geology(20): 263 - 266.

SYLVESTER P J,1989. Post - Collisional Alkaline Granites[J]. Journal of Geology(97):261 - 280.

TANG J,XU W L,WANG F,et al. ,2013. Geochronology and geochemistry of Neoproterozoic magmatism in the Erguna massif,NE China:Petrogenesis and implications for the breakup of the Rodinia supercontinent[J]. Precambrian Research(224):597 - 611.

TAYLOR S R,MCLENNAN S M,1985. The Continental Crust:Its Composition and Evolution [M]. London:Blackwell.

TOMURTOGOO O,WINDLEY B F,KRÖNER A,et al. ,2005. Zircon age and occurrence of the

Adaatsag ophiolite and Muron shear zone, central Mongolia: constraints on the evolution of the Mongol - Okhotsk ocean, suture and orogen[J]. Journal of the Geological Society(162):125 - 134.

TURNER S P, FODEN J D, MORRISON R S, 1992. Derivation of some A - type magmas by fractionation of basaltic magma: An example from the Padthaway Ridge, South Australia[J]. Lithos(28): 151 - 179.

ULMISHEK G F, 2003. Petroleum Geology and Resources of the West Siberian Basin, Russia [M]. New York: U. S. Geological Survey Bulletin.

WANG F, XU W L, MENG E, et al., 2012. Early Paleozoic amalgamation of the Songnen - Zhangguangcai Range and Jiamusi massifs in the eastern segment of the Central Asian Orogenic Belt: Geochronological and geochemical evidence from granitoids and rhyolites[J]. Journal of Asian Earth Sciences(49):234 - 248.

WEBB L E, JOHNSON C L, 2006. Tertiary strike - slip faulting in Southeastern Mongolia and implications for Asian tectonics[J]. Earth and Planetary Science Letters(241):323 - 335.

WHALEN J B, CURRIE K L, CHAPPELL B W, 1987. A - type granites: geochemical characteristics, discrimination and petrogenesis[J]. Contributions to Mineralogy and Petrology(95):407 - 419.

WHALEN J B, JENNER G A, LONGSTAFFE F J, et al., 1996. Geochemical and Isotopic(O, Nd, Pb and Sr) Constraints on A - type granite: Petrogenesis Based on the Topsails Igneous Suite, Newfoundlang Appalachians[J]. Journal of Petrology(37):1463 - 1489.

WU F Y, LIN J Q, WILDE S A, et al., 2005. Nature and significance of the Early Cretaceous giant igneous event in eastern China[J]. Earth and Planetary ScienceLetters(233):103 - 119.

WU F Y, SUN D Y, GE W C, et al., 2011. Geochronology of the Phanerozoic granitoids in northeastern China[J]. Journal of Asian Earth Sciences(41):1 - 30.

WU F Y, YANG J H, WILDE S A, et al., 2005. Ceochronology, petrogenesis and tectonic implications of Jurassic granites in the Liaodong Peninsula, NE China[J]. Chemical Geology(221):127 - 156.

WU F Y, ZHAO G C, SUN D Y, et al., 2007. The Hulan Group: Its role in the evolution of the Central Asian Orogenic Belt of NE China[J]. Journal of Asian Earth Sciences, 30(3 - 4):542 - 556.

WU G, CHEN Y C, SUN F Y, et al., 2015. Geochronology geochemistry and Sr - Nd - Hf isotopes of the early Paleozoic igneous rocks in the Duobaoshan area, NE China, and their geological significance [J]. Journal of Asian Earth Sciences(97):229 - 250.

WU X W, ZHANG C, ZHANG Y J, et al., 2018. 2.7Ga monzogranite on the Songnen Massif and its geological implication[J]. Acta Geologica Sinica English edition, 92(3):1265 - 1266.

XIAO W J, KRONER A, WINDLEY B, 2009. Geodynamic evolution of Central Asian in the Paleozoic and Mesozoic[J]. International Journal of Earth Sciences(98):1185 - 1188.

XIAO W J, WINDLEY B F, HAO J, et al., 2003. Accretion leading to collision and the Permian Solonker suture, Inner Mongolia, China: Termination of the Central Asian Orogenic Belt[J]. Tectonics (22):1069 - 1090.

XU B, CHARVET J, CHEN Y, et al., 2013. Middle Paleozoic convergent orogenic belts in western Inner Mongolia(China): framework, kinematics, geochronology and implications for tectonic evolution of the Central Asian Orogenic Belt[J]. Gondwana Research, 23(4):1342 - 1364.

XU B, ZHAO G C, LI J H, et al., 2017. Ages and Hf isotopes of detrital zircons from Paleozoic strata in the Chagan Obo Temple area, Inner Mongolia: Implications for the evolution of the Central Asian Orogenic Belt[J]. Gondwana Research(43):149 - 163.

XU B, ZHAO P, WANG Y Y, et al., 2015. The pre - Devonian tectonic framework of Xing'an -

Mongolia orogenic belt(XMOB)in north China[J]. Journal of Asian Earth Sciences(97):183 - 196.

YAKUBCHUK A S,EDWARDS A C,1999. Auriferous Paleozoic accretionary terranes within the Mongol - Okhotsk suture zone,Russian Far East[C]. Proceedings Pacrim(99):347 - 358.

YAN M C,CHI Q H,2005. The Chemical Compositions of the Continental Crust and Rocks in the Eastern Part of China[M]. Beijing:Science Press.

YANG J H,WU F Y,CHUNG S L,et al. ,2006. A Hybrid Origin for the Qianshan A - Type Granite,Northeast China:Geochemical and Sr - Nd - Hf Isotopic Evidence[J]. Lithos,89(1 - 2):89 - 106.

YANG W,LI S G,2008. Geochronology and geochemistry of the Mesozoic volcanic rocks in Western Liaoning:Implications for lithospheric thinning of the North China Craton[J]. Lithos,102(1 - 2):88 - 117.

YI Y,WANG Y,SUN X,et al. ,2017. U - Pb geochronology,geochemistry and tectonic imolications of diorite from Nangnimsan of Mehe in northern Da Hinggan Mountains[J]. Global Geology,20(4):217 - 228.

YING J F,ZHOU X H,ZHANG L C,et al. ,2010. Geochronological and geochemical investigation of the Late Mesozoic volcanic rocks from the Northern Great Xing'an Range and their tectonic implications[J]. International Journal of Earth Sciences,99(2):357 - 378.

YU Q,GE W C,ZHANG J,et al. ,2017. Geochronology,petrogenesis and tectonic implication of Late Paleozoic volcanic rocks from the Dashizhai Formation in Inner Mongolia,NE China[J]. Gondwana Research(43):164 - 177.

ZENG Q D,LIU J M,CHU S X,et al. ,2014. Re - Os and U - Pb geochronology of the Duobaoshan porphyry Cu - Mo -(Au)deposit,northeast China,and its geological significance[J]. Journal of Asian Earth Sciences(79):895 - 909.

ZHANG J H,GE W C,WU F Y,et al. ,2008. Large - scale Early Cretaceous volcanic events in the northern Great Xing'an Range,Northeastern China[J]. Lithos(102):138 - 157.

ZHANG J H,GAO S,GE W C,et al. ,2010. Geochronology of the Mesozoic volcanic rocks in the Great Xing'an Range,northeastern China:Implications for subductioninduced delamination[J]. Chemical Geology,276(3 - 4):144 - 165.

ZHANG S H,ZHAO Y,2013. Mid - crustal emplacement and deformation of plutons in an Andean - style continental arc along the northern margin of the North China Block and tectonic implications [J]. Tectonophysics(608):176 - 195.

ZHANG Y B,WU F Y,WILDE S A,et al. ,2004. Zircon U - Pb ages and tectonic implications of 'Early Paleozoic' granitoids at Yanbian,Jilin Province,Northeast China[J]. Island Arc,13(4):484 - 505.

ZHANG Y H,XU W L,TANG J,et al. ,2014. Age and provenance of the Ergunahe Group and the Wubinaobao Formation,northeastern Inner Mongolia,NE China:Implications for tectonic setting of the Erguna Massif[J]. International Geology Review,56(6):653 - 671.

ZHANG Z C,LI K,LI J F,et al. ,2015. Geochronology and geochemistry of the Eastern Erenhot ophiolitic complex:Implications for the tectonic evolution of the Inner Mongolia - Daxing'anling Orogenic Belt[J]. Journal of Asian Earth Sciences(97):279 - 293.

ZHAO S,XU W L,TANG J,et al. ,2016. Timing of formation and tectonic nature of the purportedly Neoproterozoic Jiageda Formation of the Erguna Massif,NE China:Constraints from field geology and U - Pb geochronology of detrital and magmatic zircons[J]. Precambrian Research(281):585 - 601.

ZHOU J B,HAN J,ZHAO G C,et al. ,2015a. The emplacement time of the Hegenshan ophiolite:Constraints from the unconformably overlying Paleozoic strata[J]. Tectonophysics(662):398 - 415.

ZHOU J B, WANG B, WILDE S A, et al. , 2015b. Geochemistry and U – Pb zircon dating of the Toudaoqiao blueschists in the Great Xing'an Range, northeast China, and tectonic implications[J]. Journal of Asian Earth Sciences(97):197 – 201.

ZHOU Z G, LIU C F, WANG G S, et al. , 2018. Geochronology, geochemistry and tectonic significance of the Dashizhai ophiolitic mélange belt, southeastern Xing' an– Mongolia orogenic belt[J]. Innernational Journal of Earth Sciences(108):67 – 88.

ZONENSHAIN L P, KUZMIN M I, NATAPOV L M, 1990. Geology of the USSR: A Plate –Tectonic Synthesis[M]. Washington: Amer. Geophys. Union.

ZORIN Y A, MORDVINOVA V V, TURUTANOV E KH, et al. , 2002. Low seismic velocity layers in the Earth's crust beneath Eastern Siberia(Russia) and Central Mongolia: receiver function data and their possible geological implication[J]. Tectonophysics(359):307 – 327.

ZORIN Y A, 1999. Geodynamics of the western part of the Mongolia – Okhotsk collisional belt, Trans – Baikal region(Russia) and Mongolia[J]. Tectonophysics, 306(1):33 – 56.